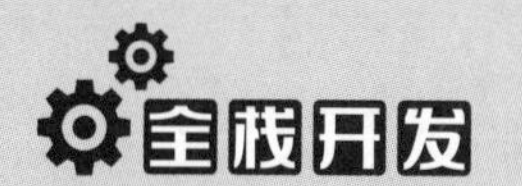

Angular开发入门与实战

兰泽军 / 著

人 民 邮 电 出 版 社
北 京

图书在版编目（CIP）数据

Angular开发入门与实战 / 兰泽军著. -- 北京 : 人民邮电出版社, 2021.5
ISBN 978-7-115-56108-4

Ⅰ. ①A… Ⅱ. ①兰… Ⅲ. ①超文本标记语言－程序设计 Ⅳ. ①TP312

中国版本图书馆CIP数据核字(2021)第042690号

◆ 著　　兰泽军
责任编辑　赵　轩
责任印制　王　郁　陈　犇

◆ 人民邮电出版社出版发行　北京市丰台区成寿寺路 11 号
邮编　100164　电子邮件　315@ptpress.com.cn
网址　https://www.ptpress.com.cn
三河市中晟雅豪印务有限公司印刷

◆ 开本：787×1092　1/16
印张：17.25　　2021 年 5 月第 1 版
字数：426 千字　　2021 年 5 月河北第 1 次印刷

定价：79.00 元

读者服务热线：(010)81055410　印装质量热线：(010)81055316
反盗版热线：(010)81055315
广告经营许可证：京东市监广登字 20170147 号

前言

Angular 由谷歌公司开发并提供技术支持，是一个用于构建用户界面的前端开源框架。学习 Angular 对初学者来说有些难度，对长期从事后端开发的初学者来说尤其如此。虽然 Angular 官方的入门教程（官方文档）涵盖了基础知识，但初学者始终不清楚该如何用 Angular 来开发一个完整的 Web 应用程序。事实上，官方文档仅用于演示并尽可能快速地突出显示尽可能多的功能。官方文档非常适合展示 Angular 可以做什么，但在教初学者如何开发 Web 应用程序方面效果并不是那么好。

本书将带领读者学习如何使用 Angular 开发 Web 应用程序，同时书中的大量示例代码能帮助读者快速从初学者升级为实践者。

本书特色

1. 读者不必具有前端开发基础

本书假设读者之前不了解 Angular，或者一直是从事 Java 开发的，从来没有接触过前端框架。本书就是专门为上述读者准备的，它从外围知识着手，每一章、每一个示例以及每一段代码都经过精心的设计和挑选，以使读者能快速掌握 Angular 的实践技能。

2. 知识点全面

本书所有的示例都基于 Angular 9 开发，一些示例甚至填补了官方文档的空白。

3. 章节安排合理

本书结合笔者多年学习新技术的经验，采用由浅入深的方式编排而成。相信在学完本书后，读者可以很好地胜任 Angular 项目组的开发角色。

4. 示例设计专注解惑

为了减少读者学习本书的时间，书中的每个示例都是独立的，读者可以专注于某一个示例来学习。当读者在工作或学习中遇到问题时，可以直接到书中寻找对应的解决方案。

兰泽军

2020 年 6 月于武汉光谷

推荐语

《Stack Overflow 2019 年开发者调查》指出，JavaScript 连续 7 年成为用户最常用的编程语言之一，且其自身不断发展，目前，TypeScript 正在引领 JavaScript 的发展方向。Angular、React、Express 和 LoopBack 等框架可以帮助 JavaScript 开发者开发前端和后端 Web 应用程序，相应的生态系统正在扩展和融合。2019 年 3 月，JS 基金会的成员投票决定与 Node.js 基金会合并，组建 OpenJS 基金会，为关键的 JavaScript 生态系统项目的开展创建一个单一且中立的“家园”。

对开发者来说，目前前端开发和后端开发之间的界限变得模糊，全栈开发不仅可行而且也是可取的。前端开发者现在可以轻松创建简单的应用程序接口（API）并由服务器呈现。后端开发者需要了解前端开发者的设计思想，以便更好地公开 API，以更加方便地响应来自客户端的请求。我们看到前端和后端之间有很好的结合，双方都采用了 TypeScript 与 Dependency Injection 等技术和设计模式。

作者希望通过本书帮助读者积累丰富的全栈开发经验。看到他基于现代 Web 开发的典型场景讲述了一个十分吸引人的故事，并逐步为全栈开发引入关键的技术，我感到惊讶。相信读者一定能感受到作者的努力和热情，欣赏他的经验分享和专业知识，这将使读者的学习旅程更愉快。

Raymond Feng

IBM 架构师

如今 IT 技术正在马不停蹄地向前发展，技术门槛也越来越低，原本需要几百行代码解决的问题，如今只需要几行代码就可以轻松搞定。同时，由于人力成本越来越高，人们赋予工程师的职责也越来越多。在此大背景下，全栈工程师更是供不应求。

学好前端是成为全栈工程师的必经之路，但是学好前端并不是一件很容易的事情。特别是对后端开发者，由于思维定式，他们有时很难理解前端的思考方式和思维模式，这造成了一些学习上的困难和障碍。本书作者选择了当下流行的前端框架 Angular，因为他自己是一名成功地从后端工程师转型为全栈工程师的技术“大咖”，所以他很清楚后端开发者学习前端的一些短板。他站在后端工程师的角度，通过类比，将理论和实践相结合，以循序渐进的方式完美地诠释了 Angular。本书易读、易懂、易上手，读完后让人茅塞顿开、豁然开朗。希望本书能成为读者学习 Angular 的一盏指路明灯。

叶飞

IBM 云计算专家

随着“前端世界”的蓬勃发展，各种框架和类库日新月异、层出不穷：Angular、React、Vue.js、Node.js、ES6、TypeScript 等，令人眼花缭乱。面对众多的框架和类库，前端开发者可能感到痛苦：哪种框架容易上手？它们是否易维护，是否可扩展？它们的发展前景可好？这些框架和类库是否存在设计上的难题，这些难题能否解决？这些都值得思考。本书作者作为具有丰富 Web 应用程序开发经验的开发者，选择了当下流行的前端框架 Angular，从 Angular 入手，让读者可以直接使用当下较新的 Angular 更加高效和便捷地进行 Web 应用程序开发。

本书作者结合自己多年的开发经验，用通俗的讲解、丰富的实战示例、层层递进的篇章结构，给希望从事前端开发工作的初学者指出了一条明路。本书从零开始，让初学者可以快速上手；特别是贴近实际生产环境的示例，有很高的应用价值和参考性。全书的知识体系由浅入深，一步一步演绎着前端开发实战过程。本书对 Angular 概念和技术细节的全面剖析，结合了作者的实战开发经验，将帮助具有相关经验的读者彻底掌握这个框架，在自己的职业道路上更进一步。

耿天琦

IBM 程序员（技术转型成功者）

目录

第1篇　准备篇

第 3 篇 应用篇

第 1 篇 准备篇

本篇是为初学者准备的，内容包括 Angular 概述，学习 Angular 需要具备的基础知识，Node.js 的运行环境，npm 命令基础以及有关 TypeScript 的知识。

第 1 章 Angular 概述

Angular 是由谷歌公司开发的一个前端开源框架，也是单页面应用程序（Single-Page Application，SPA）框架。所谓 SPA 是指只有一个 Web 页面的 Web 应用程序，它是通过动态重写当前页面而不是从服务器加载整个新页面来与用户交互的 Web 应用程序或网站。SPA 的优势就是为用户提供了一个更接近本地移动或桌面应用程序的体验。

Angular 是基于客户端 TypeScript 的框架，用于开发动态的移动和桌面 Web 应用程序。它充分利用现代 Web 平台的各种能力，提供了开发 Web 应用程序的强大工具，以帮助开发者快速上手 Web 应用程序开发。使用 Angular 可以极大地减轻前端开发者的负担，并为开发者提供良好的体验。

1.1 为什么要用 Angular

Angular 很强大，用户选择 Angular 的原因有很多，下面列举了其中几种。

1.1.1 速度和性能

速度快和性能强是用户选择 Angular 的重要原因之一。通过 Web Worker 和服务端渲染技术，Angular 的强大渲染引擎在发布 Web 应用程序的时候能把 Web 应用程序的代码压缩到原来的 60% 左右，达到在如今的 Web 平台上所能达到的最快速度。

1.1.2 跨平台运行

Angular 的模板编译是跨平台的，能同时支持移动端和桌面端，即一套框架，多种平台，让用户界面能更好地呈现在用户面前。

1.1.3 可伸缩性的设计

Angular 的模块化、组件化的设计能让用户有效地掌控可伸缩性，提高开发速度，用户很容易编写出保持一致风格和更具备可伸缩性的代码。

1.1.4 稳定性

开发者从一开始构建 Angular 的时候就非常注重其稳定性。在谷歌公司内部，当一个工程师修改了一行Angular代码后，成千上万个单元测试程序都会被执行。因此Angular是一个稳定的框架，新出的版本不会破坏以前产品的开发。

1.1.5 谷歌和微软公司的支持

谷歌公司在 2017 年的开发者大会上，确认将长期支持 Angular。许多开发者认为有谷歌公司支持 Angular，所以该框架值得信赖。同时，Angular 使用 TypeScript 进行开发，TypeScript 是微软公司的产品，因此 Angular 背后有谷歌和微软两大公司的支持。

1.1.6 强大的生态系统

Angular 有强大的第三方组件生态系统。Angular 的流行促使数以千计的可用于 Angular 的工具和组件出现。用户可以直接复用这些工具和组件，如统一平台（Angular Universal）和 Angular 命令行接口（Command Line Interface, CLI），这些工具和组件有助于用户快速开发 Web 应用程序。

1.2 Angular 的版本

AngularJS 的主要优势是它可以将基于超文本标记语言（Hyper Text Markup Language, HTML）的文档转换为动态内容。 在 AngularJS 出现之前，HTML 始终是静态的，这意味着用户无法主动与 HTML 页面上的接口进行交互。 有一些方法可以构建动态的单页面应用程序，但它们太复杂。 AngularJS 减少了开发者创建动态内容的开发工作量，用户可以获得具有动态表单和元素的网页。

2016 年 9 月，谷歌公司发布了 Angular 2。它是由 AngularJS 的同一个开发团队完全重写 AngularJS 而成的，与网络日益现代的需求相匹配。现在人们常说的 Angular（后面没有 JS）泛指 Angular 2 之后的 Angular。

Angular 的版本号由 3 个部分组成: [主要版本号].[小版本号].[补丁版本号]。

- 主要版本号的变化表明 Angular 中的主要功能接口发生了变化，可能不再兼容低版本的代码，因为应用程序接口（Application Programming Interface，API）已经改变了；如从 Angular 7 变成 Angular 8 时，是主要版本号的变化。
- 小版本号的变化表示功能更新，如增加了新功能。
- 补丁版本号是用来修复漏洞（bug）的。

1.3 Angular 的核心概念

1.3.1 组件

组件是构成 Angular 的基础和核心，它是一个模板的控制类，Angular 使用组件处理页面逻辑和视图显示问题。组件知道如何渲染自己和配置依赖注入（Dependency Injection），并通过一些由属性和方法组成的 API 与视图交互，每个组件都能独立实现各自的功能。

在基于 Angular 的组件的体系结构中，Web 应用程序把逻辑功能和组件分开。这些组件可以轻松替换和解耦，并可以在 Web 应用程序的其他部分中重复使用。此外，组件的独立性不仅使测试 Web 应用程序变得容易，而且还能确保每个组件都可以无缝运行。

1.3.2 模板和数据绑定

使用组件时，Angular 是通过模板渲染来显示组件内容的。模板通过数据绑定的方式来动态设置文档对象模型（Document Object Model，DOM）的值，如把组件数据映射到模板中，或者从模板（如 input 控件）中取出数据放到组件中。

1.3.3 服务

Angular 把组件和服务区分开，以增强模块性和复用性。 通过把组件中和视图有关的功能与其他类型的功能分开，组件变得更加精简、高效。

在功能方面，组件聚焦于展示数据，把数据访问的职责委托给某个服务。因此服务是实现单一目的的业务逻辑单元，它封装了某一特定功能，如从服务器获取数据、验证用户输入或直接往控制台中写日志等。服务是可以通过注入的方式供用户使用的独立模块。

1.3.4 依赖注入

依赖注入其实不是 Angular 独有的概念，这是一个已经存在很长时间的设计模式，也可以叫作控制反转（Inverse of Control）。熟悉 Java 和 .NET 的用户对这种设计模式不会感到陌生，Java 的 Spring 框架里的 IOC 就是一种这样的设计模式。

Angular 也提供了依赖注入。因为组件是用 TypeScript 写的类，所以依赖关系通常通过构造函数注入。在 Angular 中，我们可以创建一个可重用的软件对象来处理与服务器的通信，通过构造函数将它注入每个需要它的对象（类）。然后，在类中就有了与服务器通信的现成方法。

依赖注入的好处是只要编写一次代码（如处理与服务器的通信服务），就可以在许多地方多次使用它。

1.3.5 指令

Angular 的模板是动态的。当 Angular 渲染它们时，Angular 会根据指令对 DOM 进行修改。Angular 中包含以下 3 种类型的指令。

- 属性指令：以元素的属性形式来使用的指令。
- 结构指令：用来改变 DOM 树的结构的指令。
- 组件指令：作为指令的一个重要子类，组件本质上可以看作一个带有模板的指令。

1.3.6 管道

Angular 的管道的作用是把数据作为输入，然后转换它，给出期望的输出。常见的管道有：日期管道，负责转换日期为友好的本地格式；货币管道，负责转换货币格式；异步管道，可实时订阅数据；等等。

1.3.7 模块

Angular的模块的作用是把组件、指令、服务等打包成内聚的功能块，封装或暴露相应的功能，从而达到模块间的解耦，是高度自治的一种程序设计模式。 换句话说，模块对应的是业务和功能，组件对应的才是页面展示和交互。

1.4 Angular 的运行

代码是用 TypeScript 编写的。TypeScript 扩展了 JavaScript 的语法，任何已经存在的 JavaScript 程序，都可以不加任何改动地在 TypeScript 环境下运行。TypeScript 相比 JavaScript，只是增加了一些新的遵守 ES6 规范的语法，以及基于类的面向对象程序设计的特性。

ES6 规范是在 2015 年发布的，而目前所有主流的浏览器并没有完全支持 ES6 规范，所以 ES6 程序并不能直接在浏览器中运行。因此，要想使采用 Angular 开发的 Web 应用程序代码能在浏览器中运行，需要先将 TypeScript 代码编译为 JavaScript 代码。

Angular 提供了一个 Angular CLI 工具，该工具可用于初始化、开发、构建和维护工作，用户可以直接使用。无论是 Angular CLI，还是 TypeScript 运行环境，都需要在 Node.js 的环境中运行，因此我们将会准备一个 Node.js 的环境。

使用 Angular 开发的 Web 应用程序最终被转换为 JavaScript 代码的 Web 应用程序，它能直接在浏览器中运行。

1.5 小结

本章的主要目的是让读者对 Angular 有一个直观的认识。本章分别介绍了什么是 Angular、为什么要用 Angular、它的核心概念以及 Angular 版本的发展历史等。

第 2 章 Angular 开发基础

本章的内容是为 Angular 的入门读者准备的，主要是对学习 Angular 前需要具备的知识进行梳理，帮助读者更快入门 Angular。如果读者有前端开发的经验，可以先忽略本章内容，直接进行下一章的学习。

2.1 了解 Web 开发基础

在深入学习 Angular 之前，读者需要了解 Web 开发的基本概念。

2.1.1 客户端和服务器通信

Web 应用程序运行在两台相互通信的计算机上，它们分别被称为客户端和服务器。

- 客户端（用户的计算机）可能是各种各样的设备：从智能手表到手机，从平板电脑到计算机。用户在客户端上使用浏览器与服务器（Web 应用程序部署在其上）进行通信。客户端与服务器进行通信时，会发送超文本传输协议（Hypertext Transfer Protocol，HTTP）请求和接收结果。
- 服务器位于云端或数据中心，它会监听客户端发送的 HTTP 请求，并返回结果。服务器还可以访问 Web 应用程序使用的其他数据库，如后端数据库。

目前有两种类型的 Web 应用程序：在服务器上运行的 Web 应用程序和在客户端上运行的 Web 应用程序（SPA）。

1. 在服务器上运行的 Web 应用程序

在服务器上运行的 Web 应用程序是指 Web 应用程序的计算逻辑在服务器上完成，客户端基本不参与运算，仅接收服务器返回的全部数据。当用户通过客户端向服务器发送一个请求时，服务器执行一些操作并返回一个全新的 HTML 页面，作为响应显示在客户端上。服务器针对客户端的每次请求重新生成该 HTML 页面的全部数据并将其发送回客户端的浏览器中。在服务器上运行的 Web 应用程序如图 2-1 所示。

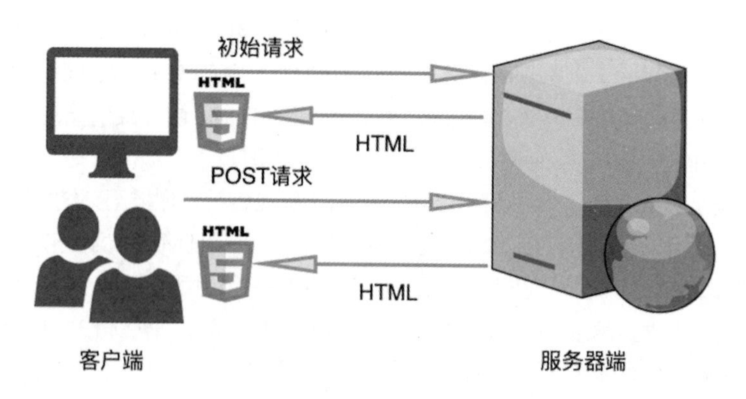

图 2-1 在服务器上运行的 Web 应用程序

2. 在客户端上运行的 Web 应用程序

客户端的 Web 应用程序也称为单页面应用程序。许多 Web 应用程序在服务器上运行，但是一些代码也同时在客户端上执行，以避免频繁地重新生成 HTML 页面。

当用户在客户端中执行一个操作时，客户端会向服务器发送一个请求，服务器执行一些操作并返回结果通常是 JS 对象简谱（JavaScript Object Notation，JSON）格式的数据，而不是一个全新的 HTML 页面。客户端侦听来自服务器的结果，并自行决定在不生成新 HTML 页面的情况下如何将结果呈现给用户。

客户端的 Web 应用程序往往更具交互性和灵活性，因为它们可以更快地响应用户交互，不必等待全部数据发回。它们只需要服务器返回一个局部的结果，而不是整个 HTML 页面。在客户端上运行的 Web 应用程序如图 2-2 所示。

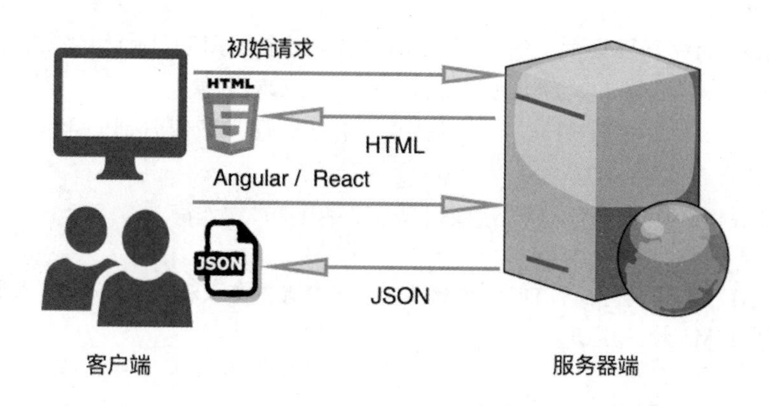

图 2-2 在客户端上运行的 Web 应用程序

服务器应该承担主要工作，业务逻辑和数据应该保存在服务器上，并在需要时供客户端调用或检索。客户端可以使用更先进的异步技术来避免整个页面被刷新，它仅承担与用户的交互工作。

2.1.2 什么是 HTML

HTML 即超文本标记语言，它是构建 Web 的基石，是一种标准的标记语言。HTML 常与层叠样式表（Cascading Style Sheets，CSS）、JavaScript 一起被用于设计 Web、Web 应用程序以及移动应用程序的用户界面。浏览器可以读取 HTML 文件，并将其渲染成可视化网页。HTML 不是一门编程语言，而是一种用于定义内容结构的标记语言。HTML 由一系列标签组成，这些标签可以用来“包裹”不同部分的内容，使其以某种方式工作或者呈现。

HTML 允许嵌入图像和对象，并且可以用于创建交互式表单，它被用来结构化信息，如标题、段落和列表等，也可用来在一定程度上描述文档的外观和语义。HTML 的语言形式为尖括号包围的 HTML 标签（如 <html>），浏览器使用 HTML 标签和脚本来诠释页面内容。

Angular 使用模板显示页面内容，而模板使用的就是 HTML。掌握有关 HTML 的基础知识，有助于我们快速掌握 Angular。

2.1.3 什么是 DOM

DOM 即文档对象模型，它是 HTML 页面和 XML 文件的编程接口。DOM 定义了访问和操作 HTML 页面的标准方法。

DOM 提供了对 HTML 页面的结构化表述，并定义了一种方式，可以通过程序对该结构进行访问，从而改变 HTML 页面的结构、样式和内容。DOM 将 HTML 页面解析为一个由节点和对象（包含属性和方法的对象）组成的结构集合。简言之，它能将 HTML 页面和脚本或程序连接起来。

一个 HTML 页面对应一个 DOM。DOM 可以在浏览器窗口或作为 HTML 源码显示出来。DOM 提供了对同一个 HTML 页面的另一种表现、存储和操作的方式。

2.1.4 HTML 特性与 DOM 属性

当浏览器解析完 HTML 后，生成的 DOM 对象是一个继承自 Object 的常规 JavaScript 对象，因此我们可以像操作任何 JavaScript 对象那样来操作 DOM 对象。

特性（Attribute）属于 HTML，可以任意命名，赋值和取值分别使用 setAttribute() 方法和 getAttribute() 方法。

属性（Property）属于 DOM，赋值和取值都使用“.”操作符。

提示 HTML 中的特性和 DOM 中的属性一般情况下都被称为“属性”。本书为了区分，分别称它们为 HTML 特性与 DOM 属性。

1. HTML 特性与 DOM 属性的关系

我们为 HTML 元素设置特性，具体如下。

```
<input id="name" value="Murphy"/>
```

上述代码有一个 <input> 标签，定义了两个特性（id 和 value）。当浏览器解析这段代码的时候，会把 HTML 代码解析为 DOM 对象，确切地说是解析为 HTMLInputElement 对象。在 DOM 对象中，用户可以通过该对象找到对应的 id 属性和 value 属性。简单地说，就是当浏览器解析 HTML 页面时，会将 HTML 特性映射为 DOM 属性。

2. HTML 特性与 DOM 属性的区别

HTML 特性与 DOM 属性的主要区别如下。

并非所有的 HTML 特性都可以映射为 DOM 属性，如 HTML 中的 colspan 特性，在 DOM 中没有对应的属性。HTML 也可以添加非标准特性，例如：

```
<input id="name" value="Murphy" local="wuhan" />
```

当 HTML 特性被映射为 DOM 属性时，只映射标准特性，访问非标准特性将得到“undefined”的结果。

```
const el = document.getElementById('local') // 试图通过getElementById()方法获得DOM对象
el.local === undefined // 由于local特性是非标准特性，因此无法映射为DOM属性
```

非标准特性并不会自动映射为 DOM 属性。使用 data- 开头的 HTML 特性时，该特性会映射到 DOM 的 dataset 属性里。

```
el.setAttribute('data-myName', 'Murphy'); // 将myName属性的值设置为Murphy
el.dataset.myName === 'Murphy' // 比较dataset属性的myName属性的值是否等于Murphy
```

HTML 特性是不区分大小写的，而 DOM 属性是区分大小写的，因此以下代码的效果是一样的。

```
el.getAttribute('id') // 小写id
el.getAttribute('ID') // 大写ID
el.getAttribute('iD') // 小写i大写D
```

当修改 HTML 特性的值时，DOM 属性的值也会更新；但是修改 DOM 属性的值后，HTML 特性的值还是原值。

```
el.setAttribute('value', 'Jack');           // HTML特性的值
el.value === 'Jack'                         // DOM属性的值也更新了

el.value = 'newValue';                      // 修改DOM属性的值
el.getAttribute('value')) === 'Murphy'      // HTML特性的值没有更新
```

2.1.5 CSS 基础知识

CSS 即层叠样式表，是一种用来表现 HTML 文件样式的计算机语言。CSS 不仅可以静态地修饰网页，还可以配合各种脚本语言动态地对网页中的各元素进行格式化。CSS 能够对网页中元素位置的设定进行像素级的精确控制，支持几乎所有的字体、字号样式，拥有对网页对象和模型样式编辑的能力。

在 CSS 中，HTML 中的标签元素大体被分为 3 种不同的类型：块状元素、行内元素和行内块状元素。理解它们之间的区别有助于读者对 CSS 的学习。

1. 块状元素

所谓块状元素，就是能够设置元素尺寸、隔离其他元素功能的元素。在 HTML 中主要有如下块状元素。

```
<div>、<p>、<h1>、……、<h6>、<ol>、<ul>、<dl>、<table>、<address>、<blockquote>、<form>
```

块状元素的特点如下。

- 每个元素都从新的一行开始，并且其后的元素也另起一行。
- 元素的高度、宽度、行高以及顶部和底部边距都可设置。
- 在不设置元素宽度的情况下，元素宽度是它本身父元素宽度的 100%（即和父元素的宽度一致）。
- 行内元素可转换成块状元素。

```
/* 使a行内元素具有块状元素的特点 */
a {
    display:block;
}
```

2. 行内元素

所谓行内元素，就是不能够设置元素尺寸的元素，它只能自适应内容，无法隔离其他元素，其他元素会紧跟其后。在 HTML 中主要有如下行内元素。

```
<a>、<span>、<br>、<i>、<em>、<strong>、<label>、<q>、<var>、<cite>、<code>
```

行内元素的特点如下。

- 和其他元素都在一行上。
- 元素的高度、宽度及顶部和底部边距不可设置。
- 元素的宽度就是它包含的文字或图片的宽度，不可改变。
- 块状元素可转换为行内元素。

```
/* 块状元素div转换为行内元素 */
div {
    display:inline;
}
```

3. 行内块状元素

所谓行内块状元素，就是可以设置元素尺寸，但无法隔离其他元素的元素。在 HTML 中主要有如下行内块状元素。

```
<img>、<input>
```

行内块状元素的特点如下。

- 同时具备行内元素、块状元素的特点。
- 和其他元素都在一行上。
- 元素的高度、宽度、行高以及顶部和底部边距都可设置。

4. CSS 的属性

CSS 有很多属性，每个属性都有自己的含义。如 color 是文本的颜色属性，text-indent 规定了段落的缩进。学习 CSS 属性时，请注意下面几个方面。

- 属性的合法属性值。如段落缩进属性 text-indent 只接受一个表示长度的值；而背景图案 background 中的 image 属性可以接受的值有两个，一个是表示图案位置的链接值，另一个用 none 表示不用背景图案。
- 属性的默认值。
- 属性所适用的 HTML 元素。正如 HTML 元素有多种，CSS 属性只适用于特定类别的元素，如 white-space 属性就只适用于块状元素。
- 属性的值是否被下一级继承。
- 如果该属性能取百分比值，那么该百分比值所相对的标准是什么，如 margin 属性可以取百分比值。

5. CSS 的度量单位

CSS 的度量单位主要分为两种：绝对单位和相对单位。

- 绝对单位：不会因为其他元素尺寸的变化而变化。
- 相对单位：没有一个固定的度量值，而是由其他元素的尺寸来确定的相对值。

常见的度量单位如下。

- px：像素，指的是屏幕上显示的最小单元。
- em：是相对度量单位，它的计算方式是用当前元素的 font-size 的 px 值乘以 em 前面的数字。
- rem：和 em 很类似，区别是它是相对 HTML 根元素的 font-size 值计算的。
- vw 和 vh：分别指视窗的宽度和高度，1vw= 视窗宽度的 1%，1vh= 视窗高度的 1%。
- %：百分比单位。

6. CSS 选择器

CSS 选择器用于选择需要添加样式的 HTML 元素。使用 CSS 选择器的原则如下。

- 准确地选择要控制的标签。
- 使用最合理优先级的 CSS 选择器。
- HTML 和 CSS 代码尽量简洁美观。

CSS 选择器的种类有很多，按照效率从高到低排序如下。

- id 选择器（#id）。
- 类选择器（.classname）。
- 标签选择器（div、h1、p）。
- 相邻同胞选择器（h1+p）。
- 子选择器（ul > li）。
- 后代选择器（li a）。
- 通配符选择器（*）。
- 属性选择器（a[rel="external"]）。
- 伪类选择器（a:hover、li:nth-child）。

2.1.6 CSS 布局实战

在实际工作中，Web 页面元素的布局非常重要，大到页面的整体风格，小到一个文本框的对齐，这些都离不开 CSS 布局。下面介绍两种实际工作中常见的 CSS 布局。

1. [示例 css-ex100] 元素居中对齐

（1）新建 index.html 文件，并将其更改为以下内容。

```
<!DOCTYPE html>
<html lang="en">

<head>
   <meta charset="UTF-8">
   <meta name="viewport" content="width=device-width, initial-scale=1.0">
   <title>Document</title>
   <style>
       .center {
           margin: auto; /* div外的左右空间对称，也就是居中对齐 */
           width: 50%; /* div宽度占屏幕框的50% */
           border: 3px solid green; /* div边框为3px的绿色实线条 */
           padding: 10px; /* div内空间左右分别留10px空白 */
       }

       .china {
           text-align: center; /* div内文本居中对齐 */
           background-color: yellowgreen; /* 定义div的背景色 */
       }
    </style>
</head>

<body>
   <div class="center">
       <div class="china">学习Angular</div>
   </div>
</body>

</html>
```

（2）用浏览器打开 index.html 文件，可看到元素居中对齐的效果，如图 2-3 所示。

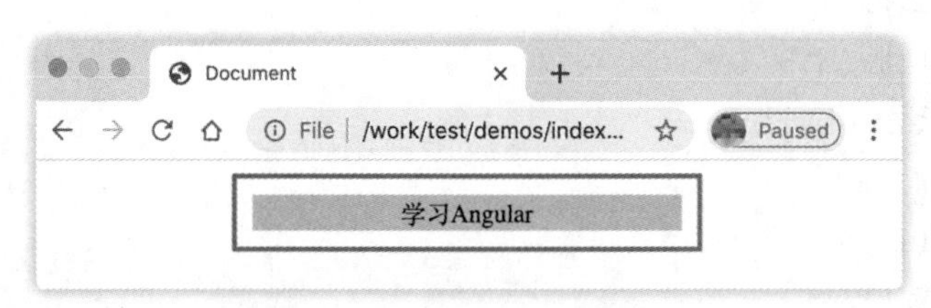

图 2-3 元素居中对齐显示效果

上面的示例 css-ex100 完成了以下内容。

（1）在 HTML 中的 body 标签里定义了两个嵌套的 div 元素，分别引用了两个不同的样式：center 和 china。

（2）center 样式里最重要的就是 margin，margin 的 4 个值分别对应上、右、下、左；也就是说“margin: auto;”其实相当于“margin: auto auto auto auto;”，“margin: 0 auto;”相当

于“margin: 0 auto 0 auto;”。

2. [示例 css-ex200] 元素自适应屏幕和自动换行

（1）新建 index.html 文件，并将其更改为以下内容。

```
<!DOCTYPE html>
<html>

<head>
    <style>
        .flex-container {
            display: flex; /* 生成一个块状元素 */
            justify-content: center; /* 水平居中对齐 */
            background-color: DodgerBlue;
        }

        .flex-container>div {
            background-color: #f1f1f1;
            width: 100px;
            margin: 10px;
            text-align: center;
            line-height: 75px;
            font-size: 30px;
        }

        .flex-container-wrap {
            display: inline-flex; /* 生成一个弹性的行内容器 */
            flex-flow: row wrap; /* 按行排列，超过屏幕宽后自动换行 */
            justify-content: center; /* 水平居中对齐 */
            align-items: center; /* 垂直居中对齐 */
        }

        .flex-container-wrap>div {
            background-color: #f1f1f1;
            width: 100px;
            margin: 10px;
            text-align: center;
            line-height: 75px;
            font-size: 30px;
        }
    </style>
</head>

<body>

    <div class="flex-container">
        <div>1</div>
        <div>2</div>
        <div>3</div>
        <div>4</div>
        <div>5</div>
```

```
        <div>6</div>
        <div>7</div>
        <div>8</div>
        <div>9</div>
        <div>10</div>
    </div>

    <div class="flex-container-wrap">
        <div>1</div>
        <div>2</div>
        <div>3</div>
        <div>4</div>
        <div>5</div>
        <div>6</div>
        <div>7</div>
        <div>8</div>
        <div>9</div>
        <div>10</div>
    </div>

</body>

</html>
```

（2）用浏览器打开 index.html 文件，可看到元素自适应屏幕和自动换行的效果，如图 2-4 所示。

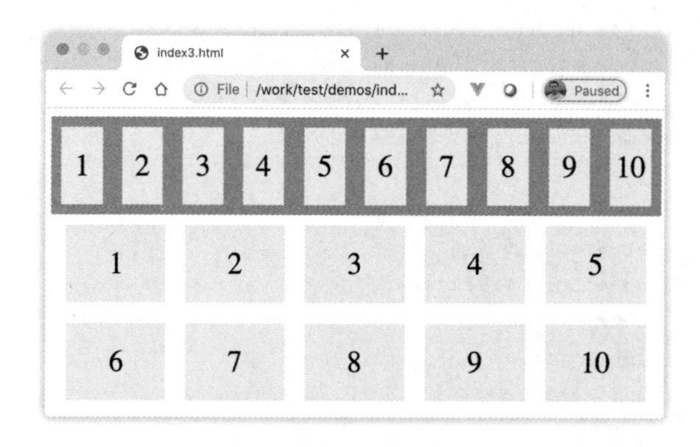

图 2-4 元素自适应屏幕和自动换行显示效果

上面的示例 css-ex200 完成了以下内容。

（1）flex-container 样式里选择“display: flex;”，表示把整行生成一个块状元素，该元素随着屏幕的拉伸自动适应缩放比例，不换行。

（2）flex-container-wrap 样式里选择“display: inline-flex;”，表示把整行生成一个具有弹性的行内容器，该容器内的元素随着屏幕的拉伸自动换行显示。

2.2 掌握 Node. js 和 npm 基础

Angular 的 Web 应用程序开发与 Node.js 和包管理工具（npm）紧密相连。Angular 和 Angular CLI 均是基于 Node.js 环境的，这部分知识将在第 3 章介绍。

2.3 TypeScript 基础知识

Angular 是使用 TypeScript 开发的，因此掌握有关 TypeScript 的知识势在必行，本书第 4 章将专门介绍 TypeScript 基础知识。

2.4 Web 组件知识

基于 Web 组件的开发便于开发人员构建高度可重用的代码。Angular 组件设计就是采用的 MVVM 模式。

2.4.1 什么是 MVVM 模式

MVVM 是 Model-View-ViewModel 的简称。

- M（Model）：模型，Model 对应的就是 Model 数据，Angular 中的 Model 用来存放 View 所需要的基本数据和从后端获取的数据。
- V（View）：视图，它专注于界面的显示和渲染，Angular 中的 View 就是组件模板。
- VM（ViewModel）：视图模型，ViewModel 是用来连接 View 和 Model 的桥梁，ViewModel 将 Model 中的数据提供给 View 用于展示，同时将 View 中用户更改的数据同步到 Model 中。

通过这 3 个部分可以实现用户界面（User Interface，UI）逻辑、呈现逻辑、状态控制、数据与业务逻辑的分离。

2.4.2 MVVM 模式的优点

MVVM 模式有下面这些优点。

- 双向绑定技术：当 Model 变化时，ViewModel 会自动更新，View 也会自动变化。
- 低耦合：各层职责分开，可以各干各的事情，如 View 可以独立于 Model 变化和修改。
- 可重用性：View 的计算逻辑放在 ViewModel 里，让很多 View 可以重用这段计算逻辑。
- 独立开发：开发者可以专注于业务逻辑和数据的开发（ViewModel），设计人员可以专注于界面的设计。
- 测试方便：可以针对 ViewModel 来对界面进行测试。

2.5 选择适合的开发工具

集成开发环境（Integrated Development Environment，IDE）是用于提供程序开发环境的应用程序，一般包括代码编辑器、编译器、调试器和图形用户界面等。

进行 Angular 开发时，需要选择一款对 TypeScript 友好的代码编辑器，该代码编辑器默认情况下（或通过插件）应支持 TypeScript 开发，并且考虑到也要兼容 JavaScript 开发，Visual Studio Code、Atom 或 WebStorm 这 3 款代码编辑器是现在的理想选择。无论用户选择哪一款，目的都是使 Angular 开发变得更加方便和容易。

本书将使用 Visual Studio Code，因为它非常好用，并且免费。Visual Studio Code 是微软公司开发的开源代码编辑器，可用于 Windows、Linux 和 macOS 操作系统；它支持调试代码、git 插件、语法高亮提示、代码提示、代码重构；这个代码编辑器由 TypeScript 的作者编写，所以能很好地兼容 TypeScript；它同样适用于编写 JavaScript、Java 代码等，且相对简洁。

2.6 如何学习 Angular

学习是一个漫长的过程，学习 Angular 的过程也一样。笔者在接触 Angular 之前是一位 Java 后端工程师，鲜少接触前端技能，所以在刚开始学习 Angular 时，对日新月异的前端技术名词感到茫然，不知道从哪里开始学起，走了不少弯路。鉴于此，笔者结合自身的学习经验，站在零基础前端开发者的角度，与读者分享如何学习 Angular。首先，读者需要了解 Web、Node.js 基础，接着是 TypeScript 基础知识，这些都是本书为读者准备的入门 Angular 的内容；本书的内容分别针对不同层次的读者设计，建议读者边读边实践书中的示例，只有反复实践，才能印象深刻。其次，选择有效的学习策略，如记下自己犯的错误，针对错误反复实践；最后就是超越自己，多寻找有关 Angular 知识的资源，如 Angular API，这会使你更加熟悉 Angular。

2.7 小结

本章主要带领读者对入门 Angular 的知识进行了梳理，介绍了 Web 开发基础、HTML 基础、集成开发环境以及如何学习 Angular。

第 3 章 Node.js 和 npm 基础

Node.js 是基于 Chrome V8 引擎的 JavaScript 运行环境，它主要用于创建快速的、可扩展的网络应用。Node.js 采用事件驱动和非阻塞 I/O 模型，轻量又高效，非常适合创建运行在分布式设备上的数据密集型的实时应用。

Node.js 是位于服务器上的 JavaScript 的代码解析器，存在于服务器中的 JavaScript 代码由 Node.js 来解析和运行。Node.js 也是 JavaScript 的一种运行环境，它为 JavaScript 提供了操作文件、创建 HTTP 服务、创建 TCP/UDP 等服务的接口，所以 Node.js 可以完成其他后端语言（Python、Java 等）能完成的工作。Node.js 的作用与后端语言类似，只不过是使用 JavaScript 开发的。

Node.js 通过包管理工具（npm）提供依赖项管理功能，npm 是全球最大的开源库生态系统之一。通过 npm 用户能够管理项目中所使用的第三方 JavaScript 库的依赖关系。掌握 npm 的操作是非常重要的。

3.1 配置 Node.js 运行环境

用户可以通过官方网站下载并安装 Node.js 运行环境，如图 3-1 所示。

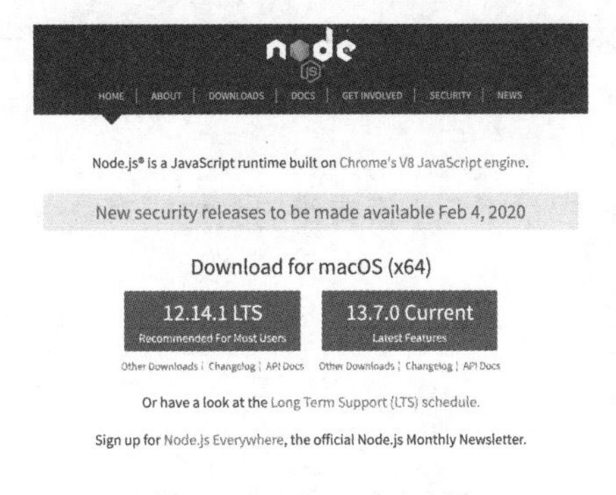

图 3-1 Node.js 官方主页

用户可以选择下载并安装推荐的版本或者最新的版本。本书推荐版本为 12.14.1。

安装完成后打开终端（Terminal），输入 node -v 命令，屏幕将显示 Node.js 的版本信息。

```
$ node -v
v12.14.1
```

出现上述信息，表示 Node.js 安装完毕。

3.2 如何使用 node 命令

打开终端，输入 node 命令进入命令交互模式。用户可以输入一条代码，单击回车键（Enter 键）后将立即执行并显示如下结果。

```
$ node
> console.log('Hello World!');
Hello World!
```

如果要运行一大段代码，可以先编写代码并保存为一个 JavaScript 文件，然后运行此文件。如有以下 hello.js 文件。

```
// hello.js文件中的内容
function hello() {
   console.log('Hello World!');
}
hello();
```

在终端下输入 node hello.js 命令并执行，结果如下。

```
$ node hello.js
Hello World!
```

3.3 Node.js 模块知识

编写稍大一点的程序时一般都会将代码模块化。在 Node.js 中，一般将代码合理拆分到不同的 JavaScript 文件中。为了让这些文件可以相互调用，Node.js 提供了一个简单的模块系统。模块是 Node.js 程序的基本组成部分，文件和模块是一一对应的。换言之，每一个文件就是一个模块，文件路径就是模块名。

在编写模块时，Node.js 提供了 3 个很有用的函数或对象：exports 对象、require() 函数、module 对象。

3.3.1 exports 对象

exports 对象是当前模块的导出对象，用于导出模块的公有方法和属性。下面的示例导出了一个公有方法。

```
exports.hello = function () {
   console.log('Hello World!');
};
```

3.3.2 require() 函数

require() 函数用于在当前模块中加载和使用别的模块。它的使用方法是传入一个模块名，返回一个该模块导出的对象或方法。模块名可使用相对路径（以 ./ 开头）或者是绝对路径（以 / 开头）。另外，模块名中的 .js 扩展名可以省略。

相对路径一般有下面几种表示方式。

- 以 ./ 开头的相对路径，表示当前目录。
- 以 ../ 开头的相对路径，表示父目录。
- 以 ../../ 开头的相对路径，表示父目录的父目录；多个 ../ 开头的相对路径，目录层次依此类推。

下面是 require() 函数的使用示例。

```
let foo1 = require('./foo'); // 导入当前目录下的文件，省略了扩展名
let foo2 = require('./foo.js'); // 导入当前目录下的文件
let foo3 = require('/home/foo'); // 导入绝对路径/home目录下的文件
let foo4 = require('../../foo.js'); // 导入当前目录的上两层父目录下的文件
```

3.3.3 module 对象

module 对象相当于当前文件的上下文，用户通过 module 对象可以访问到当前模块的内容。module 对象一般与 exports 对象联合使用，导出当前模块的内容。如有一个 hello.js 文件的内容如下。

```
function Hello() {
   this.sayHello = function(name) {
      console.log('Hello' + name);
   };
};
module.exports = Hello; // module对象一般与exports对象联合使用
```

在同一目录下，新建文件 main.js，内容如下。

```
//main.js
const Hello = require('./hello'); // 导入hello模块内容
let hello = new Hello();
hello.sayHello('Murphy');
```

打开终端，输入 node mian.js 命令并立即执行，显示结果如下。

```
$ node main.js
Hello Murphy
```

3.4 npm 基础

npm 是 Node.js 的包管理工具，随 Node.js 一起安装，主要提供依赖项管理功能。安装完 Node.js 后，可以使用 npm -v 命令检查 npm 的版本。

```
npm -v
```

npm 类似 Java 中的 Maven、Python 中的 pip 等，可以方便地管理 Node.js 项目中的依赖项，依赖项在项目中以 package.json 的形式显示。

npm 命令用来安装、更新、卸载模块或依赖。

3.4.1 使用 npm 命令安装模块

使用 npm install 命令安装模块。安装模块有两种模式：全局（global）模式和本地（local）模式。

1. 全局模式

在命令行里的 npm install 命令后添加 -g 或者 -global 参数进行全局模式安装，如全局模式安装 Typescript。

```
npm install -g typescript # 或 npm install -global typescript
```

一旦全局模式安装完成后，用户可以在系统的任何地方使用该模块。上述命令表示可以在系统的任何目录下使用 typescript 命令。

2. 本地模式

本地模式安装区别于全局模式的地方就是不使用 -g 参数，如安装 Express。

```
npm install express
```

在本地模式安装中，安装模块并将其保存为项目依赖（写入 package.json 文件）有两种场景。

保存依赖到 dependencies 节点信息中，在命令后添加 --save 参数。

```
npm install express --save
```

保存依赖到 devDependencies 节点信息中，在命令后添加 --save-dev 参数。

```
npm install express --save-dev
```

命令 install 可以简写为小写字母 i，--save 参数可以简写为 -S（大写字母 S），--save-dev 参数可以简写为 -D（大写字母 D）。

```
npm i express    # 等同于 npm install express
npm i express -S # 等同于 npm install express --save
npm i express -D # 等同于 npm install express --save-dev
```

提示 从 npm 5.0.0 开始，安装的模块会被默认添加依赖关系，即默认保存依赖到 dependencies 节点信息中，所以不再需要 -- save 参数。

3.4.2 更新模块

有时依赖关系会改变，如要添加一个新的模块，但是添加该模块要求其他模块具有较高的版本。npm 提供了以下命令来检查模块是否过时。

```
npm outdated module-name # module-name为待检查的模块名
```

Node.js 中有两种更新模块的方式。

一是使用命令 npm update 更新指定模块。如果想要保存结果，还需要参照前面讲的本地模式更新。package.json 文件也会保存新版本的信息。也可参照全局模式更新，则该命令将更新全局模式安装的模块。

二是可以编辑 package.json 文件，更新其中模块版本的依赖信息，然后执行 npm update 命令。这将更新模块以匹配此文件中的规范。

3.4.3 卸载模块

执行 npm uninstall 命令卸载指定的模块。卸载模块与更新模块一样，也可以参照更新模块进行卸载。

3.5 开启一个 Node.js 项目

Node.js 项目是指项目里含有 package.json 文件，并且本项目的所有依赖通过 package.json 文件进行管理。

Express 是流行的基于 Node.js 的 Web 开发框架，可以快速地搭建一个功能完整的网站。我们就从 Express 开始，创建一个 Node.js 项目。

3.5.1 初始化 Node.js 项目

打开终端，新建一个文件夹并进入目录，执行 npm init 命令初始化项目。

```
mkdir mynode && cd mynode # 新建mynode文件夹，并进入文件夹目录下
npm init # 初始化项目
```

按照提示输入项目的一些相关信息。

```
$ npm init
This utility will walk you through creating a package.json file.
It only covers the most common items, and tries to guess sensible defaults.
```

```
See `npm help json` for definitive documentation on these fields
and exactly what they do.

Use `npm install <pkg>` afterwards to install a package and
save it as a dependency in the package.json file.

Press ^C at any time to quit.
package name: (mynode)
version: (1.0.0)
description: mynode
entry point: (index.js)
test command: test
git repository:
keywords: node
author: Murphy
license: (ISC)
About to write to /mynode/package.json:

{
"name": "mynode",
"version": "1.0.0",
"description": "mynode",
"main": "index.js",
"scripts": {
    "test": "test"
},
"keywords": [
    "node"
],
"author": "Murphy",
"license": "ISC"
}


Is this OK? (yes) yes
$
```

输入 yes 后，当前目录下将生成一个 package.json 文件。

3.5.2 安装 Express 框架

打开终端，进入项目根目录下，输入 npm install express --save 命令。

```
$ npm install express --save
npm notice created a lockfile as package-lock.json.You should commit this file.
npm WARN mynode@1.0.0 No repository field.

+ express@4.17.1
added 50 packages from 37 contributors in 4.77s
```

同样在项目的根目录下，新建 index.js 文件，并加入如下代码。

```
var express = require('express'); // 导入express模块
var app = express(); // 生成实例

app.get('/', function(res, rep) {
    rep.send('Hello, world!');
});

app.listen(3000); // 设置监听3000端口
```

3.5.3 启动 Node.js 项目

进入项目根目录下，输入如下命令启动 Node.js 项目。

```
node index.js
```

使用浏览器访问 http://localhost:3000/，就可以看到效果了。第一个 Node.js 项目如图 3-2 所示。

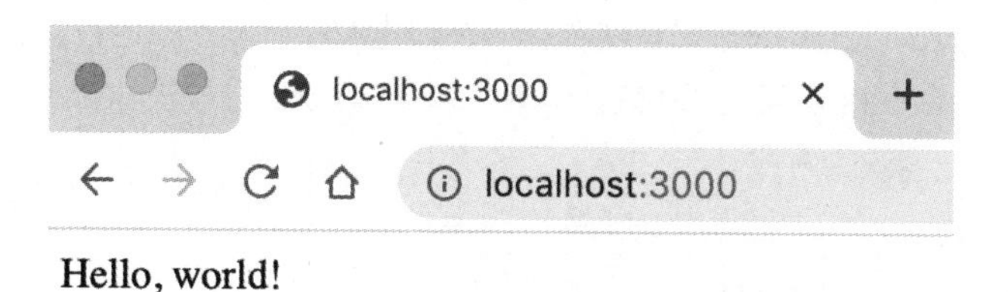

图 3-2 第一个 Node.js 项目

3.6 搭建 Node.js 项目开发环境

现在已经安装了 Node.js 运行环境，有了 npm，并且尝试了第一个 Node.js 项目。使用文本编辑器写代码虽然可行，但是离开发的要求还是有些距离，如我们的代码不仅需要编辑，还需要有代码智能提示，需要进行代码调试、跟踪等。所以我们需要一个 IDE，以便在同一个环境里编程、运行、调试，这样就可以大大提高开发效率。本书推荐的 IDE 为 Visual Studio Code（简称 VS Code），推荐的理由是它不但功能强大、好用，而且免费。

3.6.1 安装 IDE

如果读者还没有用过 VS Code，请进入官方网站下载并安装它，如图 3-3 所示。

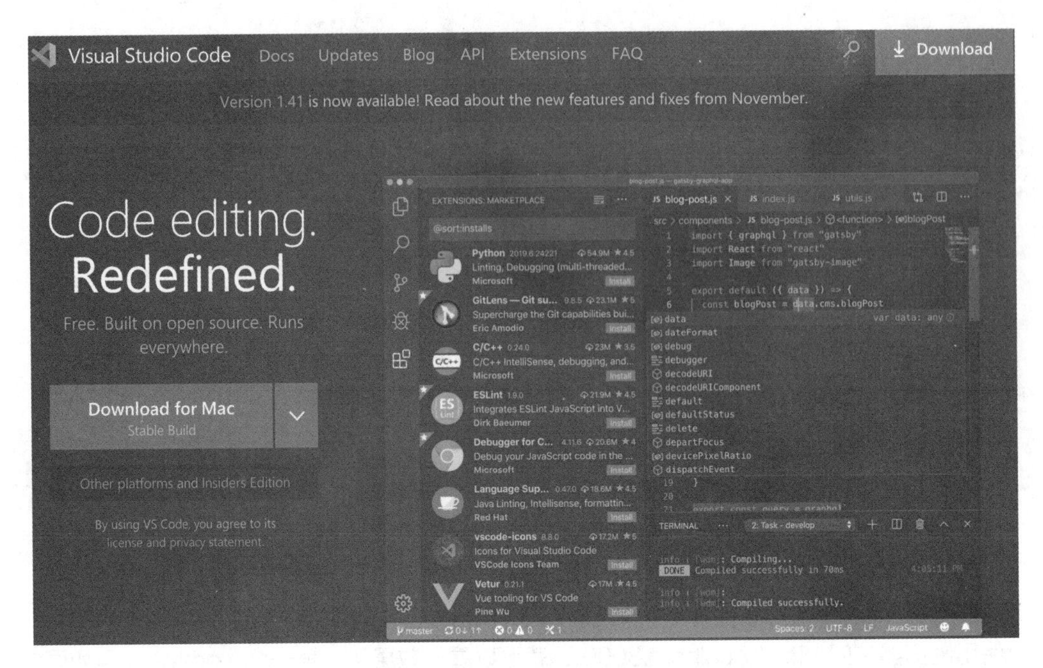

图 3-3　VS Code 官方下载页面

安装完后，打开 VS Code 的方式有两种：一是双击 VS Code 图标打开它；二是在终端根目录下，输入 code . 命令（code 和 . 之间有一个空格），将自动打开 VS Code。

用户可以选择自己喜欢的方式。

3.6.2　Node.js 项目结构

打开 VS Code，选择菜单栏中的“文件”→“打开目录”命令并选择 Express 项目的根目录。从 VS Code 中可以看到，在 Express 项目中，已经有了一个文件夹和 3 个文件。

```
└── node_modules
├── index.js
├── package-lock.json
└── package.json
```

index.js 文件是本项目的核心文件，它是使用 express 模块的简单应用。它先导入 express 模块，然后创建 express 模块的实例，增加一个路由，返回文本信息，最后发布服务的同时监听 3000 端口。一旦有请求进入路由，路由收到响应即返回“Hello, world!”字符串。

3.6.3　node_modules 文件夹的作用

npm 在安装模块时，将下载该模块和依赖项，并将其放入项目文件夹的 node_modules 文件夹中。如果安装的模块有许多依赖项，则最终会得到一个巨大的 node_modules 文件夹，里面有几十个模块子目录。有时 npm 安装命令需要很长时间来下载与安装项目的模块和依赖项。

注意 复制Node.js项目时，不要同时复制node_modules文件夹，否则会导致不可知的后果。如果要将项目从一台计算机复制到另一台计算机，请先删除node_modules文件夹，然后在目标计算机上执行npm install命令安装Node.js模块。

3.6.4 package.json 文件

package.json文件记录项目中所需要的所有模块。在Node.js中安装模块有两种不同的方式。

- 执行npm install命令安装指定模块。
- 编辑package.json文件，然后执行npm install命令安装。

手动编辑package.json文件是安装多个模块时的最佳方式。

打开package.json文件，里面有刚刚通过npm安装的express模块；由于安装时省略了版本信息，因此npm默认安装它的最新版本。

```
{
"name": "mynode",
"version": "1.0.0",
"description": "mynode",
"main": "index.js",
"scripts": {
    "test": "test"
},
"keywords": [
    "node"
],
"author": "Murphy",
"license": "ISC",
"dependencies": {
    "express": "^4.17.1"
}
}
```

3.6.5 识别模块的版本号

当查看package.json文件中的已安装模块的信息时，会发现它们的版本号之前都会加一个符号，有的是插入符号（^），有的是波浪符号（~），如上文安装的express模块。

```
"dependencies": {
    "express": "^4.17.1"
}
```

npm可以采用多种方式灵活地指定版本号，以4.17.1为例，表3-1所示为示例版本号对照表。

表 3-1 示例版本号对照表

版本号	描述
4.17.1	完全匹配 4.17.1
>4.17.1	高于 4.17.1
>=4.17.1	高于或者等于 4.17.1
<4.17.1	低于 4.17.1
<=4.17.1	低于或等于 4.17.1
~ 4.17.1	约等于 4.17.1，相当于版本号位于区间 [4.17.1, 4.(17+1).0)，即 [4.17.1, 4.18.0)
^4.17.1	相当于版本号位于区间 [4.17.1, 5.0.0)
4.17.x	匹配版本号的前两位数 4.17.*
*	匹配任何版本号

3.6.6 package-lock.json 文件的作用

前面安装的 express 模块的版本号是 ^4.17.1，对照表 3-1 可知，它相当于版本号位于区间 [4.17.1, 5.0.0)，意思是在这个区间范围内的版本号都是允许的。那么如何保证每个人在计算机上执行 npm install 命令后安装的模块版本都是一样的呢？ npm 处理版本范围时，依据更新到最新版本的原则，即如果 package.json 文件中记录的模块的版本是一个版本范围，一旦执行 npm install 命令，这个模块就会更新到最新版本。

更新到最新版本的原则并没有解决所有问题，如以下问题。

- 不同用户的 npm 版本可能是不同的。
- 不同用户执行 npm install 命令的时间不一致，如存在某个模块昨天的版本和今天的版本不一致的情况。

如果模块的版本不一致，开发环境和生产环境中的产品就会不一致。即使同在开发环境，也会出现不同成员之间的本地环境不一致的情况。

npm 使用 package-lock.json 文件来解决这个问题。 package-lock.json 文件锁定所有模块的版本号，包括主模块和所有依赖子模块的版本号。当执行 npm install 命令的时候，npm 从 package.json 文件中读取模块名称，从 package-lock.json 文件中获取版本号，然后进行下载或者更新。

一旦修改 package.json 文件，并且执行了 npm 安装、更新和卸载等命令，都会自动同步修改 package-lock.json 文件。

3.6.7 调试 Node.js 项目

在 VS Code 中调试 Node.js 项目很容易，先在需要设置断点的代码处设置断点，然后使用 node --inspect index.js 命令启动项目。

以上面的 Express 项目为例，调试步骤如下。

（1）在 index.js 文件中设置断点。

（2）然后在 VS Code 里的终端面板中，在项目的根目录下输入 node --inspect index.js 命令启动项目。

（3）触发请求，使代码执行到断点处。如打开浏览器，输入地址 http://localhost:3000 触发请求。

当代码执行到断点处时，VS Code 界面如图 3-4 所示。

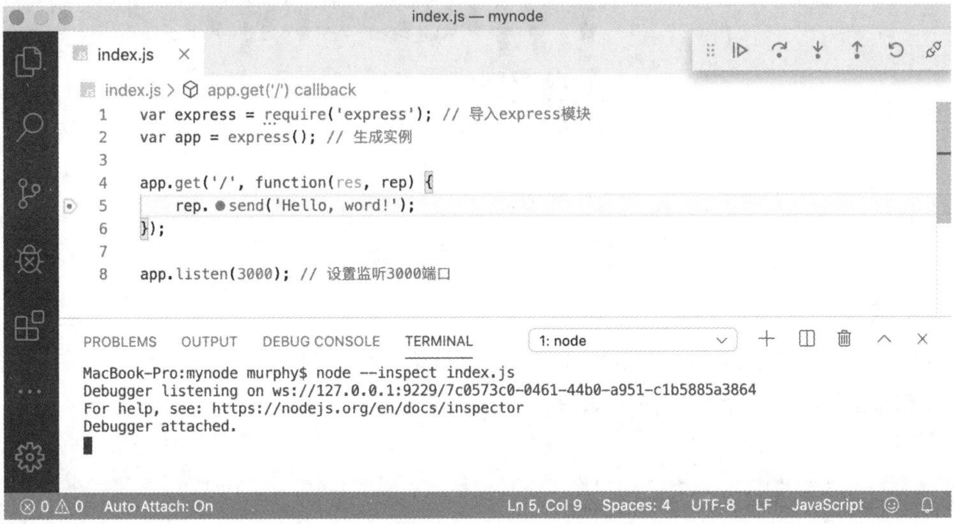

图 3-4　VS Code 中显示的界面

3.7　小结

本章介绍了 Node.js 和 npm 的基础知识，并且启动了第一个 Node.js 项目，详细介绍了项目的结构和相关的项目文件，最后演示了如何调试项目代码。

第 4 章 TypeScript 基础知识

Angular 是一个完全用 TypeScript 构建的现代框架，而且还将 TypeScript 作为其主要开发语言。本章带领读者学习 TypeScript 的知识。

4.1 什么是 TypeScript

TypeScript 是由微软公司开发的一种开源编程语言，它是 ES6 的超集，扩展了 ES6 的语法。TypeScript 的第一个版本于 2012 年 10 月发布，经历了多次更新后，现在已成为前端开发中不可忽视的力量，不仅在微软公司内部得到广泛运用，而且谷歌公司的 Angular 也使用了 TypeScript 作为主要开发语言。这意味着，TypeScript 背后至少有微软和谷歌两大公司的支持。

TypeScript 文件约定以“.ts”为扩展名。现如今支持 ES6 的浏览器还比较少，更不用说 TypeScript 了。这个问题需要用 TypeScript 转译器来解决，TypeScript 转译器能把 TypeScript 代码转换为几乎所有浏览器都支持的 ES5 代码。TypeScript、ES5（JavaScript）和 ES6 之间的关系如图 4-1 所示。

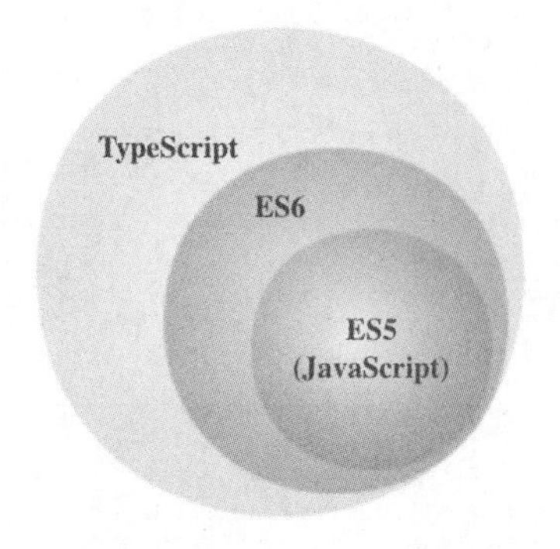

图 4-1　TypeScript、ES5 和 ES6 之间的关系

所有的ES6代码都是完全有效且可编译的TypeScript代码。我们把TypeScript与JavaScript的区别整理在一张表中，方便读者比较，如表4-1所示。

表4-1 TypeScript与JavaScript的区别

TypeScript	JavaScript
JavaScript的超集，用于解决大型项目的代码复杂性问题	一种脚本语言，用于创建动态网页
可以在编译期间发现并纠正错误	作为一种解释型语言，只能在运行时发现错误
强类型，支持静态和动态类型	弱类型，没有静态类型
最终编译成JavaScript代码	可以直接在浏览器中使用
支持模块、泛型和接口	不支持模块、泛型或接口
支持ES5和ES6等	不支持ES5和ES6等

TypeScript可以与大多数JavaScript库很好地集成。

JavaScript程序也是一个有效的TypeScript程序。一个TypeScript程序可以“无缝”地使用JavaScript代码，因此可以直接将扩展名为“.js”的文件更改为“.ts”文件。

进行Angular开发时，开发者不需要单独下载或安装TypeScript，Angular已经自动为项目设置了TypeScript的语言环境。

4.2 快速上手TypeScript

用户在快速上手TypeScript之前，需要先学会如何安装它，需要准备一个能编辑和解析TypeScript的环境。在安装完TypeScript之后，就可以使用它的转译器工具将TypeScript代码转译为JavaScript代码了。

4.2.1 安装TypeScript

使用npm包管理工具下载TypeScript安装包并在全局环境下安装，命令如下。

```
npm install -g typescript
```

安装成功后，可以通过tsc -v命令查看当前TypeScript的版本。

```
$ tsc -v
Version 3.7.5
```

上述命令执行结果表示：当前TypeScript的版本是3.7.5。

4.2.2 转译TypeScript

通过tsc命令转译TypeScript代码，tsc命令后接TypeScript文件名。

```
tsc hello.ts
```

上述命令执行完成后，将会在当前目录下生成一个同文件名的 JavaScript 文件：hello.js。

下面通过示例演示如何搭建一个简单的 TypeScript 项目的开发环境。

4.2.3 [示例 tsc-ex100] 开启第一个 TypeScript 项目

（1）打开终端，新建一个文件夹并进入目录中，执行 npm init 命令初始化项目。

```
$ mkdir mytsc && cd mytsc # 新建mytsc文件夹，并进入文件夹目录中
$ npm init # 初始化项目
```

npm init 命令将会要求用户按照提示输入项目的一些相关信息，也可以使用 npm init -y 命令默认选择信息，这些信息后续可以在项目中更新。

（2）添加 TypeScript 开发依赖包，执行命令如下。

```
$ npm i typescript --save-dev
```

（3）初始化项目信息，执行命令如下。

```
$ tsc --init
```

上述命令执行完成后，在项目目录下将会生成一个 tsconfig.json 文件，该文件用来配置 TypeScript 的环境信息。

（4）打开 VS Code，导入项目，或者直接在终端输入命令“code .”，该命令会直接打开 VS Code，并自动导入当前项目。

（5）编辑 tsconfig.json 配置文件，找到 outDir 和 rootDir 节点注释，并修改内容如下。

```
"outDir": "dist",      // 定义输出文件夹路径
"rootDir": "src",      // 定义源文件夹路径
```

（6）创建一个 TypeScript 类文件。创建 src/index.ts 文件，并修改内容如下。

```
function greeter(name: string) { // 定义变量name的类型为字符串类型
    return "Hello, " + name;
}

let user = "Murphy"; // let 是TypeScript的变量声明符

console.log(greeter(user))
```

（7）编辑 package.json 文件，并修改内容如下。

```
{
"name": "mytsc",
"version": "1.0.0",
"description": "",
"main": "src/index.ts",
"scripts": {
    "start": "tsc",
    "test": "echo \"Error: no test specified\" && exit 1"
```

```
    },
  "keywords": [],
  "author": "",
  "license": "ISC",
  "devDependencies": {
      "typescript": "^3.8.3"
      }
  }
```

（8）编译 TypeScript 类文件，执行 start 命令。

```
$ npm start
```

上述命令执行完成后，在项目 dist 目录下，将会生成一个 index.js 文件。

（9）执行 JavaScript 类文件，命令如下。

```
node dist/hello.js
```

上述命令执行完成后，控制台将输出信息 "Hello, Murphy"。

示例 tsc-ex100 完成了以下内容。

（1）步骤（1）完成了新建和初始化项目。

（2）步骤（2）添加了 TypeScript 开发依赖包，TypeScript 开发环境依赖 Node.js。

（3）在步骤（5）中，通过 TypeScript 的配置文件配置了源文件夹和编译后输出文件夹的路径。

（4）在步骤（8）中，在项目的配置文件中增加了执行命令 start，该命令将 TypeScript 类文件编译后生成 JavaScript 类文件。

对比源文件 hello.ts 和目标文件 hello.js 的内容，二者的区别如下。

- 生成的目标文件中自动添加了“use strict”声明，use strict 的目的是指定代码在严格条件下执行。
- 源文件中的 TypeScript 类型声明在目标文件中自动省略了。
- 源文件 user 变量的修饰符在生成的目标文件中由 let 变成了 var 声明。
- 生成的目标文件相比源文件少了空行。
- 生成的 hello.js 文件可以在任何 JavaScript 环境下运行。

4.3 TypeScript 数据类型

通常，我们可以把数据类型看作一组值的集合。TypeScript 也是 ES5 的超集，这意味着 ES5 中的数据类型在 TypeScript 中同样有效。 如上所述，TypeScript 是强类型的语言，支持静态和动态类型。了解数据类型是掌握 TypeScript 知识的基础，对初学者来说数据类型至关重要，下面对这些内容进行详细讲解。

4.3.1 TypeScript 类型注解

TypeScript 是类型化语言，因此可以通过类型注解指定变量（也可以是函数参数或对象属性等）的数据类型。 类型注解在 TypeScript 中不是强制的。它的作用是帮助编译器检查变量的数据类型，并在处理数据类型时避免错误，也就是描述变量可以接受的值。

类型注解的格式是变量名之后使用冒号进行类型标识，冒号和变量名之间可以有空格。如以下代码告诉 TypeScript 变量 age 只能存储数字。

```
let age: number;
```

注意 类型注解是 TypeScript 的特性，因此上面的代码仅在支持 TypeScript 的环境下运行，不能在 JavaScript 下运行。

下面的代码演示了对函数参数进行类型注解。

```
display(id: number, name: string) {
    console.log("Id = " + id + ", Name = " + name);
}

display(1, "Murphy");
```

如果声明变量时没有使用类型注解，那么 TypeScript 可以对变量的数据类型进行推断。

```
let a = 11;
```

TypeScript 会推断出变量 a 的数据类型是数值类型（number）。

4.3.2 TypeScript 基础数据类型

在 TypeScript 中主要有以下几种数据类型。

- 布尔基本类型（boolean，小写字母 b：具有两个元素 true 和 false 的集合。

```
let a: boolean = false;
// ES5: var a = false;
```

- 布尔对象类型（Boolean，大写字母 B）：布尔对象类型是布尔基本类型的包装对象。

```
// 使用Boolean()函数将字符串转换为布尔值
let hi: Boolean = Boolean('Hi');

console.log(hi); // 由于字符串不为空，因此返回true。控制台输出：true
console.log(typeof hi); // 控制台输出：boolean

let hi = new Boolean(false);

console.log(hi); // 控制台输出：[Boolean: false]
console.log(typeof hi); // 控制台输出：object
```

- 数值类型：所有数字的集合。

```
let count: number = 5;
// ES5: var count = 5;
```

- 字符串类型（string）：所有字符串的集合。

```
let name: string = "Murphy";
// ES5: var name = "Murphy";
```

- 数组类型（array）：存储一系列的值的集合。

```
let list: number[] = [1, 2, 3];
// ES5: var list = [1, 2, 3];
```

- 枚举（enum）类型：所有对象的集合（包括函数和数组）。

```
// 常量枚举
enum Color { Red, Green, Blue } // 等同于enum Color { Red = 1, Green, Blue }
let c: Color = Color.Green;
console.log(c); // 控制台输出：1

let colorName: string = Color[2];
console.log(colorName); // 控制台输出：Blue

// 字符串枚举
enum Color { Red = 'Red', Green = 'Green', Blue = 'Blue' }
let c: Color = Color.Green;
console.log(c); // 控制台输出：Green

let colorName: string = Color['Green'];
console.log(colorName); // 控制台输出：Green
```

- object类型（小写字母o）：所有对象的集合，它用于表示非原始类型，包括函数和数组，不包含number、string、boolean、bigint、symbol、null和undefined类型。

```
declare function create(o: object | null): void;

create({ prop: 0 }); // 正确
create(null); // 正确
create({}); // 正确

create(42); // 错误
create("string"); // 错误
create(false); // 错误
create(undefined); // 错误
```

- Object类型（大写字母O）：Object类型是所有类的实例的类型。
- {}类型：表示空对象类型。

```
// 在ES5环境下，下面的代码是正确的
const es = {};
es.x = 3;
es.y = 4;
console.log(es) // 控制台输出：{ x: 3, y: 4 }
```

然而，在TypeScript的环境下，上面的代码是错误的，将会提示下面的错误信息。

```
const es = {}; // (A)
```

```
// Property 'x' does not exist on type '{}'
es.x = 3; // Error
// Property 'y' does not exist on type '{}'
es.y = 4; // Error
```

在 TypeScript 的环境下，我们需要显式初始化 es 对象。

```
const es = {
    x: 3,
    y: 4,
};
es.x = 5;
console.log(es) // 控制台输出：{ x: 5, y: 4 }
```

- null 和 undefined 类型：具有唯一元素 null 或 undefined 的集合。

```
let u: undefined = undefined;
let n: null = null;
```

- any 类型：任意值类型，可存储任意值的集合。TypeScript 允许对 any 类型的值执行任何操作，而无须事先执行任何形式的检查。

```
let value: any;

value.foo.bar; // 正确
value.trim(); // 正确
value(); // 正确
new value(); // 正确
value[0][1]; // 正确
```

在许多场景下，这一条件太宽松了。使用 any 类型，用户可以很容易地编写类型正确但在运行时有问题的代码。如果使用 any 类型，就无法使用 TypeScript 提供的大量保护机制。为了解决 any 类型带来的问题，TypeScript 3.0+ 引入了 unknown 类型。

- unknown 类型：与 any 类型一样，所有类型也都可以赋值给 unknown 类型，但是对类型为 unknown 的值执行操作时，会发生编译错误。

```
let value: unknown;

value.foo.bar; // 错误
value.trim(); // 错误
value(); // 错误
new value(); //错误
value[0][1]; // 错误
```

unknown 类型只能被赋值给 any 类型和 unknown 类型本身，它一般用在那些将取得任意值，但不知数据类型的地方。对于如下参数，request 是来自客户端的请求，我们不清楚它的具体数据类型。

```
intercept(request: HttpRequest<unknown>, next: HttpHandler): Observable<HttpEvent<un-
known>> {
    console.log(JSON.stringify(request)); // 输出请求信息
```

```
    return next.handle(request);
}
```

使用 unknown 类型将会进行类型检查，因此它相比 any 类型更加安全。在没有事先指定更具体的数据类型的情况下，不允许对 unknown 类型进行任何操作。

```
const value: unknown = "Murphy";
const onevalue: string = value as string; // 定义类型
const otherString = onevalue.toUpperCase();
console.log(otherString); // 控制台输出：Murphy
```

- never 类型：当函数永远不会返回值时，可以用 never 类型表示。

```
// 抛出异常
function error(message: string): never {
throw new Error(message);
}

// 永远不会返回
function continuousProcess(): never {
while (true) {
    // ...
}
}
```

- 元组（tuple）类型：类似数组的结构，里面存储不同类型的值。

```
let tupleType: [string, boolean];
tupleType = ["Murphy", true];
console.log(tupleType[0]); // 控制台输出：Murphy
console.log(tupleType[1]); // 控制台输出：true
```

- void 类型：与 any 类型相反，它表示没有任何类型。

```
// 声明函数返回值为 void 类型
function getName(): void {
    console.log("This is my name");
}
```

4.3.3 TypeScript 中的类型转换

类型转换是将一种数据类型转换为另一种数据类型。TypeScript 提供了执行类型转换的内置函数。

1. 字符串转换为数字

TypeScript 中常见的将字符串转换为数字的方式有 4 种。

- 使用 Number()。
- 使用 parseInt()。
- 使用 parseFloat()。
- 使用“+”操作符。

TypeScript 提供了 Number() 来将字符串转换为数字。

```
let str: string = '10';

let a = Number(str)
console.log(typeof a, a);  // 控制台输出: number 10

let b = parseInt(str)
console.log(typeof b, b);  // 控制台输出: number 10

let c = parseFloat(str)
console.log(typeof c, c);  // 控制台输出: number 10

let d = +str
console.log(typeof d, d);  // 控制台输出: number 10
```

2. 数字转换为字符串

TypeScript 中将数字转换为字符串的方式有 3 种。

- 附加空字符串的方式。
- 使用 toString()。
- 使用 String()。

```
let num: number = 10;
console.log(num.toString());  // 控制台输出: 10
console.log(num.toString(2));  // 控制台输出二进制数值格式的字符串: 1010
console.log(num.toString(8)); // 控制台输出八进制数值格式的字符串: 12

let a = num + ''
console.log(typeof a, a);  // 控制台输出: string 10

let b = String(num)
console.log(typeof b, b);  // 控制台输出: string 10
```

4.3.4 TypeScript 类型断言

TypeScript 允许我们以任何方式覆盖原先推断的数据类型。当我们能比编译器本身更好地理解变量类型时，通过类型断言这种方式我们可以告诉编译器确定的数据类型。类型断言好比其他语言里的类型转换，但是不进行特殊的数据检查和解构。

类型断言有两种语法: <> 语法和 as 语法。

```
let one: any = "this is a string";
let two: number = (<string>one).length;
let three: number = (one as string).length;
```

假设我们想定义一个 {} 类型对象，但是事先不清楚该对象里的元素类型，具体代码如下。

```
const friend = {};
friend.name = 'Murphy';  // Error! Property 'name' does not exist on type '{}'.ts(2339)
```

```
interface Person {
name: string;
age: number;
}

const person = {} as Person;
person.name = 'Murphy';  // 正确
```

4.3.5 TypeScript 类型保护

类型保护是可执行运行时检查的一种表达式，用于确保该类型在一定的范围内。换句话说，类型保护可以保证一个字符串是 string 类型，尽管它的值也可以是一个数值。目前主要有 3 种方式来实现类型保护。

1. 使用 in 操作符实现类型保护

in 操作符会检查一个属性在某对象上是否存在，如下面的示例代码，将检查 person 对象里是否有 name 属性。

```
interface Person {
    name: string;
    age: number;
}
const person: Person = {
    name: 'Murphy',
    age: 37,
};

const checkForName = 'name' in person; // 检查person对象里是否有name属性，返回 true
```

2. 使用 typeof 操作符实现类型保护

typeof 操作符返回一个字符串，表示接收参数的类型。当 typeof 操作符接收包含布尔值的变量时，将获得字符串“boolean”，具体代码如下。

```
let isPending = false;
let isDone = true;

console.log(typeof isPending); //  控制台输出：boolean
console.log(typeof isDone); // 控制台输出：boolean
```

3. 使用 instanceof 操作符实现类型保护

JavaScript 中还有一个 instanceof 操作符也可以用来识别对象类型，如接收的参数是指定的对象类型，则返回 true，反之返回 false。下面的示例就是用 instanceof 操作符来识别变量类型。

```
console.log(foo instanceof Boolean); // 控制台输出：false
console.log(object instanceof Boolean); // 控制台输出：true
```

4.3.6 TypeScript 的联合类型

联合类型表示取值类型可以为多种类型中的一种。有时候期望变量是几种类型之中的一种，要描述这些变量类型，可以使用联合类型。如在下面的代码中，变量 a 的类型既可以是 null 类型，也可以是 number 类型。

```
let a: null|number = null;
a = 11;
```

当 TypeScript 不确定一个联合类型的变量到底是哪个类型的时候，我们只能访问此联合类型的所有类型的公共属性或方法。

```
let a: string | number  = 'hello';
console.log(a.toString()); // toString()方法是联合类型变量a的公共方法
```

4.3.7 TypeScript 的类型别名

类型别名用来给一个类型取新名字，如联合类型重新定义了别名“Message”。

```
type Message = string | string[];

let greet = (message: Message) => {
    // ...
};
```

4.3.8 TypeScript 的交叉类型

交叉类型是将多种类型叠加到一起成为一种新类型，新类型包含了所需的所有类型的特征。如将 Person 类型和 Worker 类型叠加到一起成为一种新的 Employee 类型。

```
interface Person {
    name: string;
    age: number;
}
interface Worker {
    companyId: string;
}
type Employee = Person & Worker;

const staff: Employee = {
    id: '010100',
    age: 37,
    companyId: 'ABC'
};
```

上述代码中，定义 staff 对象的类型为 Employee 类型，这样 staff 对象同时拥有 Person 类型和 Worker 类型的特征。

4.4 TypeScript 的函数与参数

本节主要介绍箭头函数、函数类型、可选参数、默认参数和剩余参数等内容。

4.4.1 箭头函数

ES6 中箭头函数的基本语法如下。

```
let func = value => value;
// 或对参数进行类型声明
let func = (value: string) => value;
```

上面的代码相当于以下代码。

```
let func = function (value) {
    return value
}
```

如果需要传入多个参数，代码如下。

```
let func = (value1, value2) => value1 * value2;
```

上面的箭头函数示例中都省略了 return 关键字和花括号。在箭头函数中，如果方法体中只有一行代码，则可以省略 return 关键字和方法体的花括号，直接简化成 value => value。如果函数的代码块有多条语句，则不能省略 return 关键字和方法体的花括号。

```
let func = (value1, value2) => {
    value1 = value1 + 10;
    return value1 * value2;
}
```

如果需要返回一个对象，那么箭头函数的方法体必须放在括号中，这样做的原因：没有括号，JavaScript 引擎没办法区分是正常定义一个对象还是一个箭头函数体。

```
let func = (value1, value2) => ({ value1: value1, value2: value2 }); //正确写法
let func = (value1, value2) => { value1: value1, value2: value2 }; //会报错
```

4.4.2 TypeScript 函数类型

函数类型也是 Object 类型的一种。函数类型顾名思义就是对函数进行类型声明。
下面是函数类型的示例。

```
type Add = (name: string) => string; // 定义函数类型
let myAdd: Add = function (a: string): string {
    return 'Hello' + a;
}
```

其中 Add 就是定义的一种函数类型，它接收一个字符类型参数并且返回值为字符串，myAdd() 函数使用 Add 函数类型作为它的类型注解。

上面的 TypeScript 代码经过编译后，生成下面的 JavaScript 代码。

```
var myAdd = function (a) {
    return 'Hello' + a;
};
```

可以通过下面的方式调用 myAdd() 函数。

```
myAdd('Murphy');
```

4.4.3 函数中的可选参数

参数后面的问号表示该参数是可选的。如下面的函数中的第二个参数 lastName 就是一个可选参数。

```
//这是一个拼接名字的函数
function buildName(firstName: string, lastName?: string) {
   if (lastName) {
       return firstName + " " + lastName;
   } else {
       return firstName;
   }
}

let result = buildName("Murphy");  // 省略了第二个参数
console.log(result); // 控制台输出: Murphy
```

由于 lastName 参数是可选的，因此调用 buildName() 函数时，可以选择传一个或者两个参数。

4.4.4 函数中的默认参数

默认参数的作用是用户调用函数时，可以选择忽略该参数。TypeScript 会将添加了默认值的参数识别为可选参数。默认参数通常可以省略类型注解，TypeScript 会主动推断出参数的类型，也就是默认值的类型，如果给可选参数传值就必须对应默认参数的类型。

下面的示例里，在定义函数类型时，给参数 b 设定了默认参数 'hangzhou'。

```
function hi (a: string, b = 'hangzhou'): void{
   console.log(a + ':' + b);
```

```
}
hi('hello'); // 控制台打印: hello:hangzhou
```

4.5 TypeScript 数组

学习 TypeScript 的数组知识，从定义数组类型开始，然后学习几种常见的操作数组的方法。

4.5.1 TypeScript 数组类型

数组类型也是 Object 类型的一种。TypeScript 的数组类型有两种表示形式：一种是作为列表形式，另一种是作为元组形式。

数组作为列表时，有以下两种表示方式。

```
let arr: number[] = [];
let arr: Array<number> = [];
```

上面的 arr 数组中所有元素都具有相同的类型（number 类型），数组中的元素个数不固定。如果元素个数不固定且类型未知，这种情况可直接声明成 any 类型。

```
let arr: any[] = [] ;
```

如果想让数组中元素的个数固定，可以使用 TypeScript 的元组类型。

```
let address: [string, number] = ['wuhan', 27];
```

4.5.2 使用 TypeScript 数组的查找和检索方法

下面介绍数组的两个常用方法。

- find() 方法返回数组元素中的第一个匹配的元素。
- findIndex() 方法返回数组元素中的第一个匹配元素的索引。

下面的示例是查找（返回值）第一个大于 18 的元素及其索引。

```
const numbers: number[] = [4, 9, 16, 35, 49];
function myFunction(value, index, array) {
    return value > 18;
}
let first = numbers.find(myFunction);
let firstIndex = numbers.findIndex(myFunction);

console.log(first); // 控制台输出: 35
```

```
console.log(firstIndex); // 控制台输出：3
```

4.6 TypeScript 接口

接口是一系列抽象方法的声明，是一些方法特征的集合。这些方法都应该是抽象的，需要由具体的类去实现，然后第三方就可以通过这组抽象的方法调用具体的类执行具体的方法。

TypeScript 接口定义如下。

```
interface name {
}
```

可以将接口看作做某事的规范（如以某种方式实现函数）或用于存储特定数据（如属性、数组）。TypeScript 接口可以应用于函数，代码如下。

```
interface MyFind {
   (source: string, subString: string): boolean;
}
let mySearch: MyFind; // 接口应用于函数
mySearch = function (source: string, subString: string) {
  let result = source.search(subString);
  if (result == -1) {
      return false;
  }
  else {
      return true;
  }
}
```

上述示例实现了以下内容。

（1）定义了 MyFind 接口，该接口包含两个字符串参数，接口返回布尔基本类型（boolean）数据。

（2）mySearch() 函数的类型注解是 MyFind 接口。

TypeScript 接口也可以应用于属性。接口可以具有强制执行属性，但也可以具有可选属性。

```
interface Clothing {
   label: string;
   size: number;
   color?: string;
}
function printLabel(labelled: Clothing) {  // 接口应用于属性
   console.log(labelled.label + " " + labelled.size);
}
let myObj = { size: 10, label: "衣服" };
printLabel(myObj); // 控制台输出：衣服 10
```

上述示例实现了以下内容。

（1）定义了 Clothing 接口，该接口包含 3 个属性，其中 color 是可选属性。

（2）printLabel() 函数中的 labelled 参数的类型注解是 Clothing 接口。

（3）定义了 myObj 对象，该对象里的属性名与 Clothing 接口中的属性名一致。

（4）调用 printLabel() 函数时，传递的是 myObj 对象参数。

TypeScript 接口也可以应用于数组。

```
interface StringArray {
   [index: number]: string;
}
let myArray: StringArray;
myArray = ["Murphy", "Jack"];
```

上述示例实现了以下内容。

（1）定义了 StringArray 接口，该接口表示索引的类型是数值，值的类型是字符串。

（2）定义了 myArray 变量，该变量的类型注解是 StringArray 接口。

4.7 TypeScript 类

类和接口一样，都是一些抽象概念的集合，它们描述的是与对象相关的属性和方法。我们可以从类中创建出享有共同属性和方法的实例对象。类与接口的区别在于：接口仅提供描述，并不提供创建此对象实例的具体方法。

TypeScript 是面向对象的语言，面向对象主要有三大特性：封装、继承、多态。从 ES6 开始，JavaScript 程序员能够使用基于类的面向对象的方法。TypeScript 支持面向对象的所有特性，并且编译后的 JavaScript 代码可以在所有主流浏览器和平台上运行。

TypeScript 类的定义方式如下。

```
class class_name {
   // 类作用域
}
```

4.7.1 类的构造函数

TypeScript 使用 constructor 关键字而不是类名来声明构造函数。在 constructor() 方法中用户可以通过 this 关键字来访问当前类中的属性和方法。下面的示例定义了一个 Student 类。

```
class Student {  // 定义Student类
   name: string;  // 定义类的属性name
   constructor(myname: string) { // 定义构造函数
      this.name = myname;
    }
   study() { //定义类的方法
        //定义该方法所要实现的功能
   }
}
```

构造函数就是在新建一个类的时候调用的方法。

```
let s = new Student('Murphy');
```

上述代码实际上调用的就是 Student 类的构造函数，该构造函数接收一个字符串参数。

在 TypeScript 的类中不写 constructor（构造函数）不代表没有 constructor，意思是会有一个默认的空 constructor。

```
constructor() {} // 无参数，无实现内容
```

构造函数还有另一个用途：TypeScript 自动将构造函数的参数赋值为属性，即不需要在构造函数中分配实例变量，TypeScript 已经完成了此工作。

```
// 推荐写法
class Person {
   constructor(public firstName: string, public lastName: string) { // 无实现
   }
}
```

上述代码等同于下面的写法。

```
class Person {
   public firstName: string;
   public lastName: string;
   constructor(firstName: string, lastName: string) {
       this.firstName = firstName;
       this.lastName = lastName;
   }
}
```

类成员属性的访问范围修饰符一般有 3 种。

- private：私有，声明访问范围不能在类的外部。
- protected：受保护，声明在派生类（其自身、子类和父类）中仍然可以访问。
- public：公共，声明对访问范围不进行任何限制。

如果类成员属性前无访问范围修饰符，TypeScript 默认为 public 修饰符。

4.7.2 类的方法和属性

- 方法：JavaScript 中统称函数，但是有了类之后，类中的函数成员统称方法。
- 只读（Readonly）属性：可以使用 readonly 关键字将属性设置成只读，相当于类字段的 const，如下面的代码。

```
readonly name: string = 'Murphy'; // name变量只读
```

- 静态方法：使用 static 修饰符修饰的方法称为静态方法，这种方法不需要实例化，而是直接通过类来调用。

```
class Animal {
```

```
    constructor(private name: string) { }
    static isAnimal(animal) {
        return animal instanceof Animal;
    }
}

let dog = new Animal('Dog');
Animal.isAnimal(dog); // 控制台输出: true
```

- 静态属性：同样，使用 static 修饰符修饰的属性称为静态属性。

4.7.3 类的继承

TypeScript 使用 extends 关键字实现继承，子类使用 super 关键字来调用父类的构造函数和方法。

```
class Animal {
    name: string;
    constructor(theName: string) { this.name = theName; }
    move(meters: number = 0) {
        console.log(this.name + " moved " + meters + "m.");
    }
}

class Snake extends Animal {
    constructor(name: string) {
        super(name);  // 子类调用父类的constructor()方法
    }
    move(meters = 5) {
        console.log("Snake...");
        super.move(meters); // 子类调用父类的move()方法
    }
}

class Horse extends Animal {
    constructor(name: string) {
        super(name);  // 子类调用父类的constructor()方法
    }
    move(meters = 45) {
        console.log("Horse...");
        super.move(meters); // 子类调用父类的move()方法
    }
}
```

类可以实现接口，TypeScript 使用 implements 关键字实现接口。

```
interface ClockInterface {
    currentTime: Date;
    setTime(d: Date);
}
```

```
class Clock implements ClockInterface {
    currentTime: Date;
    setTime(d: Date) {
        this.currentTime = d;
    }
    constructor(h: number, m: number) { }
}
```

4.7.4 类的存取器方法

TypeScript提供了get()和set()方法，俗称存取器方法，存取器方法可以像Java那样使用“.”调用。

```
class Foo {
    private _bar: boolean = false;
    get bar(): boolean { // get()方法
        return this._bar;
    }

    set bar(theBar: boolean) { // set()方法
        this._bar = theBar;
    }
}
let myFoo = new Foo();
let myBar = myFoo.bar; // 实际调用的是get bar()方法
myFoo.bar = true;  // 实际调用的是set bar()方法
```

4.8 TypeScript 映射类型

所谓映射类型，就是通过在属性类型上建立映射，从现有的类型创建出新的类型。已知类型的每个属性都会根据指定的映射类型进行转换。TypeScript 内置了一些常用的映射类型，如 Partial、Required、Readonly、Exclude、Extract、Record 和 ReturnType 等。出于篇幅考虑，本章只简单介绍其中几种。

4.8.1 Partial 映射类型

Partial 映射类型的作用就是将已知类型的属性全部变为可选项，即在属性后添加“? ”操作符。Partial 映射类型在源码中的定义如下。

```
type Partial<T> = {
[P in keyof T]?: T[P];
};
```

在源码中，首先通过 keyof 取得类型 T 的所有属性名；然后使用 in 进行遍历，将值赋给 P；

最后通过 T[P] 取得相应的属性值。中间的“?”用于将所有属性变为可选项。

Partial 映射类型的示例如下。

```
type Person = {
   name: string;
   age: number;
}

let murphy: Person = { // 两个属性缺一不可
    name: 'Murphy',
    age: 37
};

type PartialPerson = Partial<Person>;

let partialPerson: PartialPerson = {
    name: 'Murphy' // 属性变为可选项了，因此可以仅有一个属性
};
```

上述代码中，使用 Partial 映射类型将原先的 Person 类型映射成了新类型 PartialPerson，其中的属性都成了可选项。

4.8.2 Readonly 映射类型

TypeScript 中可以创建只读（Readonly）属性。 Readonly 映射类型接收一个类型 T，并将其所有属性设置为只读。Readonly 映射类型在源码中的定义如下。

```
type Readonly<T> = {
readonly [P in keyof T]: T[P];
};
```

在源码中，首先通过 keyof 取得类型 T 的所有属性名；然后使用 in 进行遍历，将值赋给 P；最后通过 T[P] 取得相应的属性值。前面的 readonly 关键字用于将所有属性变为只读。

4.8.3 Exclude 映射类型

Exclude 映射类型将某个类型中属于另一个类型的类型移除。Exclude 映射类型在源码中的定义如下。

```
type Exclude<T, U> = T extends U ? never : T;
```

上述源码的意思是，如果类型 T 能赋值给类型 U ，那么就会返回 never 类型，否则返回 T。最终结果是将类型 T 中的某些属于类型 U 的类型移除，示例如下。

```
type T00 = Exclude<"a" | "b" | "c" | "d", "a" | "c" | "f">;  // "b" | "d"
```

上述代码的意思是把第一组的字符（"a" | "b" | "c" | "d"）中属于第二组的字符（"a" | "c" |

"f" ）移除，最后变为字符 "b" | "d"。

4.9 TypeScript 的相等性判断

在进行相等性判断时，一般有两种比较符：非严格相等比较符“==”和严格相等比较符“===”。

4.9.1 非严格相等比较

在 JavaScript 里，两个等号的相等性判断会进行隐式的类型转换，示例如下。

```
console.log(2 == "2"); // 控制台输出：true
console.log(0 == ""); // 控制台输出：true
```

在 TypeScript 中，因为有了类型声明，所以这两个结果在 TypeScript 中都为 false，并且还会在编译阶段报错。但是 null 和 undefined 的相等性判断与 JavaScript 相同。

```
console.log(0 == undefined); // 控制台输出：false
console.log('' == undefined); // 控制台输出：false
console.log(false == undefined); // 控制台输出：false
console.log(undefined == undefined); // 控制台输出：true
console.log(null == undefined); // 控制台输出：true
```

在 TypeScript 中，做相等性判断时要避免两个不同类型的值的比较，可以使用严格相等符即 3 个等号来代替两个等号，保证在编译阶段和运行阶段具有相同的语义。

4.9.2 严格相等比较

严格相等比较符比较两个值是否相等，两个被比较的值在比较前都不进行隐式的类型转换。

- 如果两个被比较的值具有不同的类型，那么这两个值是不严格相等的。
- 如果两个值的类型相同，值也相同，并且都不是 number 类型时，两个值严格相等。
- 如果两个值都是 number 类型，那么当两个值都不是 NaN，并且值相同，或是两个值分别为 +0 和 -0 时，两个值被认为是严格相等的。

```
let num = 0;
let obj = new String("0");
let str = "0";

console.log(num === obj); // 控制台输出：false
console.log(num === str); // 控制台输出：false
console.log(obj === str); // 控制台输出：false
console.log(+0 === -0);   // 控制台输出：true
```

4.10 TypeScript 析构表达式

TypeScript 析构表达式的作用是，通过析构表达式将对象和数组拆解成任意数量的变量。下面对它们进行分别介绍。

4.10.1 对象的析构表达式

对象的析构表达式使用花括号进行拆解。

```
function getInfo() {
   return {
       myAge: 30,
       myName: 'Murphy'
   }
}

let { myAge, myName } = getInfo();
console.log(myAge); // 控制台输出: 30
console.log(myName); // 控制台输出: Murphy
```

对象的析构表达式还有一个使用场景，用在页面返回 user 信息时，可屏蔽敏感信息。

```
const user = await this.usersService.findOne(username);
if (user && user.password === pass) {
    const { password, ...result } = user; // 将user类的属性进行拆解
    return result;
}
```

上述代码将 user 类的属性拆解为两个变量：password 和 result。其中 password 对应 user 类中的同名属性的值，result 对应其他的所有属性，相当于在 user 类中剥离了 password 属性。

4.10.2 数组的析构表达式

数组的析构表达式使用方括号进行拆解。

```
let array = [1, 2, 3, 4];

let [number1, number2] = array;
console.log(number1); // 控制台输出: 1
console.log(number2); // 控制台输出: 2

let [num1, , , num2] = array;
console.log(num1); // 控制台输出: 1
console.log(num2); // 控制台输出: 4

let [, , num3, num4] = array;
console.log(num3); // 控制台输出: 3
console.log(num4); // 控制台输出: 4


let [no1, no2, ...others] = array;
console.log(no1); // 控制台输出: 1
```

```
console.log(no2); // 控制台输出: 2
console.log(others); // 控制台输出: [3, 4]
```

无论是对象还是数组的析构表达式，注意的地方都是只能在末尾参数的位置使用 rest 参数（...操作符）。

4.11 TypeScript 模块

模块是 ES6 中引入的概念，TypeScript 也沿用了这个概念。模块使用模块加载器导入其他的模块。在运行时，模块加载器的作用是在执行此模块代码前查找并执行这个模块的所有依赖。

模块在其自身的作用域里执行，而不是在全局作用域里。这意味着定义在一个模块里的变量、函数、类等在模块外部是不可见的，除非明确地导出它们。而如果想使用其他模块导出的变量、函数、类、接口等，必须要导入它们。

模块是自声明的。两个模块之间的关系是通过在文件级别上使用 imports 和 exports 建立的。TypeScript 与 ES6 一样，任何包含顶级 import 或者 export 的文件都被当成一个模块。

4.11.1 导出声明

任何声明（如变量、函数、方法、类、类型别名或接口）都能够通过添加 export 关键字来导出。

```
export interface StringValidator { // 导出接口
   isAcceptable(s: string): boolean;
}
export const numberRegexp = /^[0-9]+$/;  // 导出常量
export class ZipCodeValidator implements StringValidator { // 导出类
   isAcceptable(s: string) {
       return s.length === 5 && numberRegexp.test(s);
   }
}
```

4.11.2 导出语句

导出语句用起来很方便，用户也可以对导出的部分重命名。

```
class ZipCodeValidator implements StringValidator {
    isAcceptable(s: string) {
       return s.length === 5 && numberRegexp.test(s);
    }
}
export { ZipCodeValidator }; // 导出语句
export { ZipCodeValidator as mainValidator }; // 导出并重命名
```

导出语句使 export 语句集中写在一起，方便阅读，这也是常规的写法。

4.11.3 默认导出

每个模块都可以有一个默认导出。 默认导出使用default关键字标记，并且一个模块只能有一个默认导出。

```
const numberRegexp = /^[0-9]+$/;

export default function (s: string) { // 默认导出
   return s.length === 5 && numberRegexp.test(s);
}
```

4.11.4 导入内容

模块的导入操作与导出操作一样简单，可使用import关键字来导入其他模块中的导出内容。下面的代码是导入另一个模块中的某个导出内容。

```
import { ZipCodeValidator } from "./ZipCodeValidator";
let myValidator = new ZipCodeValidator();
```

上述代码中，从当前目录ZipCodeValidator下导入的ZipCodeValidator类与当前类不在同一个文件里，它位于当前类的同级目录下。我们也可以将整个模块导入一个变量，并通过它来访问模块的导出部分。

```
import * as validator from "./ZipCodeValidator";
let myValidator = new validator.ZipCodeValidator();
```

上述代码中导入了整个文件./ZipCodeValidator里的所有内容，并赋值给变量validator，然后使用“.”访问它里面的内容。

导入默认导出内容时，import关键字后面的导入内容（类、函数或者其他）是可以省略的。

```
// 导出类，文件名为abc.ts
const numberRegexp = /^[0-9]+$/;

export default function (s: string) { // 默认导出
   return s.length === 5 && numberRegexp.test(s);
}

// 导入类
import validate from "./abc"; // 导入abc模块

let strings = ["Hello", "98052", "101"];

// Use function validate
strings.forEach(s => {
   console.log(`"${s}" ${validate(s) ? " matches" : " does not match"}`);
});
```

4.12 小结

TypeScript 发展至今，已经成为开发大型项目的标配，其提供的静态类型系统大大增强了代码的可读性和可维护性。同时，它提供了最新和不断发展的 JavaScript 特性，能够帮助开发者快速实现更强大的功能。本章的篇幅较长，主要宗旨是对有关 TypeScript 的知识进行归纳性总结。初学者可将本章作为大纲来指导自己的学习，而有经验的读者可结合本章的内容对自己现有的知识进行查漏补缺。

第 2 篇 入门篇

本篇首先带领读者快速开启一个 Angular 项目，接着循序渐进地讲解 Angular 组件、模板、指令和模块的知识。学完本篇知识后，读者应能基本掌握 Angular 的基本用法。

第 5 章 快速开启 Angular 项目

使用 Angular 可以开发现代 Web、移动端或桌面应用程序。本章将带领读者在本地开发环境中使用 Angular CLI 来开发并运行一个简单的 Angular 项目（指用 Angular 开发的 Web 应用程序）。

5.1 初识 Angular CLI

Angular CLI 是一个命令行接口工具，用于实现自动化开发工作流程。它能用来开发项目、生成应用和组件代码，并在开发期间执行多种任务，如测试、打包和部署等。在终端中使用的 ng 命令就是 Angular CLI 命令，它能帮助开发者更好地工作。Angular CLI 包含的命令有很多，读者暂时不需要为这些烦琐的命令而烦恼，因为可以随时查看 Angular CLI 的帮助信息。

目前，读者只要记住以下这些内容就够了。

- Angular CLI 可以创建新的 Angular 应用程序。
- Angular CLI 可以通过实时、重新加载及更新来运行和开发服务器。
- Angular CLI 可以添加功能到现有的 Angular 应用程序中。
- Angular CLI 可以运行应用程序的单元测试和端到端 (e2e) 测试。
- Angular CLI 可以构建应用程序。
- Angular CLI 可以打包和部署应用程序。

在详细介绍 Angular CLI 之前，我们先来看看如何安装 Angular CLI。

5.1.1 安装 Angular CLI

Angular CLI 依赖 Node.js 环境，因此必须确保系统中已经有 Node.js 环境。

要安装 Angular CLI，只需在终端中执行以下命令，该命令将自行下载并安装 Angular CLI。

```
npm install -g angular-cli
```

一般情况下，推荐以全局模式安装 Angular CLI，这样可以在任何目录下使用 Angular CLI 命令。

5.1.2 运行 Angular CLI

想要验证是否成功安装了 Angular CLI，可在终端执行 ng version 命令。

```
$ ng version
```

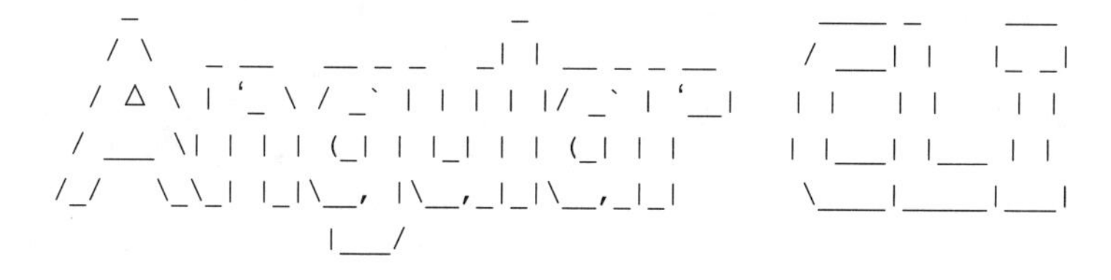

```
Angular CLI: 9.0.2
Node: 12.16.0
OS: darwin x64

Angular: 9.0.1
...animations, common, compiler, compiler-cli, core, forms
...language-service, platform-browser, platform-browser-dynamic
...router
Ivy Workspace: Yes

Package                           Version
------------------------------------------------------------
@angular-devkit/architect         0.900.2
@angular-devkit/build-angular     0.900.2
@angular-devkit/build-optimizer   0.900.2
@angular-devkit/build-webpack     0.900.2
@angular-devkit/core              9.0.2
@angular-devkit/schematics        9.0.2
@angular/cli                      9.0.2
@ngtools/webpack                  9.0.2
@schematics/angular               9.0.2
@schematics/update                0.900.2
rxjs                              6.5.4
typescript                        3.7.5
webpack                           4.41.2
```

上述命令的结果显示 Angular CLI 安装成功，版本是 9.0.2。

从 Angular CLI 8 开始，Angular 开发团队将 analytics 命令添加到 Angular CLI 中。analytics 命令用于收集系统信息（如操作系统信息、CPU 内核数、内存大小和 Node.js 版本等信息），收集这些信息的目的是帮助 Angular 开发团队持续优化 Angular CLI 的功能和调整改进的优先级。当出现上述系统信息时，系统会询问用户是否愿意共享项目信息，用户可以拒绝或跳过提示，这样就不会收集任何信息。用户也可以使用下面的命令禁用或启用 analytics 命令。

```
ng analytics off # 禁用analytics命令
ng analytics on # 启用analytics命令
```

5.1.3 卸载和更新 Angular CLI

要更新 Angular CLI 版本，应将其先卸载然后重新安装。卸载和更新 Angular CLI 的命令如下。

```
npm uninstall -g @angular/cli # 卸载Angular CLI
npm install -g @angular/cli # 安装最新版本的Angular CLI
```

5.1.4 [示例 cli-ex100] 快速开启一个 Angular 项目

（1）打开终端窗口。

（2）导航到合适的文件夹，如 ~ /work。

（3）输入 ng new cli-ex100 命令，该命令将在名为“app”的文件夹中创建一个新的 Angular 项目。

```
$ ng new cli-ex100
? Would you like to add Angular routing? No
? Which stylesheet format would you like to use? CSS
```

执行命令时，终端窗口将显示两个问题，需要用户回答。第一个问题询问用户是否创建路由。这里回答 No ，表示不创建路由。接着第二个问题询问用户选择哪种样式文件格式，这里直接按回车键，默认选择第一项 CSS ，等待命令执行完成。至此，我们开启了一个新的 Angular 项目。

提示 可以在 ng new 命令后附加参数 --routing=false|true 来决定是否需要创建路由，附加参数 --style=css|scss|sass|less|styl 来选择添加的样式文件格式，上述操作等同命令 ng new cli-ex100 --routing=false --style=css 。

（4）进入项目根目录下。

```
$ cd cli-ex100/
```

（5）使用 ng serve 命令启动项目。

```
$ ng serve
10% building 3/3 modules 0 active ｢wds｣: Project is running at http://localhost:4200/
```

```
webpack-dev-server/
       ｢wds｣: webpack output is served from /
       ｢wds｣: 404s will fallback to //index.html

     chunk {main} main.js, main.js.map (main) 47.8 kB [initial] [rendered]
     chunk {polyfills} polyfills.js, polyfills.js.map (polyfills) 268 kB [initial] [rendered]
     chunk {runtime} runtime.js, runtime.js.map (runtime) 6.15 kB [entry] [rendered]
     chunk {styles} styles.js, styles.js.map (styles) 9.72 kB [initial] [rendered]
     chunk {vendor} vendor.js, vendor.js.map (vendor) 3.81 MB [initial] [rendered]
     Date: 2020-01-31T10:23:02.399Z - Hash: 5ae110266d5037ce487f - Time: 11397ms
     ** Angular Live Development Server is listening on localhost:4200, open your browser on
http://localhost:4200/ **
       ｢wdm｣: Compiled successfully.
```

（6）打开浏览器并浏览 http://localhost:4200，应该看到文本“cli-ex100 app is running!”，如图 5-1 所示，这意味着项目正在运行。

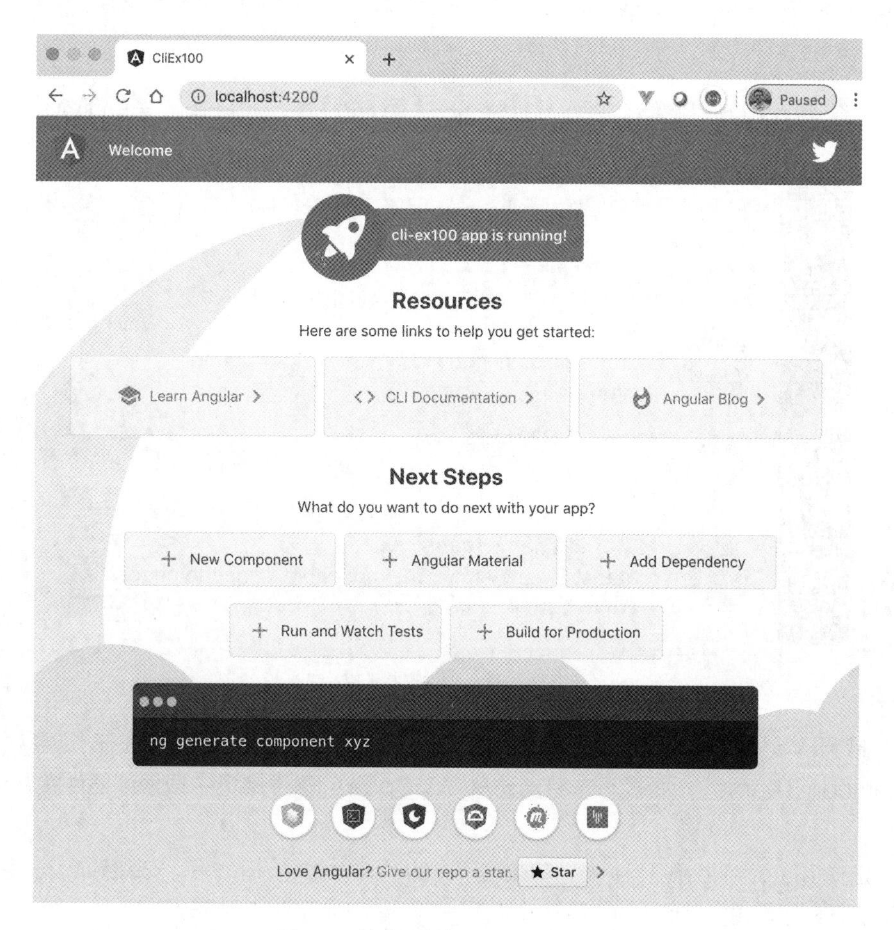

图 5-1　快速开启的一个 Angular 项目

5.2 搭建 Angular 开发环境

Angular 项目其实就是 Node.js 项目，因此之前搭建的 Node.js 开发环境同样适用于 Angular 的开发环境。

5.2.1 扩展 IDE 的功能

一个好的开发环境确实能为开发工作增色不少。VS Code 的功能可以通过插件进行扩展。这些插件包括 JSON 格式化工具、代码分析工具、文本编辑工具及语法高亮等。这里我们通过安装一个 Icon 插件，带领大家熟悉插件的安装过程，其他插件的安装过程与此类似。

Material Icon Theme 插件会基于文件类型，在显示的文件名旁添加一个类型图标，让用户更容易识别文件。它是专门为 VS Code 设计的文件图标主题插件，安装它之后，在 VS Code 里的项目的目录和文件图标变得漂亮多了，给用户带来了全新的视觉体验，如图 5-2 所示。

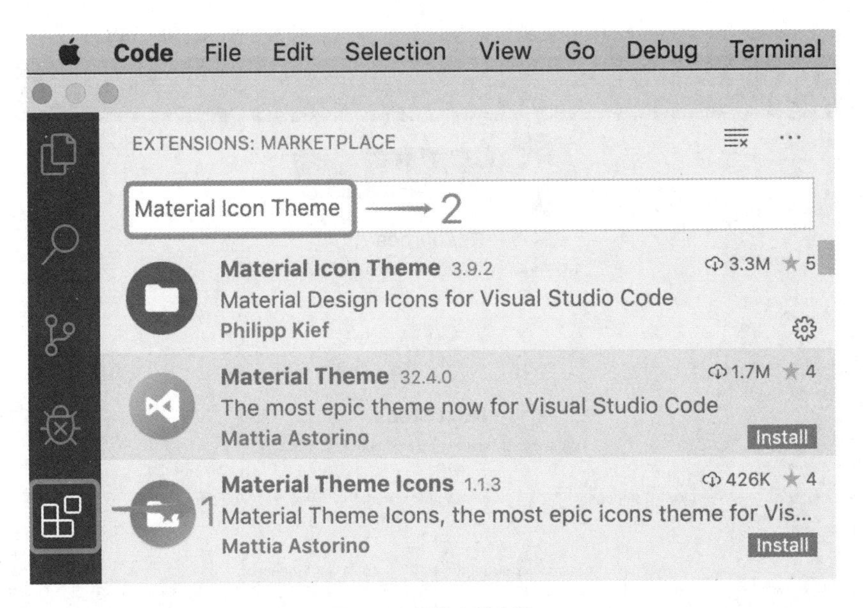

图 5-2 插件安装步骤

（1）打开 VS Code，先切换到左侧的 EXTENSIONS 面板，然后在搜索框中输入“Material Icon Theme”，面板下方将自动从 VS Code 的软件市场中搜索该插件并显示在下方列表中；

（2）选择 Material Icon Theme，单击右下方的“Install”按钮，等待安装完成；安装完成后，重启 VS Code。导入的 Angular 项目文件的图标显示效果如图 5-3 所示。

VS Code 的插件是可选的，用户可以选择安装自己需要的插件。卸载插件也很方便，同样，在 VS Code 的 EXTENSIONS 面板中找到已经安装好的插件，单击“Uninstall”按钮即可。

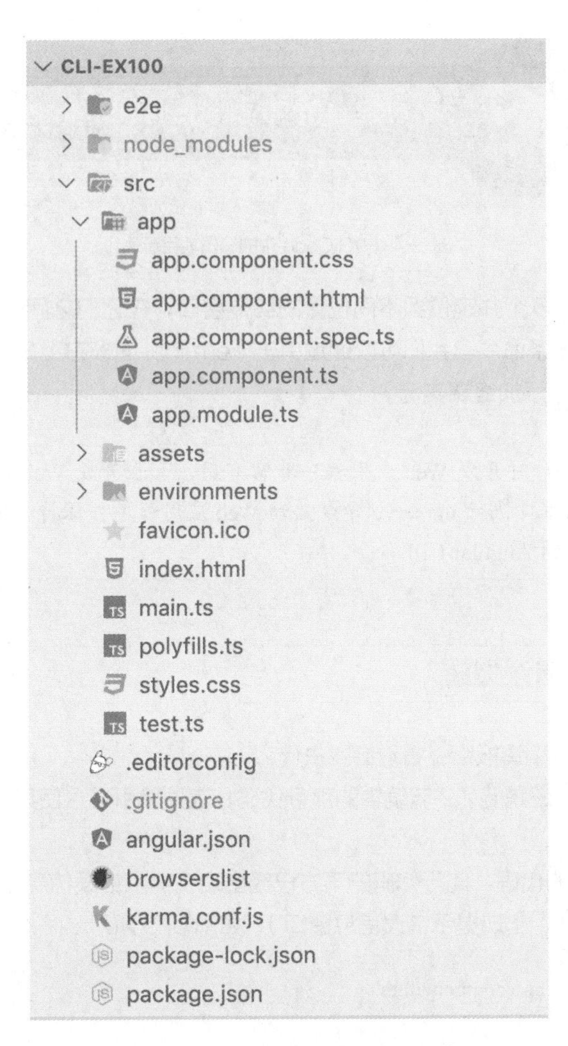

图 5-3 Angular 项目文件的图标显示效果

5.2.2 [示例 cli-ex200] 在运行时编辑项目

下面我们尝试在运行时编辑项目，看看会发生什么。

（1）在 VS Code 的终端窗口中输入 ng serve 命令启动项目。

（2）编辑组件。双击打开 src/app/app.component.ts 文件，找到下面的代码。

```
title = 'cli-ex100';
```

（3）将上面的代码修改为“cli-ex100-test”并保存（按“Ctrl+S”快捷键）。

（4）观察终端窗口，发现项目代码已自动编译并部署。

（5）查看结果。打开浏览器并浏览“http://localhost:4200”，应该看到之前的文本已经变更成“cli-ex100-test app is running!”，如图 5-4 所示。这意味着项目已经被成功编辑了。

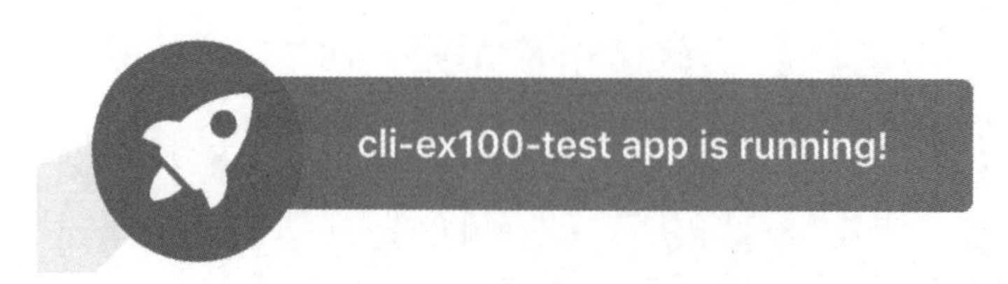

图 5-4　VS Code 中的编辑项目示例

VS Code 可以创建多个并定位到不同位置的终端窗口，在它们之间轻松导航。这意味着这些终端窗口可以同时运行多条命令。我们可以通过单击 Terminal 面板右上角的加号“+”图标或按快捷键“Ctrl + Shift +`”来添加终端实例。

参考　多终端的设计对开发 Web 应用程序非常有用，如在开发 Web 应用程序期间，开发人员可以在其中一个终端窗口执行 ng serve 命令启动 Web 应用程序并保持服务处于运行状态，在另一个终端窗口执行其他的 Angular CLI 命令。

5.2.3　编译时的错误提醒

这次尝试故意让代码编译报错，看看会发生什么。

（1）继续编辑组件。还是 5.2.2 节编辑的那行代码，去掉单引号，使其变为“title = cli-ex100-test”，然后保存文件。

（2）观察刚才编辑的代码，此行代码的下方已经出现了提示错误信息（错误代码处下方出现波浪线，光标移动到代码处，出现提示错误信息窗口），如图 5-5 所示。

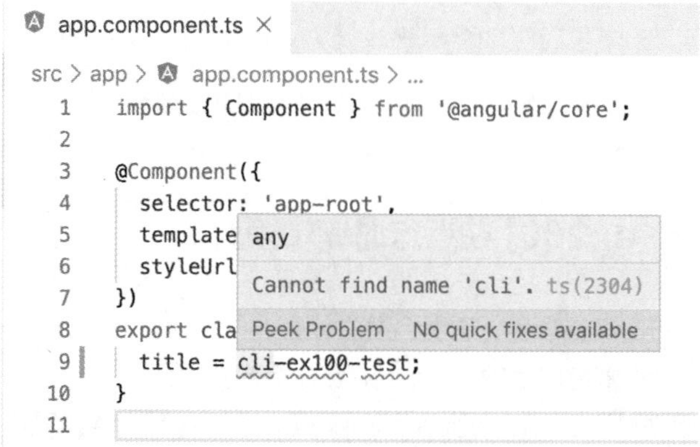

```
app.component.ts ×
src > app > app.component.ts > ...
1   import { Component } from '@angular/core';
2
3   @Component({
4     selector: 'app-root',
5     template   any
6     styleUrl   Cannot find name 'cli'. ts(2304)
7   })
8   export cla   Peek Problem   No quick fixes available
9     title = cli-ex100-test;
10  }
11
```

图 5-5　VS Code 中代码编译时出错

（3）观察终端窗口，也同样发现代码自动编译且报错了。

（4）观察浏览器窗口，页面已经变成了空白页。如果右击打开浏览器的开发者模式，会发现里面的控制台同样也有错误信息产生。

（5）加上单引号，还原并保存代码，发现上述的 3 处错误信息都自动消失了，Web 应用程序恢复到图 5-4 所示的状态。

5.2.4 运行时的错误提醒

接下来我们看看如果项目在运行时出错会发生什么。

（1）编辑模板文件。双击打开 src/app/app.component.html 文件，找到下面的代码。

```
<span>{{ title }} app is running!</span>
```

（2）将上面代码中的变量名“title”修改为“title123”，代码如下。

```
<span>{{ title123 }} app is running!</span>
```

（3）观察终端窗口，发现代码自动编译了，注意这里并没有错误产生。

（4）观察浏览器的开发者模式，发现里面的控制台同样也没有错误信息产生。

（5）观察浏览器窗口，页面依然正常加载，但是注意页面中的文本内容少了部分信息，title 变量的值变为了空，如图 5-6 所示。

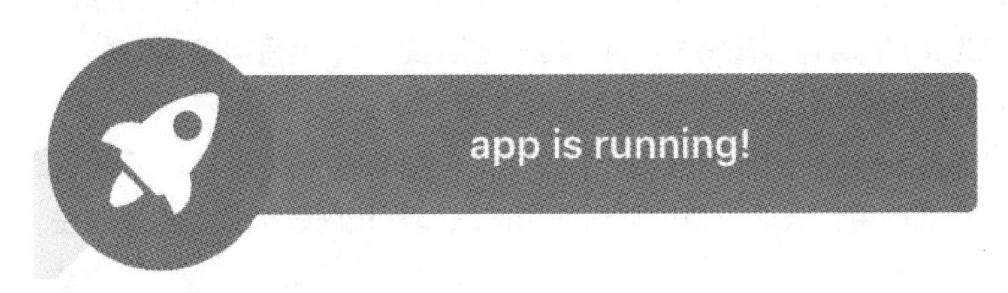

图 5-6　Angular 项目运行时出错

由示例 cli-ex200，我们可得出如下结论。

（1）Angular CLI 的 ng serve 命令会监视已更改的文件，自动编译和重新加载项目。

（2）针对不同的错误，Angular 的处理策略不同，如编译错误会导致整个页面加载失败，而运行时发生错误不影响页面的加载，所以应采用不同的处理策略。

（3）借助集成开发环境开发 Web 应用程序，能更大程度地方便用户，如实时提供代码编译错误信息。

5.3 Angular CLI 常用命令和选项

Angular CLI 是一个命令行工具，它能用来创建项目，生成模块、组件、服务和指令等代码，还能在开发期间执行各种各样的任务。 下面我们详细地介绍一些 Angular CLI 常用命令和选项的使用方法。

5.3.1 初始化命令和选项

Angular CLI 的命令 ng new 负责创建并初始化一个新的项目。该命令可提供交互式提示，以提供可选配置。

初始化命令格式为 ng new <name> [options] ，可以简写为 ng n <name> [options] 。选项 name 是创建项目的名称，options 选项除了在示例 cli-ex100 中介绍的两个参数外，下面的一些参数也是经常使用的。

- --inlineTemplate=true|false：是否使用内联模板生成组件。组件模板标记将在组件内生成，而不是在单独的文件中生成。
- --inlineStyle=true|false：是否生成具有内联样式的组件。组件样式将在组件内生成，而不是在单独的文件中生成。
- --skipTests=true|false：如果为 true，则不会为新项目生成 spec.ts 测试文件。
- --minimal=true|false：如果为 true，则相当于 --inlineTemplate=true --inlineStyle=true --skipTests=true 以及不含 e2e 测试文件。
- --interactive=true|false：如果为 false，则禁用交互式输入提示，相当于 --routing=false --style=css 。
- --defaults=true|false：如果为 true，同 --interactive=true 。

上述参数的值默认均为 false，部分参数可以简写，具体如下。

- --inlineTemplate=true 可以简写成 --inline-template 或 -t (小写字母 t)。
- --inlineStyle=true 可以简写成 --inline-style 或 -s (小写字母 s)。
- --skipTests=true 可以简写成 -S (大写字母 S) 。

如常用命令 ng n appName -s -t --interactive=false 的含义是，使用无交互模式，直接创建名为 appName 的项目，该项目组件默认使用内联模板和内联样式，且无路由，默认使用 CSS 作为样式文件。

5.3.2 创建命令和选项

创建命令的格式为 ng generate <type> [options]，可以简写为 ng g <type> [options]。

创建命令根据 type 选项的种类生成或创建相应的文件。命令行中的 type 选项支持的种类有很多，这里简单介绍几种，如表 5-1 所示。

表 5-1 type 选项支持的种类

支持的种类	示例	说明
component	ng g component new-component	创建组件
directive	ng g directive new-directive	创建指令
pipe	ng g pipe new-pipe	创建管道
service	ng g service new-service	创建服务类
class	ng g class new-class	创建类
interface	ng g interface new-interface	创建接口
enum	ng g enum new-enum	创建枚举类
module	ng g module new-module	创建模块

命令行中的 options 选项所支持的参数随着 type 选项种类的不同而不同。换句话说，不同的

type 有不同的 options 与之相对应，如 component 所对应的选项如下。

- --inlineStyle=true|false ：默认值为 false。为 true 时，生成具有内联样式的组件。组件样式将在组件内生成，而不是在单独的文件中生成。
- --inlineTemplate=true|false ：默认值为 false。为 true 时，使用内联模板生成组件。组件模板标记将在组件内生成，而不是在单独的文件中生成。
- --skipTests=true|false ：默认值为 false。为 true 时，不为新组件创建 spec.ts 测试文件。
- --flat=true|false ：默认值为 false。为 true 时，则在当前项目的根目录下创建新文件。

5.4 Angular 项目结构概述

在示例 cli-ex200 中，我们已经修改了项目中的一个文件。除了这个文件外，项目中还有大量的其他文件。Angular 项目的结构如表 5-2 所示。

表 5-2 Angular 项目的结构

目录	文件	说明
根目录	e2e	端到端的自动化集成测试目录
	node_modules	第三方依赖包存放目录
	src	项目源码目录
	.editorconfig	统一编译器中的代码风格
	.gitignore	git 中的忽略文件列表
	angular.json	Angular 的配置文件
	browserslist	配置浏览器兼容性的文件
	karma.conf.js	自动化测试框架 Karma 的配置文件
	package-lock.json	依赖包版本锁定文件
	package.json	标准的 npm 工具的配置文件，这个文件的内容如下 ● 该项目所使用的第三方依赖包的信息 ● 跟项目相关的执行命令
	README.md	项目说明的 markdown 文件
	tsconfig.app.json	当前项目的 TypeScript 编译器的配置文件
	tsconfig.json	整个工作区的 TypeScript 配置文件
	tsconfig.spec.json	用于测试的 TypeScript 配置文件
	tslint.json	是 tslint 的配置文件，用来定义 TypeScript 代码质量检查的规则

续表

目录	文件	说明
src 目录	app	项目源码目录
	assets	资源目录，存储静态资源，如图片
	environments	环境配置目录
	favicon.ico	浏览器的图标文件
	index.html	当前项目的根 HTML 文件，程序启动时就是访问这个文件
	main.ts	整个项目的入口文件，Angular 通过这个文件来启动项目
	polyfills.ts	不同浏览器兼容脚本加载，主要是用来导入一些必要库，为了让 Angular 能兼容老版本的浏览器
	style.css	整个项目的全局 CSS 文件
	test.ts	测试入口
app 目录	app-routing.module.ts	app 模块的路由配置文件
	app.component.css	app 组件的样式
	app.component.html	app 组件的模板
	app.component.spec.ts	app 组件的测试类文件
	app.component.ts	app 的组件类文件
	app.module.ts	app 的模块类文件
environments 目录	environments.prod.ts	生产环境配置
	environments.ts	开发环境配置

5.5 如何启动 Angular 项目

Node.js 项目的 package.json 文件内容如下。

- 项目所使用的第三方依赖包的信息。
- 项目相关的执行命令，npm 通过这些命令启动项目、运行脚本和安装依赖项。

Node.js 项目相关的执行命令都可以在 package.json 文件中找到相应的信息，所有的命令集中记录在文件中的 scripts 节点处，在项目中用户可以通过组合这些命令重用脚本如下。

```
"scripts": {
  "ng": "ng",
  "start": "ng serve",
  "build": "ng build",
  "test": "ng test",
  "lint": "ng lint",
  "e2e": "ng e2e"
},
```

scripts 节点中的键对应执行 npm 命令行的缩写，如 start 键对应的是执行 npm run start 命令行，冒号右边的内容是执行的具体脚本命令。如执行 npm run start 命令对应的就是执行 ng serve 命令。

Angular 项目本身也是 Node.js 项目，它通过 scripts 节点将 npm 命令与 Angular CLI 命令对应起来，即左边对应的是 npm 命令，右边对应的是 Angular CLI 命令。

因此，在上面的示例中执行的 ng serve 命令也可以替换为 npm run start 命令。

提示 在 npm 中，仅有 4 个命令可以省略关键字 run，这 4 个命令分别是 npm test、npm start、npm restart 和 npm stop。

5.6 Angular 项目的启动过程

Angular 项目的启动过程分为以下几步。

（1）当在终端执行 ng serve 命令时，Angular CLI 会根据 angular.json 文件中的 main 元素找到项目的入口文件 main.ts。

（2）main.ts 文件加载 AppModule 根模块（app.module.ts 文件）。

（3）AppModule 根模块引导 AppComponent 根组件（app.component.ts 文件）。

（4）AppComponent 根组件完成自身的初始化工作，如完成标签 <app-root> 的初始化工作。

在上述步骤完成后，当打开浏览器并浏览到“http://localhost:4200”时，会出现以下情况。

（1）在默认情况下，浏览器会打开文件 index.html。

（2）index.html 文件中加载了 <app-root> 标签，会显示项目内容。

5.7 小结

本章首先带领读者初识 Angular CLI，接着快速开启了一个 Angular 项目，并准备了 Angular 的开发环境，最后对项目结构和 Angular 项目的启动过程进行了简单介绍。

第 6 章 Angular 组件详解

Angular 组件是构成 Angular 的基础和核心。Angular 组件的作用就是渲染页面，Web 应用程序的页面就是由一个个组件渲染的。Angular 的架构采用 MVVM 模式设计（详见本书第 2 章），指的就是 Angular 中的组件设计。

6.1 什么是 Angular 组件

Angular 组件对应的是 Component 类的文件，默认情况下，它是使用 TypeScript 编写的，在组件中绑定了模板和样式，组件控制着模板中的元素，如视图显示和触发事件等。用户在 Component 类中定义组件的应用逻辑，为视图提供支持。组件通过一些由属性和方法组成的 API 与视图交互。

所有使用 Angular 开发的 Web 应用程序都有一个根组件，根组件通常被称为 App 组件，App 组件下可以存在若干个子组件。Angular 为组件提供了相互传递数据和响应彼此事件的方法。本书后续章节将会介绍组件的输入和输出。组件被设计为自包含且松散耦合的结构，每个组件都包含有关自身的数据，举例如下。

- 它需要什么输入数据。
- 它可能向外界发射的事件。
- 如何展示自己。
- 它的依赖性是什么。

通常，每个组件由 3 个文件组成：模板（Template）文件、类（TypeScript）文件和样式（CSS）文件。默认情况下，Angular 中已经有了一个应用程序（App）组件。

- app.component.html：模板文件。
- app.component.ts：类文件。
- app.component.css：样式文件。

组成组件的文件及其个数不是固定的，有很多选择。

- 在组件的类文件中包含样式（被称为内联样式）。用户可以使用 Angular CLI 命令的选

项 --inline-style 生成具有内联样式的组件。

- 在组件的类文件中包含模板（被称为内联模板）。用户可以使用 Angular CLI 命令的选项 --inline-template 生成具有内联模板的组件。
- 在同一文件中包含多个组件类：用户可以在同一文件中组合多个组件类，代码如下。

```
import { Component } from '@angular/core';
@Component({
    selector: 'Paragraph',
    // 内联模板
    template: `
        <p><ng-content></ng-content></p>
    `,
    styles: ['p { border: 1px solid #c0c0c0; padding: 10px }'] // 内联样式
})
export class Paragraph { // Paragraph组件类
}
@Component({
    selector: 'app-root',
    // 内联模板
    template: `
        <p>可以在同一文件中组合多个组件类</p>
    `,
    styles: ['p { border: 1px solid black }'] // 内联样式
})
export class AppComponent { // AppComponent组件类
    title = 'welcome to app!';
}
```

上述代码完成了以下内容。

（1）在 AppComponent 组件类文件中同时还包含了另一个组件类：Paragraph 组件类。

（2）两个组件类均使用了内联模板和内联样式。

6.2　组件模板的种类

Angular 中的组件模板就是 MVVM 模式中的 V，它扮演的是一个视图的角色，简单来说就是展示给用户看的部分。组件模板包含用于在浏览器中显示组件的标记代码，组件通过 @Component() 装饰器把组件类和模板关联在一起。

HTML 是 Angular 的组件模板的默认语言，除了 script 元素被禁用外，几乎所有其他的 HTML 语法都是有效的组件模板语法。有些合法的 HTML 元素在组件模板中是没有意义的，如 html、body 和 base 。

Angular 组件类中有两种方法为组件指定渲染模板。组件模板主要分为内联模板和外部模板。

6.2.1　内联模板

@Component() 装饰器中的 template 属性可直接指定内联模板。

```
@Component({
  template : `<h1>hello</h1>
           <div>...</div>`
})
```

template 属性的值是用反引号“`”引用的一个多行字符串，这个多行字符串是标准的 HTML 代码。

6.2.2 外部模板

@Component() 装饰器中的 templateUrl 属性可引用外部模板。

```
@Component({
 templateUrl : "./app.component.html"
})
```

templateUrl 属性的值是模板文件的 URL，上述代码表示引用的是当前目录下的 app.component.html 文件。

至于是选择内联模板还是外部模板，并没有绝对的依据，用户根据自己的实际情况来选择即可。内联模板能减少文件量，适合模板内容简单、代码量少的场景。

6.2.3 矢量图模板

除了内联模板和外部模板外，Angular 8 还支持使用矢量图模板（SVG 格式文件），如使用 SVG 图形作为组件模板来动态生成交互式图形。

```
@Component({
 selector: "app-icon",
 templateUrl: "./icon.component.svg",
 styleUrls: ["./icon.component.css"]
})
```

6.3 组件样式

在使用 Angular 开发的 Web 应用程序中可以使用所有的样式来修饰模板元素、渲染页面，还可以把样式的有效范围限制在组件模板中。组件样式不同于传统样式，它仅对当前组件有效。换言之，除组件外的其他任何 HTML 元素都不会受组件样式影响。

组件样式比传统样式更加有优势，具体体现在以下方面。

- 支持 CSS 类名和选择器，且仅对当前组件上下文有意义。
- CSS 类名和选择器不会与 Web 应用程序中的其他类名和选择器相冲突。
- Web 应用程序的其他部分无法修改组件样式。
- 组件的 CSS 代码、组件类、HTML 代码可以放在同一文件里。

- 随时可以更改或删除组件的 CSS 代码，不必担心影响别的组件，它们仅对当前组件有效。

6.4 组件类的构成

Angular 中的组件类就是 MVVM 模式中的 VM（ViewModel，视图模型），ViewModel 是 View 和 Model 的结合体，负责 View 和 Model 的交互和协作。组件类的作用是控制模板渲染。

6.4.1 组件类装饰器

Angular 中用 @Component() 装饰器声明组件类，@Component() 装饰器会指出紧随其后的类是组件类，并告知 Angular 如何处理这个组件类。该装饰器包含多个属性，这些属性及其值称为元数据。元数据告诉 Angular 到哪里获取它需要的主要信息，以创建和展示这个组件类及其视图。Angular 会根据元数据的值来渲染组件并执行组件的逻辑。具体来说，@Component() 装饰器把一个模板、样式和该组件类关联起来，该组件类及其模板、样式共同描述了一个视图。

除了包含或指向模板和样式之外，@Component() 装饰器的元数据还会针对如何在 HTML 中引用该组件类，以及该组件类需要哪些服务等情况进行配置。

使用 Angular CLI 生成的项目默认包含的 App 组件中有一个 app.component.ts 文件，该文件是 App 组件的类文件，里面可以看到以下 @Component() 装饰器的元数据。

```
@Component({
  selector: 'app-root',
  templateUrl: './app.component.html',
  styleUrls: ['./app.component.css']
})
export class AppComponent {
  title = '***';
}
```

上述代码展示了一些最常用的 @Component() 装饰器的元数据的配置选项。

- selector：是一个 CSS 选择器，它会告诉 Angular，一旦在模板 HTML 中找到了这个选择器对应的标签，就创建并插入 App 组件的一个实例的视图。如项目的根 HTML 文件中包含了 <app-root></app-root> 标签，当代码运行到此处时，Angular 就会在这个标签中插入一个 AppComponent 实例的视图。
- templateUrl: App 组件的 HTML 模板文件，引用当前目录下的 app.component.html 文件。这个模板文件定义了 App 组件的视图。
- styleUrls：App 组件的 CSS 文件，引用当前目录下的 app.component.css 文件。这个文件定义了 App 组件模板的样式。

除了上面的配置选项外，@Component() 装饰器的元数据还可以包含表 6-1 所示的配置选项，其中的部分内容将在本书后续章节进行介绍。

表 6-1 @Component() 装饰器的其他元数据配置选项

元数据配置选项	说明
animations	当前组件的动画列表
changeDetection	指定使用的变化监测策略
encapsulation	当前组件使用的样式封装策略
entryComponents	一组应该和当前组件一起编译的组件
exportAs	给指令分配一个变量，使其可以在模板中使用
inputs	指定组件的输入属性
interpolation	当前组件模板中使用的自定义插值标记，默认是 {{}}
moduleId	包含该组件模板的 ID，被用于解析模板和样式的相对路径
outputs	指定组件的输出属性，显示其他组件可以订阅的输出事件的类属性名称列表
providers	指定该组件及其所有子组件可用的服务依赖注入
queries	设置需要被注入组件的查询
viewProviders	指定该组件及其所有子组件可用的服务

6.4.2 组件类基础

对比 MVVM 模式，在 Angular 的上下文中，可以说 Model 是 Component 类中的数据，View 是组件模板，ViewModel 是 Component 类中的代码。

Angular 的组件类是一个普通的 TypeScript 类，因此 TypeScript 类的特征完全适合组件类，如组件类可以实现接口，可以继承其他类，也可以使用构造函数初始化类成员。

组件类包含组件的数据和代码。数据包含在变量中，变量可以绑定到模板中的 HTML 标签。代码可以响应用户事件（如单击按钮），也可以调用自身来执行操作。下面从数据绑定入手，讲解组件类与模板是如何交互的。

6.5 组件类与模板的数据绑定方式

数据绑定是 JavaScript 框架中最重要的概念之一。在 Web 应用程序中数据绑定是模型中的变量（或逻辑）对视图的反映。每当变量更改时，视图都必须更新 DOM 以反映新的更改。简单来说，数据绑定的目的就是要达到数据和视图的快速同步。

数据绑定也是 Angular 的核心概念之一。

数据绑定按照数据的流向分为两种：单向数据绑定和双向数据绑定，下面分别进行介绍。

6.5.1 什么是单向数据绑定

这是组件类的属性与模板的单向绑定。因此，当组件类中的属性更改时，模板也会更改，以反映属性的更改。

从某种意义上说，这种绑定是单向的，更改模型的属性，视图也将自动映射更改了，或者模型的变量与视图的数据保持同步。数据流向是从模型到视图或视图到模型。

6.5.2 使用插值显示属性的值

在模板视图中显示组件类的属性，最简单的方式就是通过插值绑定属性名。插值的语法就是把属性名写在双花括号里，如 {{message}}。下面的代码使用了插值显示属性的值。

```
@Component({
  template: `
    <div>
      {{message}}
    </div>
  `
})
export class AppComponent {
 message = "My Message"
}
```

上述代码中，AppComponent 组件类中定义了一个属性 message，同时在模板视图中，使用插值 {{message}} 来绑定 message 属性的值。本质上，插值使用 {{}} 告诉 Angular，在模板视图中的 {{}} 里渲染模型数据。现在在 AppComponent 组件类中渲染模板数据时，插值 {{message}} 被替换为“My Message”。

Angular 自动从组件类中提取 message 属性的值，并且把值插入浏览器中。当组件类中的 message 属性的值发生变化时，Angular 就会自动刷新模板视图并显示新的值。

下面的示例演示修改组件类中的 message 属性时，视图发生的变化。

6.5.3 ［示例 components-ex100］使用插值显示属性的值

（1）用 Angular CLI 构建 Web 应用程序，具体命令如下。

```
ng new components-ex100 -s -t --interactive=false
```

（2）在项目根目录下启动服务，具体命令如下。

```
ng serve
```

（3）查看 Web 应用程序的结果。打开浏览器并浏览“http://localhost:4200”，应该看到文本“Welcome to components-ex100!”。

（4）编辑组件。编辑文件 src/app/app.component.ts，并将其更改为以下内容。

```
import { Component, AfterViewInit } from '@angular/core';

@Component({
 selector: 'app-root',
 template: `
```

```
  <div>
    <h2>
       {{message}}
    </h2>
  </div>

  `,
  styles: []
})
export class AppComponent implements AfterViewInit{
  message = "My Message"
  ngAfterViewInit() {
   setInterval(() => this.message = Date.now().toString(), 1000)
  }
}
```

这时观察 Web 应用程序页面。1s 后，页面中的 {{message}} 插值由最开始的值“My Message”更新成了时间戳数字，并且每秒变化一次。不断变化的数字如图 6-1 所示。

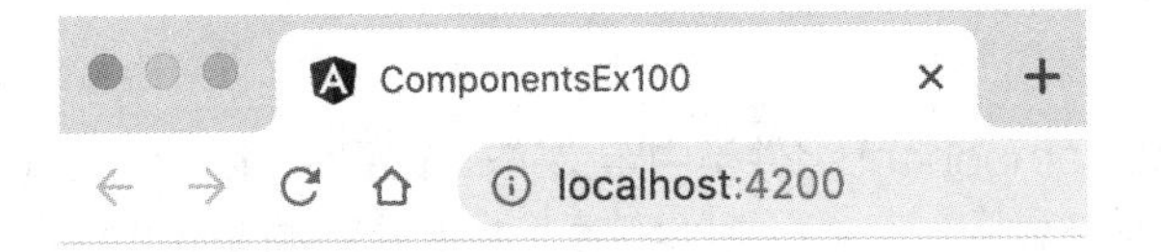

图 6-1 不断变化的数字

上面的示例 components-ex100 完成了以下内容。

（1）在模板视图中通过插值 {{message}} 与组件类（AppComponent）中的 message 属性进行单向绑定。

（2）setInterval() 方法的作用是周期性地调用一个函数或者执行一段代码。

（3）每隔 1s，先是 message 属性将更新为当前时间，然后 DOM 中的插值自动更新以反映新的值。

6.5.4 属性绑定方式

属性绑定也是单向数据绑定中的一种，数据绑定方向是从组件类到视图。属性绑定是通过方括号“[]”将组件类中的属性单向绑定到绑定目标，绑定目标可以是 DOM 属性、HTML 特性等。本书第 2 章介绍了 HTML 特性与 DOM 属性的区别。因此，这里的属性绑定也分为 DOM 属性绑定和 HTML 特性绑定。

理解 HTML 特性和 DOM 属性之间的区别，是理解 Angular 中数据绑定的关键。特性是由 HTML 定义的，属性是从 DOM 节点访问的。重要的是，HTML 特性和 DOM 属性是不同的，就算它们具有相同的名称也是如此。在 Angular 中，HTML 特性的唯一作用是初始化元素和指令的状态。

由于 HTML 特性中创建和设置的是特性，各种不同的特性在 Web 中操作的方式存在差异，因此处理底层的赋值逻辑时采用的方法也不同。Angular 将 HTML 特性绑定细分为下面 3 种。

- HTML 特性绑定。
- Class 样式绑定。
- Style 样式绑定。

下面分别介绍 DOM 属性绑定和以上 3 种 HTML 特性绑定。

1. DOM 属性绑定

DOM 属性绑定指通过方括号“[]”将模板视图中的 DOM 属性与组件类中的属性进行绑定，形如 [DOM 属性]=" 组件类中的属性 "。如 <img [src]="imageURL" />，写在方括号中的 DOM 属性是 <img> 标签的 src 属性，它的值 imageURL 对应组件类中的 imageURL 属性，实际上 Angular 通过 imageURL 来传递值给 src 属性。

下面通过示例演示 DOM 属性绑定的方法。

2. [示例 components-ex200]DOM 属性绑定

（1）用 Angular CLI 构建 Web 应用程序，具体命令如下。

```
ng new components-ex200 -s -t --interactive=false
```

（2）在项目根目录下启动服务，具体命令如下。

```
ng serve
```

（3）查看 Web 应用程序的结果。打开浏览器并浏览“http://localhost:4200”，应该看到文本“Welcome to components-ex200!”。

（4）编辑组件。编辑文件 src/app/app.component.ts，并将其更改为以下内容。

```
import { Component, AfterViewInit } from '@angular/core';

@Component({
 selector: 'app-root',
 template: `
 <div>
   <img [src]="imageURL" />
 </div>
 `,
 styles: []
})
export class AppComponent implements AfterViewInit {
 imageURL = 'https://i.picsum.photos/id/885/200/100.jpg'
 ngAfterViewInit() {
   setInterval(() => this.imageURL = 'https://picsum.photos/200/100?random&t=' + Math.
random(), 2000)
 }
}
```

这时观察 Web 应用程序页面，页面中的图片每隔 2s 变化一次，如图 6-2 所示。

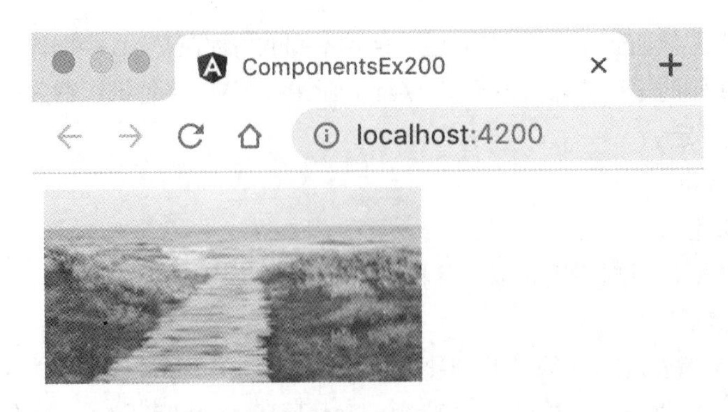

图 6-2 不断变化的图片

示例 components-ex200 完成了以下内容。

（1）在模板视图中，写在方括号中的属性是 <img> 标签的 DOM 属性 src，与之绑定的值 imageURL 对应组件类中的属性 imageURL。

（2）setInterval() 方法的作用是周期性地调用一个函数或者执行一段代码。

（3）每隔 2s，将属性 imageURL 的值更新为一个新图片的 URL；由于 <img> 标签的 src 属性值与之绑定了，因此自动更新 DOM 属性 src 的值以反映新的值（新图片的 URL）。

另外，可以把 DOM 属性绑定替换为插值。下面两行代码的效果是相同的。

```
<img src="{{imageURL}}" />
<img [src]="imageURL" />
```

一般情况下，插值是 DOM 属性绑定的便捷替代法。当要把数据值渲染为字符串时，虽然在可读性方面倾向于使用插值，在技术上也是可行的，但是将元素属性设置为非字符串的数据值时，必须使用 DOM 属性绑定。

3. HTML 特性绑定

HTML 特性绑定的语法类似于 DOM 属性绑定，但其方括号之间不是元素的 DOM 属性，而是由前缀 attr、点“.”和 HTML 特性名称组成的字符串，形如 [attr.HTML 特性名称]。

下面通过示例演示 HTML 特性绑定与 DOM 属性绑定的区别。

4. [示例 components-ex300] 演示 HTML 特性绑定与 DOM 属性绑定的区别

（1）用 Angular CLI 构建 Web 应用程序，具体命令如下。

```
ng new components-ex300 -s -t --interactive=false
```

（2）在项目根目录下启动服务，具体命令如下。

```
ng serve
```

（3）查看 Web 应用程序的结果。打开浏览器并浏览“http://localhost:4200”，应该看到文本“Welcome to components-ex300!”。

（4）编辑组件。编辑文件 src/app/app.component.ts，并将其更改为以下内容。

```
import { Component } from '@angular/core';

@Component({
```

```
  selector: 'app-root',
  template: `
  <h2>Attribute 绑定示例</h2>
  <table>
      <tr>
          <td colspan="{{4}}"></td>
      </tr>
  </table>
  `,
  styles: []
})
export class AppComponent {
  title = 'components-ex300';
}
```

（5）观察 Web 应用程序页面，页面显示空白，再进入开发者模式，发现产生了错误，如图 6-3 所示。

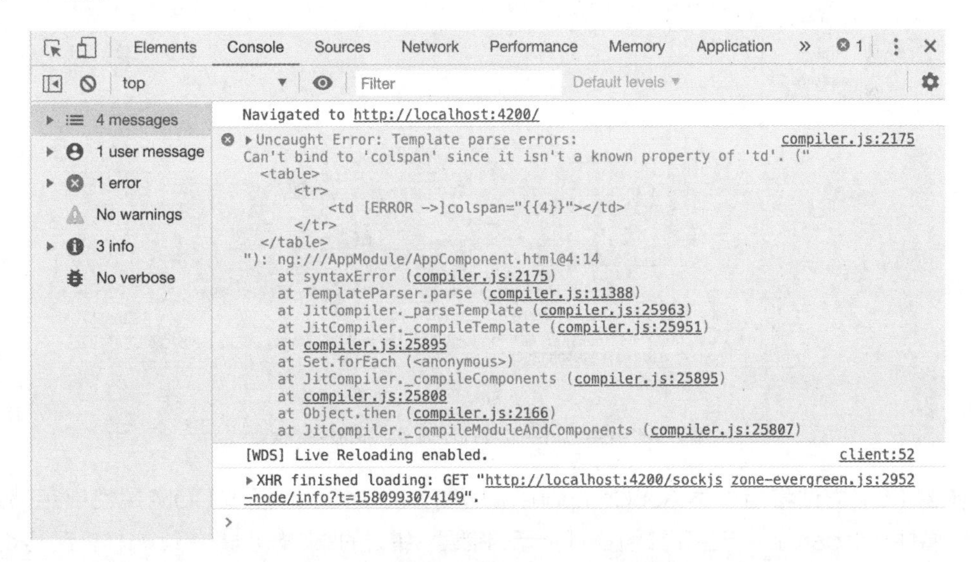

图 6-3　插值绑定到 HTML 特性时发生错误

图 6-3 所示的错误信息大意是，无法将插值绑定到 colspan 属性，因为 colspan 不是 td 的标准属性。发生这个错误的原因如下。

- colspan 是 HTML 特性，它不是 DOM 属性。
- 插值主要是绑定在 DOM 属性上的，而且 DOM 属性绑定可以替换为插值。

（6）编辑组件。编辑文件 src/app/app.component.ts，并将其更改为以下内容。

```
import { Component } from '@angular/core';

@Component({
 selector: 'app-root',
 template: `
 <h2>Attribute 绑定示例</h2>
 <table>
```

```
    <tr>
      <td [colspan]=tableSpan ></td>
    </tr>
  </table>
  `,
  styles: []
})
export class AppComponent {
  tableSpan = 4;
}
```

（7）观察 Web 应用程序页面，页面依然显示空白，再进入开发者模式，发现产生了错误，如图 6-4 所示。

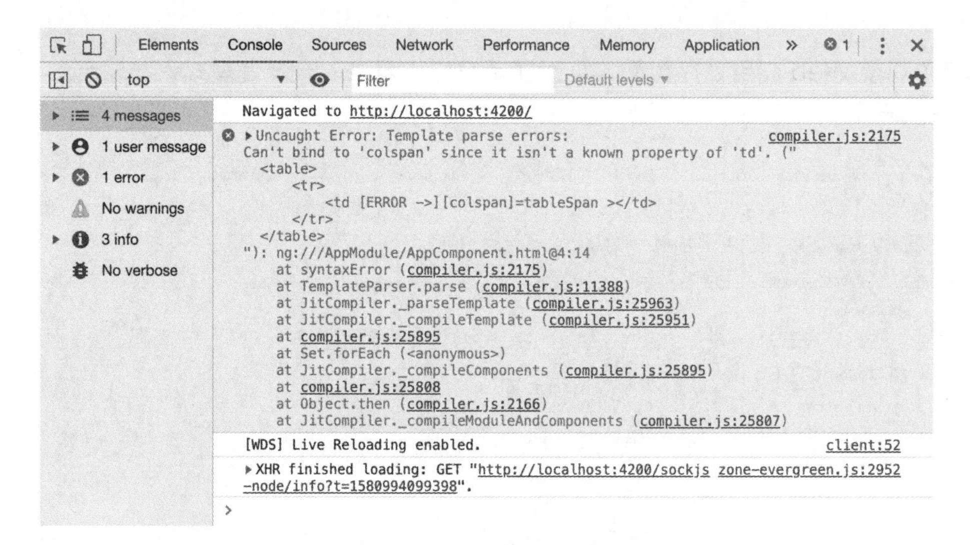

图 6-4 组件类属性绑定到 HTML 特性时发生错误

步骤（6）尝试将组件类 AppComponent 的属性 tableSpan 通过 DOM 属性绑定绑定在 HTML 特性 colspan 上，产生了如图 6-4 所示的错误。错误的原因与步骤（5）一样，仅是将插值替换为 DOM 属性绑定。

（8）编辑组件。编辑文件 src/app/app.component.ts，并将其更改为以下内容。

```
import { Component } from '@angular/core';

@Component({
 selector: 'app-root',
 template: `
 <h2>Attribute 绑定示例</h2>
 <div>
 <table>
   <tr><td [attr.colspan]=tableSpan>three</td></tr>
   <tr><td>1</td><td>2</td><td>3</td></tr>
 </table>
 </div>
 `,
```

```
  styles: []
})
export class AppComponent {
  tableSpan = 3;
}
```

（9）观察 Web 应用程序页面，页面显示正常，再进入开发者模式，发现错误已经消失了，如图 6-5 所示。

Attribute 绑定示例

three
1 2 3

图 6-5 HTML 特性绑定

上述代码通过使用 HTML 特性绑定对特性 colspan 进行了绑定。colspan 是 HTML 特性，方括号中的值由前缀 attr、点“.”和 colspan 名称组成。colspan 特性的值 tableSpan 对应组件类的 tableSpan 属性。

示例 components-ex300 完成了以下内容。

（1）针对不同的类别属性，DOM 属性绑定有不同的绑定语法。

（2）当视图中发生 DOM 属性绑定的语法错误时，浏览器的开发者模式中的控制台会给用户提供非常详细的错误原因清单。

因此，在实际开发过程中，当不容易区分 HTML 特性和 DOM 属性时，开发人员可以先尝试用插值或者 DOM 属性绑定。即使发生错误了，开发人员也能依据这些错误原因，尝试换一种数据绑定方式。

5. Class 样式绑定

Class 样式绑定用于设置视图元素的 class 属性。可以使用 Class 样式绑定在视图元素的 class 属性中添加和删除 CSS 样式名称。Class 样式绑定的语法类似于 HTML 特性绑定，它以前缀 class 开头，后跟一个点“.”，然后是该 CSS 样式的名称，形如 [class.CSS 样式名称]。

以下 HTML 代码展示了常规设置 class 属性的标准方法，没有使用 Class 样式绑定。在这种情况下，设置 <div> 标签中的 CSS 样式名称为“myClass”。

```
<div class="myClass">我有一个class属性是myClass</div>
```

在上面的 HTML 代码中添加一个 Class 样式绑定，代码如下。

```
<div class="myClass" [class]="myClassBinding">我有一个class属性是myClass</div>
```

上面的代码会出现什么情况呢，是否同时存在两个 CSS 样式名称呢？

6. [示例 components-ex400] Class 样式绑定的几种方式

（1）用 Angular CLI 构建 Web 应用程序，具体命令如下。

```
ng new components-ex400 --minimal --routing=false --style=css
```

（2）在 Web 应用程序根目录下启动服务，具体命令如下。

```
ng serve
```

（3）查看 Web 应用程序的结果。打开浏览器并浏览“http://localhost:4200”，应该看到文本“Welcome to components-ex400!”。

（4）编辑组件。编辑文件 src/app/app.component.ts，并将其更改为以下内容。

```
import { Component } from '@angular/core';

@Component({
  selector: 'app-root',
  template: `
   <h3>1、[class]语法绑定class</h3>
   <div class="myClass" [class]="myClassBinding">覆盖原先的class值</div>
   <h3>2、[attr.class]语法绑定class属性</h3>
   <div class="myClass" [attr.class]="myClassBinding">覆盖原先的class值</div>
   <h3>3、trueBinding为真，添加新CSS样式名称newclass到元素上</h3>
   <div class="myClass" [class.newclass]="trueBinding">不会覆盖该元素上已经存在的class值</div>
   <h3>4、falseBinding为假，忽略newclass绑定</h3>
   <div class="myClass" [class.newclass]="falseBinding">不会覆盖该元素上已经存在的class值</div>
 `,
 styles: []
})
export class AppComponent {
  myClassBinding = 'otherClass';
  trueBinding = true;
  falseBinding = false;
}
```

（5）观察 Web 应用程序页面并对比源码，页面显示效果如图 6-6 所示。

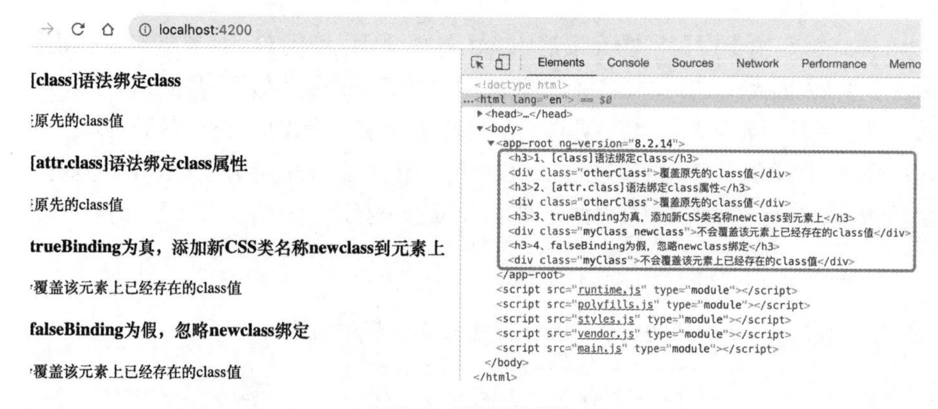

图 6-6 页面显示效果

示例 components-ex400 完成了以下内容。

（1）无论是 [class] 绑定还是 [attr.class] 绑定，Angular 都会优先进行 DOM 属性绑定解析，发现相同的属性时，会替换原先的所有值，仅保留 DOM 属性绑定的值。

（2）class 绑定其实就是 DOM 属性绑定，结合第（1）条，最终的值就变成组件类中的 myClassBinding 属性的值 otherClass。

（3）[attr.class] 绑定就是 HTML 特性绑定，结合第（1）条，最终的值就变成组件类中的 myClassBinding 属性的值 otherClass。

（4）[class.newclass] 绑定是 Angular 专门为 Class 样式绑定设计的。它与上面两种绑定不同，[class.newclass] 绑定的值仅进行布尔类型判断，意思是 [class.newclass] 绑定的值也对应组件类中的同名属性，当组件类中的同名属性的求值结果是真时，Angular 会添加这个样式，反之则移除它。

注意 上述 [class] 绑定的语法，随着 Angular CLI 命令版本的更新而略有差异。在本书中，当前示例基于版本 ng-version=8.2.14。在实践中，当更新版本为 ng-version=9.1.3 时，myClassBinding 属性的值并不会覆盖原始值 myClass，两者会并存，即 class="myClass otherClass"。

---

7. Style 样式绑定

通过 Style 样式绑定，可以设置视图中元素的内联样式。Style 样式绑定的语法与 Class 样式绑定类似，方括号中的值是由 style 前缀、点“.”和 CSS 样式名称组成的，形如 [style.CSS 样式名称]。

下面通过示例进行 Style 样式绑定的演示。

8. [示例 components-ex500] Style 样式绑定的几种方式

（1）用 Angular CLI 构建 Web 应用程序，具体命令如下。

```
ng new components-ex500 --minimal --routing=false --style=css
```

（2）在 Web 应用程序根目录下启动服务，具体命令如下。

```
ng serve
```

（3）查看 Web 应用程序的结果。打开浏览器并浏览“http://localhost:4200”，应该看到文本“Welcome to components-ex500!”。

（4）编辑组件。编辑文件 src/app/app.component.ts，并将其更改为以下内容。

```
import { Component } from '@angular/core';

@Component({
 selector: 'app-root',
 template: `
 <h3>1、[style.color] <button [style.color]="myColor">Red</button></h3>
  <h3>2、[style.background-color] <button [style.background-color]="myBackgroundCol-
or">Save</button></h3>
 <h3>3、[style.font-size.em] <button [style.font-size.em]="myFontSizeEM" >Big</button></h3>
 <h3>4、[style.font-size.%] <button [style.font-size.%]="myFontSize" >Small</button></h3>
 `,
```

```
 styles: []
})
export class AppComponent {
  myColor = 'red';
  myBackgroundColor = 'cyan';
  myFontSizeEM = 3;
  myFontSize = 50;
}
```

（5）观察 Web 应用程序页面并对比源码，显示效果如图 6-7 所示。

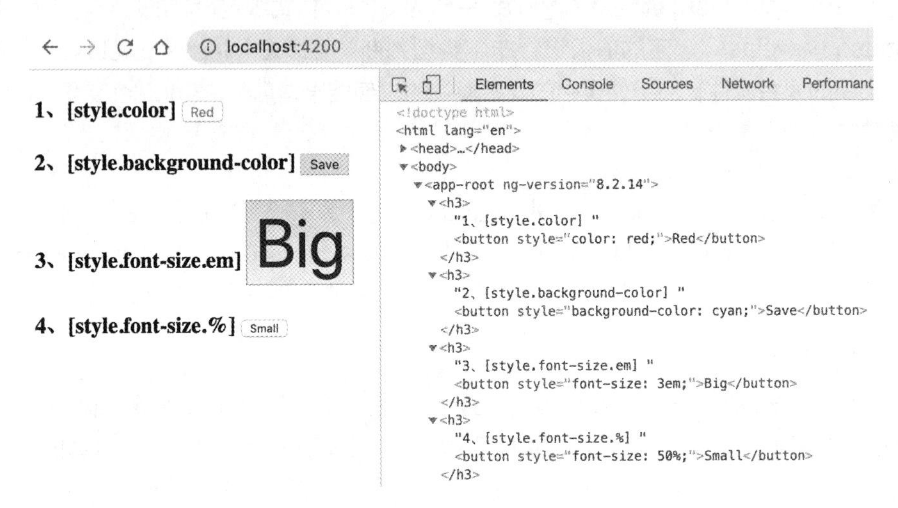

图 6-7 显示效果

示例 components-ex500 完成了以下内容。

（1）[style.color] 绑定和 [style.background-color] 绑定是标准的 Style 样式绑定，绑定 Style 的样式值分别对应组件类中的同名属性值，如 myColor 被组件类中的同名属性 myColor 的值 red 替换。

（2）[style.font-size.em] 绑定和 [style.font-size.%] 绑定中的样式带有单位。在这里，分别用“.em”和“.%”来设置字体大小的单位。绑定 Style 的样式值分别对应组件类中的同名属性值。

6.5.5 事件绑定

事件绑定也是单向数据绑定中的一种，它与 DOM 属性绑定相反，数据绑定方向是从视图到组件类。

事件绑定用来监听视图中的事件，如按键、鼠标移动、单击和触屏等。Angular 的事件绑定语法为等号左侧带圆括号的目标事件和右侧双引号中的模板声明，格式如 (目标事件) =" 模板声明 "。圆括号之间的目标事件是触发事件的名称，模板声明是关于目标事件发生时该怎么做的说明。通常，事件绑定是对组件类中方法的调用，它通常会修改绑定到模板的实例变量，从而导致 UI 发生更改。

下面的示例演示了每当单击按钮事件发生时，Angular 都会调用组件类中的 onChange() 方法。

6.5.6 [示例 components-ex600] 事件绑定

（1）用 Angular CLI 构建 Web 应用程序，具体命令如下。

```
ng new components-ex600 --minimal --routing=false --style=css
```

（2）在 Web 应用程序根目录下启动服务，具体命令如下。

```
ng serve
```

（3）查看 Web 应用程序的结果。打开浏览器并浏览"http://localhost:4200"，应该看到文本"Welcome to components-ex600!"。

（4）编辑组件。编辑文件 src/app/app.component.ts，并将其更改为以下内容。

```
import { Component, AfterViewInit } from '@angular/core';

@Component({
 selector: 'app-root',
 template: `
 <div>
   <img [src]="imageURL" />
   <button (click)="onChange()">Change</button>
 </div>
 `,
 styles: []
})
export class AppComponent {
  imageURL = 'https://i.picsum.photos/id/885/200/100.jpg'

  onChange(){
   this.imageURL = 'https://picsum.photos/200/100?random&t=' + Math.random()
  }
}
```

（5）观察 Web 应用程序页面，页面中默认显示一张图片，图片旁边有个按钮，单击按钮后，图片随之更新，如图 6-8 所示。

图 6-8 单击按钮更新图片

示例 components-ex600 完成了以下内容。

（1）组件类的 onChange() 方法对 imageURL 类属性重新赋值。

（2）示例中用了两个数据绑定，事件绑定触发类属性值的变更，类属性值的变更由于 DOM 属性绑定引发视图 UI 的同步更新。

（3）代码 (click)="onChange()" 表示事件绑定监听用户单击按钮的事件，每当单击按钮事件发生时，Angular 都会调用组件类的 onChange() 方法。

（4）代码 [src]="imageURL" 中写在方括号里的是 <img> 标签的 DOM 属性 src，与之绑定的值 imageURL 对应组件类中的属性 imageURL。

上面介绍的这些数据绑定都是单向数据绑定，下面介绍双向数据绑定。

6.5.7 双向数据绑定

双向数据绑定为 Web 应用程序提供了一种在组件类及其模板之间共享数据的方式。Angular 提供了 NgModel 内置指令实现将双向数据绑定添加到 HTML 表单元素。使用 NgModel 内置指令有专门的绑定语法，格式如 [(NgModel)] ="组件类变量"。[()] 将 DOM 属性绑定的 [] 与事件绑定的 () 组合在一起。

注意 NgModel 内置指令来自 Angular 中的 FormsModule（表单模块），使用之前必须手动将其导入主模块中。

下面通过示例演示使用 NgModel 内置指令实现双向数据绑定，用户通过更改表单中的输入值来同步更新前景色和背景色。

6.5.8 [示例 components-ex700] 双向数据绑定

（1）用 Angular CLI 构建 Web 应用程序，具体命令如下。

```
ng new components-ex700 --minimal --routing=false --style=css
```

（2）在 Web 应用程序根目录下启动服务，具体命令如下。

```
ng serve
```

（3）查看 Web 应用程序的结果。打开浏览器并浏览“http://localhost:4200”，应该看到文本“Welcome to components-ex700!”。

（4）编辑模块，导入 FormsModule。编辑文件 src/app/app.module.ts，并将其更改为以下内容。

```
import { BrowserModule } from '@angular/platform-browser';
import { NgModule } from '@angular/core';
import { FormsModule } from '@angular/forms';
import { AppComponent } from './app.component';

@NgModule({
```

```
  declarations: [
    AppComponent
  ],
  imports: [
    BrowserModule,
    FormsModule // <--- 导入
  ],
  providers: [],
  bootstrap: [AppComponent]
})
export class AppModule { }
```

（5）编辑组件。编辑文件 src/app/app.component.ts，并将其更改为以下内容。

```
import { Component } from '@angular/core';

@Component({
 selector: 'app-root',
 template: `
 <p>
   前景：<input [(ngModel)]="fg" />
 </p>
 <p>
   背景：<input [(ngModel)]="bg" />
 </p>
 <div [ngStyle]="{'color': fg, 'background-color': bg, 'padding': '5px'}">
   更改输入值查看前景色和背景色
 </div>
 `,
 styles: []
})
export class AppComponent {
 fg = "#ffffff";
 bg = "#000000";
}
```

（6）观察 Web 应用程序页面，用户可以通过更改输入值来同步更新前景色和背景色，如图 6-9 所示。

图 6-9　更改输入值来同步更新前景色和背景色

示例 components-ex700 完成了以下内容。

（1）模板中的 <input> 标签通过内置指令 NgModel 进行了双向数据绑定。

（2）模板中的 <div> 标签通过内置指令 NgStyle 进行了双向数据绑定，实时同步更新背景色。

6.6 组件的生命周期

每个组件都有一个被 Angular 管理的生命周期，它指的是从组件被初始化开始到最终被销毁的这段时间。当组件被初始化的时候，Angular 创建并显示其根组件。对在 Web 应用程序开发过程中加载的所有组件，Angular 会一直检查数据绑定属性何时更改和更新。当组件不再被使用时，Angular 将会把组件从 DOM 中删除。

Angular 提供了生命周期接口，要扩展生命周期接口方法，组件的类应该实现所需的接口，接口将强制实现相应的方法。有时，在生命周期中，可以添加一些代码来执行某些操作。如当组件加载并可见时，可将输入焦点放在第一个字段上，以便用户可以开始输入。

每个生命周期接口都有唯一的钩子方法，它们的名字是由接口名再加上 ng 前缀构成的。如 OnInit 接口的钩子方法叫作 ngOnInit()，Angular 在创建组件后立刻调用它。

组件的生命周期通常被划分为 8 个不同的阶段，表 6-2 按照组件生命周期的 8 个阶段，从先到后地展示了相应的每个生命周期接口的详细信息。

表 6-2　组件的生命周期

接口	方法	描述
OnChanges	ngOnChanges()	输入或输出绑定值更改时调用，每次变化时都会调用
OnInit	ngOnInit()	在第一次 ngOnChanges() 之后，初始化指令 / 组件时调用，仅调用一次
DoCheck	ngDoCheck()	在每个变更检测周期中，紧跟在 ngOnChanges() 和 ngOnInit() 后面调用
AfterContentInit	ngAfterContentInit()	组件内容初始化后，第一次 ngDoCheck() 之后调用，只调用一次
AfterContentChecked	ngAfterContentChecked()	ngAfterContentInit() 和 ngDoCheck() 之后调用
AfterViewInit	ngAfterViewInit()	在组件的视图初始化之后调用，仅调用一次
AfterViewChecked	ngAfterViewChecked()	每次检查组件的视图后调用
OnDestroy	ngOnDestroy()	在指令 / 组件被销毁之前调用

本章在示例 components-ex100 中已经使用了 AfterViewInit 接口，代码片段如下。

```
export class AppComponent implements AfterViewInit{
  message = "My Message"
  ngAfterViewInit() {
   setInterval(() => this.message = Date.now().toString(), 1000)
  }
}
```

通过上面的代码，我们可以得出以下结论。

- 组件类 AppComponent 通过关键字 implements 实现了 AfterViewInit 接口。
- 在组件中实现相应 AfterViewInit 接口中的方法 ngAfterViewInit()，该方法的作用是周期性地设置类属性 message 的值。

其他生命周期接口的使用方法与 AfterViewInit 接口类似，本书就不一一介绍了。

6.7 组件的交互

组件是构成 Angular 的基础和核心。通俗来说，组件用来包装特定的功能，Web 应用程序的有序运行依赖于组件之间的协调工作。组件本身就类似容器，它可以包含其他组件。因此，可以把父组件拆分成若干个小一点的子组件。拆分成子组件至少有下面这些好处。

- 子组件能重复使用，特别有助于 UI 的布局。
- 子组件打包为特定的单一功能，维护起来也方便。
- 子组件功能单一，方便对其进行测试。

组件的交互至少需要两个及以上的组件，我们先从创建子组件讲起。

6.7.1 从创建子组件开始

假设现在有一组数据，需要使用 <ul> 和 <li> 标签显示出来，可以将 <li> 标签的显示内容包装为子组件，然后通过在父组件中引用这个子组件来显示 <li> 标签的内容。下面通过示例演示详细步骤。

6.7.2 [示例 components-ex800] 父组件拆分为子组件

（1）用 Angular CLI 构建 Web 应用程序，具体命令如下。

```
ng n components-ex800 --minimal --interactive=false
```

（2）在 Web 应用程序根目录下启动服务，具体命令如下。

```
ng serve
```

（3）查看 Web 应用程序的结果。打开浏览器并浏览“http://localhost:4200”，应该看到文本“Welcome to components-ex800!”。

查看根组件类代码。打开文件 src/app/app.component.ts，注意 template 中的这段代码。

```
<ul>
  <li>
    <h2><a target="_blank" rel="noopener" href="https://angular.io/tutorial">Tour of He-
roes</a></h2>
  </li>
  <li>
    <h2><a target="_blank" rel="noopener" href="https://angular.io/cli">CLI Documenta-
tion</a></h2>
  </li>
  <li>
    <h2><a target="_blank" rel="noopener" href="https://blog.angular.io/">Angular blog</
a></h2>
  </li>
</ul>
```

上述代码中，一个 ul 标签包含 3 个 <li> 标签。下面我们通过创建子组件，将 <li> 标签显示的内容包装在子组件中。

（4）新增子组件。具体命令如下。

```
ng g c li-show
```

（5）编辑子组件。编辑文件 src/app/li-show/li-show.component.ts，并将其更改为以下内容。

```
import { Component, OnInit } from '@angular/core';

@Component({
 selector: 'app-li-show', // 对应子组件的HTML标签
 template: `
 <li>
   <h2><a target="_blank" rel="noopener" href="https://angular.io/tutorial">Tour of He-
roes</a></h2>
  </li>
  <li>
   <h2><a target="_blank" rel="noopener" href="https://angular.io/cli">CLI Documenta-
tion</a></h2>
  </li>
  <li>
   <h2><a target="_blank" rel="noopener" href="https://blog.angular.io/">Angular blog</
a></h2>
  </li>
  `,
  styles: []
})
export class LiShowComponent implements OnInit {

  ngOnInit() {
  }

}
```

（6）编辑根组件。编辑文件 src/app/app.component.ts，并将 <ul> 标签中的内容更改为以下内容。

```
<ul>
  <app-li-show></app-li-show><!--替换成了引用子组件标签-->
</ul>
```

（7）观察 Web 应用程序页面，页面显示内容与更改前相比没有任何变化。

在示例 components-ex800 中，我们成功将 App 组件中显示的内容移到子组件中了。这时，App 组件是父组件，app-li-show 组件是子组件，在父组件中引用子组件的方式之一就是直接使用子组件类的 selector 元数据的值。

目前，app-li-show 组件的内容仅是简单地从父组件的内容移过来的，而且 3 个 <li> 标签的内容有重复。下面我们继续将其拆分为更细粒度的组件，并且使其能接收来自父组件的数据。

6.7.3 父子组件的交互

Angular 提供了输入 [@Input()] 和输出 [@Output()] 装饰器来处理组件数据的输入与输出。

- @Input() 装饰器：父组件传递数据到子组件。
- @Output() 装饰器：子组件传递数据到父组件。

下面对这两种装饰器分别进行讲解。

1. @Input() 装饰器

组件类中以 @Input() 装饰器声明的类属性称为输入型属性，父组件通过输入型属性绑定把数据从父组件传递到子组件。

我们通过改造示例 components-ex800，使 app-li-show 组件可以接收来自父组件的数据。

2. [示例 components-ex900] 父组件传递数据到子组件

（1）编辑子组件。编辑文件 src/app/li-show/li-show.component.ts，并将其更改为以下内容。

```
import { Component, OnInit ,Input} from '@angular/core';

@Component({
 selector: 'app-li-show', // 子组件的标签
 template: `
 <li>
   <h2><a target="_blank" rel="noopener" href="{{href}}">{{content}}</a></h2>
 </li>
 `,
  styles: []
})
export class LiShowComponent implements OnInit {

  @Input() href: string; // 添加的输入型属性，对应模板<a>标签的href属性
  @Input() content: string; // 添加的输入型属性，对应模板<a>标签的value属性

  ngOnInit() {
  }

}
```

（2）编辑根组件。编辑文件 src/app/app.component.ts，并将 <ul> 标签中的内容更改为以下内容。

```
<ul><!--引用子组件标签-->
  <app-li-show [href]="li_list[0].href" [content]="li_list[0].content"></app-li-show>
  <app-li-show [href]="li_list[1].href" [content]="li_list[1].content"></app-li-show>
  <app-li-show [href]="li_list[2].href" [content]="li_list[2].content"></app-li-show>
</ul>
```

然后在 AppComponent 类中添加 li_list 属性变量。

```
export class AppComponent {
  li_list = [
     { href: 'https://angular.io/tutorial', content: 'Tour of Heroes' },
```

```
    { href: 'https://angular.io/cli', content: 'CLI Documentation' },
    { href: 'https://blog.angular.io/', content: 'Angular blog' },
  ];
}
```

（3）观察 Web 应用程序页面，页面显示内容与更改前相比没有任何变化。

上面的示例完成了以下内容。

（1）更改了 LiShowComponent 类中的模板内容，将原先的 3 个 <li> 标签改为了一个 <li> 标签，同时对外接收两个属性值。

（2）在 LiShowComponent 类中添加了两个输入型属性，分别对应模板中的两个插值表达式，子组件接收两个输入型属性。

（3）在父组件 AppComponent 中更新了引用子组件的语句，使用绑定属性的方式传递类变量给子组件。

3. @Output() 装饰器

组件类中以 @Output() 装饰器声明的类属性称为输出型属性。子组件暴露一个 EventEmitter 对象，当事件发生时，子组件利用该对象的 emits() 方法对外发射事件。父组件绑定到这个事件，并在事件发生时做出回应。

我们通过示例来演示 @Output() 装饰器的用法。还是应用示例 components-ex800，假设需要在每个 <li> 标签后添加一个按钮，当用户单击按钮时，弹出当前 <li> 标签中的内容，操作步骤如下。

4. [示例 components-ex1000] 子组件传递数据到父组件

（1）编辑子组件。编辑文件 src/app/li-show/li-show.component.ts，并将其更改为以下内容。

```
import { Component, OnInit ,Input, Output, EventEmitter} from '@angular/core';

@Component({
  selector: 'app-li-show', // 子组件的标签
  template: `
  <li>
    <h2>
    <a target="_blank" rel="noopener" href="{{href}}">{{content}}</a>
    <button (click)="showme(content)">单击</button>
    </h2>
  </li>
  `,
  styles: []
})
export class LiShowComponent implements OnInit {

  @Input() href: string;
  @Input() content: string;

  @Output() clickme = new EventEmitter<string>(); // 添加的输出型属性，属性名clickme对应父组件中的方法名

  showme(content: string) { // 方法名showme对应模板中的showme(content)方法
    this.clickme.emit(content); // 调用clickme对象的emit()方法，对外发射事件
  }
```

```
  ngOnInit() {
  }

}
```

（2）编辑根组件。编辑文件 src/app/app.component.ts，并将 <ul> 标签中的内容更改为以下内容。

```
<ul><!--引用子组件标签-->
  <app-li-show [href]="li_list[0].href" [content]="li_list[0].content"
    (clickme)="show(li_list[0].content)"></app-li-show>
  <app-li-show [href]="li_list[1].href" [content]="li_list[1].content"
    (clickme)="show(li_list[1].content)"></app-li-show>
  <app-li-show [href]="li_list[2].href" [content]="li_list[2].content"
    (clickme)="show(li_list[2].content)"></app-li-show>
</ul>
```

然后在 AppComponent 类中添加 show() 方法。

```
show(content: string) {
  alert(content);
}
```

（3）观察 Web 应用程序页面，页面上每行文字后多了一个按钮，单击按钮后，页面上弹出提示框，如图 6-10 所示。

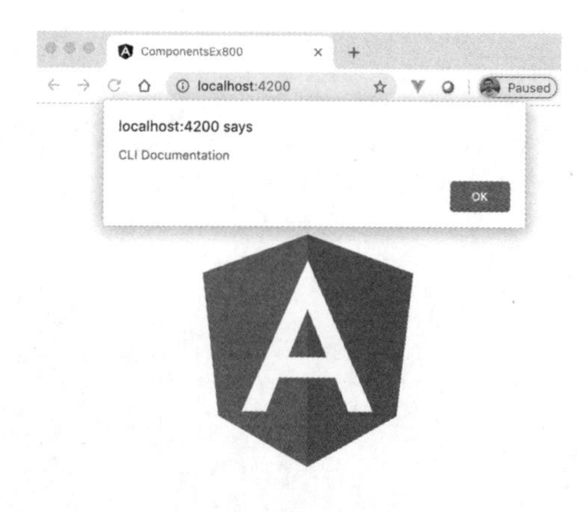

图 6-10　父组件监听子组件事件

上面的示例完成了以下内容。

（1）在子组件中声明 @Output() 装饰器的输出型变量，变量名对应父组件中的绑定事件名称。

（2）@Output() 装饰器的输出型变量同时是一个 EventEmitter 对象，子组件通过调用该对象的 emit() 方法，对外发射事件。emit() 方法可以接收参数。

（3）在子组件中通过 emit() 方法发射的事件同时作为父组件中接收方法的参数。换句话说，子组件中的 emit() 方法的格式决定着父组件中的接收方法的格式。

6.8 小结

本章的内容和示例比较多：首先对组件进行了全面系统的讲解，通过数据绑定的示例使读者快速地掌握组件知识，掌握组件和模板的交互过程；然后介绍了组件的生命周期；最后演示了父组件和子组件如何交互。

第7章 Angular 模板

在前面的章节中，我们已经接触了 Angular 模板，并对模板进行了初步介绍，本章主要介绍 Angular 模板的详细语法。Angular 模板语法解释了 Angular 模板语言的基本原理，并描述了如何在文档中使用这些语法。

7.1 Angular 模板语言基础

Angular 模板语言是在 Angular 中编写组件模板代码时使用的语言。我们可以认为 Angular 模板语言是 HTML 的扩展，它允许我们使用插值、Angular 模板表达式、模板语句、数据绑定等。

要了解 Angular 模板语言，首先应了解 Angular 的模板表达式和模板语句。

7.2 模板表达式和模板语句的基本用法

在前面介绍数据绑定时我们已经接触到了模板表达式和模板语句。表 7-1 所示为 Angular 的常见模板表达式和模板语句的示例代码。

表 7-1 Angular 的常见模板表达式和模板语句的示例代码

绑定类型	语法	示例代码
插值表达式	{{ 表达式 }}	如 {{firstName}}
DOM 属性绑定	[property]=" 表达式 "	[src]="imageURL"（类属性）
HTML 特性绑定	[attr.attribute]=" 表达式 "	[attr.colspan]="tableSpan"（类属性）
单个 Class 样式绑定	[class.css-name]=" 表达式 "	值为布尔类型，如 [class.newclass]="true"
多个 Class 样式绑定	[class.css-names]=" 表达式 "	值为字符串，如 "my-class1 my-class2 my-class3"； 值为 {[key: string]: boolean}，如 {foo: true, bar: false}； 值为 Array<string>，如 ['my-class1', 'my-class2']
Style 样式绑定	[style.css-property]=" 表达式 "	[style.color]="myColor"（类属性）

续表

绑定类型	语法	示例代码
事件绑定	(event)=" 语句 "	(click)="onChange()"（类方法）
双向数据绑定	[(ngModel)]=" 表达式 "	[(ngModel)]="fg"
内置属性型指令	[ngStyle]=" 表达式 "	[ngStyle]="{'color': fg, 'padding': '5px'}"
内置属性型指令	[ngClass]=" 表达式 "	[ngClass]="classes"

表 7-1 中的“表达式”是模板表达式的简称，“语句”是模板语句的简称。

7.2.1 模板表达式的基本用法

模板表达式在双花括号“{{ }}”中计算并返回一个值，且把值赋给绑定目标的属性，这个绑定目标可能是 HTML 元素、组件或指令等。模板表达式的语法简单，遵循的准则是快速并且没有副作用。这是保证性能的关键，因为模板表达式会在更新期间周期性地计算该表达式的值。

模板表达式的语法与 JavaScript 表达式的语法非常相似，但是存在一些限制。表 7-2 列出了模板表达式的有关语法示例。

表 7-2 模板表达式有关语法示例

运行状态	语法示例	说明
正常	{{variable}}	基本绑定
正常	{{variable | pipe}}	Angular 管道（Pipe）
正常	{{varX + '' + varY}}	拼接字符串
正常	{{fistName}}	绑定类属性
正常	{{Object.fistName}}	绑定类对象的属性
正常	{{Object?.SubObject?.fistName}}	问号运算符
正常	{{getProperty()}}	访问类属性的 get() 方法
不推荐	{{method()}}	不报错，但应避免 method() 方法的副作用
不推荐	{{varX>1?varY:varZ|pipeX|pipeY}}	不报错，但表达式太复杂
报错	{{variableX;variableY}}	表达式不完整，不是唯一值
报错	{{variable=10}}	不能使用赋值语句
报错	{{variable++}}	不支持 ++ 或 -- 运算符
报错	{{variable|2}}	不支持位运算符，如 | 和 &

模板表达式不能引用全局命名空间中的对象，如 window 或 document。它们也不能调用 console.log 或 Math.max。

7.2.2　模板表达式中的运算符

接下来将介绍其中的 3 种运算符：管道运算符、安全导航运算符和非空断言运算符。

1. 管道运算符

管道运算符的作用是对模板表达式的结果进行一些转换，如将文本更改为大写、可以格式化日期显示、可以将数字显示为货币或过滤列表并对其进行排序等。

管道运算符的格式很简单，也使用“|”分隔模板表达式和管道函数，它会把左侧的模板表达式结果传给右侧的管道函数。下面通过代码示例说明管道运算符的使用方法。

```
小写:{{ "I love Angular and Java" | lowercase }} // 小写: i love angular and java
大写:{{ "I love Angular and Java" | uppercase }} // 大写: I LOVE ANGULAR AND JAVA
连续使用:{{ "I love Angular and Java" | lowercase | uppercase}} // 连续使用:I LOVE ANGU-
LAR AND JAVA
百分比:{{ 0.5 | percent }} // 百分比: 50%
输出JSON:<p>This is test: {{item | json}}</p>
日期: {{ birthday | date }} // 日期: Apr 23, 2020
指定日期格式: {{ birthday | date:'yyyy-MM-dd' }} // 指定日期格式: 2020-08-23
```

2. 安全导航运算符

安全导航运算符也被称为“?”运算符，它可以对在属性路径中出现的 null 和 undefined 值进行保护。 Angular 中通常存在空值问题，尤其是在模板表达式中。如果引用未初始化变量的属性，则可能导致模板表达式停止解析工作。如对象 x 的值为 null，假设有以下代码。

```
Total {{x.totalAmt}}  // 对象x的值为null
```

上述代码会导致 JavaScript 报空异常错误，组件视图也将突然无法呈现。幸运的是，安全导航运算符能帮助我们。安全导航运算符是模板表达式中变量末尾的一个问号，其语法如下。

```
Total {{x?.totalAmt}}
```

上述代码中模板表达式的 x 变量后面紧跟着安全导航运算符。模板解析时，一旦发现该 x 变量为 null，安全导航运算符就会告诉代码退出并留空。这将使程序停止对属性的继续解析并绕过 JavaScript 的空异常错误。模板表达式中可以有多个安全导航运算符，其语法如下。

```
Total {{x?.amt?.total}}
```

3. 非空断言运算符

非空断言运算符是可选的，仅在打开严格空检查选项时必须使用它，目的是绕过类型检查。

如果类型检查器在运行期间无法确定一个变量的值是 null 还是 undefined，那么它也会抛出一个错误。用户自己可能知道它不会为 null，但类型检查器不知道。所以用户要告诉类型检查器它不会为 null，这时就要用到非空断言运算符。

如在用 *ngIf 指令检查出 hero 属性是已定义的之后，就可以断定 hero 属性一定也是已定义的。

```
<!--判断hero是否存在-->
<div *ngIf="hero">
  The hero's name is {{hero!.name}} // 在打开严格空检查选项时，绕过类型检查
```

```
</div>
```

在上述代码中，当打开严格空检查选项时，插值表达式如果使用 {{hero!.name}}，那么当遇到 hero 属性为 null 时，类型检查器在运行期间会抛出一个空值错误。这是因为，虽然我们在插值表达式之前做了非空判断，但是类型检查器不知道，所以这里需要加上非空断言运算符。

如果没有打开严格空检查选项，那么上述代码无论是否有非空断言运算符均是正确的。

7.2.3 模板语句的基本用法

使用事件绑定时用到了模板语句。模板语句也应该和模板表达式一样，保持简单的编写方式。模板语句是事件驱动的，事件通常会通过用户操作来更新状态或数据。模板语句一般仅在绑定事件触发时运行，因此可以执行可能长时间运行的操作和任务。模板表达式的部分规则也适用于模板语句的语法，但有一些例外。在大多数情况下，我们只会在模板语句内部调用一个方法。表 7-3 列出了模板语句的有关语法示例。

表 7-3 模板语句的有关语法示例

运行状态	语法示例	说明
正常	(event)="updateValue()"	正常调用方法
正常	(event)="updateValue($event)"	参数是 Angular 的模板变量 $event
正常	(event)="updateValue(var.property)"	参数是模板变量
正常	(event)="updateValue();validate()"	调用多个方法
正常	(event)="var = 10"	正常赋值
报错	(event)="updateValue() | pipe"	模板语句不能联合管道使用
报错	(event)="var++"	不支持 ++ 或 -- 运算符

使用模板表达式与模板语句时的注意点如下。

- 模板表达式与模板语句不同，不应执行复杂的逻辑，而应始终快速。
- 模板表达式可以联合管道运算符使用。模板语句可以使用分号“；”调用多个方法，但是不能使用管道。
- 无论是模板表达式，还是模板语句，都应该简短和简洁。

7.3 模板引用

模板引用用来从模板视图中获取匹配的元素，这些元素可以是一个或多个。

7.3.1 模板引用变量

模板引用变量通常是对模板中 DOM 元素的引用，还可以引用指令、组件等。Angular 使用井号“#”声明模板引用变量。

以下示例代码中，模板引用变量 #phone 在 <input> 中声明了一个 phone 变量，然后在 <button> 元素的事件绑定方法中引用它。

```
<input #phone placeholder="phone number" />

<!--phone指的是<input>。按钮的单击事件将把<input>的值传给<button>的callPhone()方法 -->
<button (click)="callPhone(phone.value)">Call</button>
```

除了使用 # 声明模板引用变量，还有一种替代语法：用 ref- 前缀代替 #，如上面的 #phone 可以写成 ref-phone，代码如下。

```
<input ref-phone placeholder="phone number" />

<!--phone指的是<input>。按钮的单击事件将把这个<input>的值传给<button>的callPhone()方法 -->
<button (click)="callPhone(phone.value)">Call</button>
```

模板引用变量引用的对象不同，因此有各自对应的属性和方法。关于如何准确地获取这些属性和方法，这里有个小技巧：可以通过模板引用变量的 constructor 属性获取模板引用变量的实际类型。

```
<input #phone placeholder="phone number" />
{{phone.constructor.name}} // 输出模板引用变量的类型，这里显示：HTMLInputElement
```

上述示例中，通过 {{phone.constructor.name}} 获取模板引用变量 # phone 的类型为 HTMLInputElement，然后搜索 HTMLInputElement 的属性和方法。

7.3.2 @ViewChild() 装饰器

@ViewChild() 装饰器是由 Angular 提供的属性装饰器，用来从模板视图中获取匹配的元素，返回匹配的一个或首个元素。使用 @ViewChild() 装饰器时需注意：查询视图元素的工作在组件的生命周期 AfterViewInit 开始时完成，因此在 ngAfterViewInit() 方法中能正确获取查询的元素。

下面通过示例演示使用 @ViewChild() 装饰器引用模板元素的方法。

7.3.3 [示例 template-ex100] 使用 @ViewChild() 装饰器引用模板元素

（1）用 Angular CLI 构建 Web 应用程序，具体命令如下。

```
ng new template-ex100 --minimal --interactive=false
```

（2）在 Web 应用程序根目录下启动服务，具体命令如下。

```
ng serve
```

（3）查看 Web 应用程序的结果。打开浏览器并浏览“http://localhost:4200”，应该看到文本“Welcome to template-ex100!”。

（4）编辑组件。编辑文件 src/app/app.component.ts，并将其更改为以下内容。

```
import {
  Component, AfterViewInit, ViewChild, AfterContentInit,
  OnInit, ElementRef, AfterViewChecked
} from '@angular/core';

@Component({
 selector: 'app-root',
 template: `
   <h1>Welcome to Angular World</h1>
   <p #title1>Hi {{ name }}</p>
   <p #title2>Hello {{ name }}</p>
 `,
 styles: []
})
export class AppComponent implements OnInit, AfterContentInit, AfterViewInit,
  AfterViewChecked {

  name: string = 'Murphy';

  @ViewChild('title1', { static: false })
  ctitle1: ElementRef;

  @ViewChild('title2', { static: true })
  ctitle2: ElementRef;

  // 方法1
  ngOnInit() {
   console.log('ctitle1 in ngOnInit : ' + this.getTitleValue(this.ctitle1))
   console.log('ctitle2 in ngOnInit : ' + this.getTitleValue(this.ctitle2))
  }

  // 方法2
  ngAfterContentInit() {
   console.log('ctitle1 in ngAfterContentInit : ' + this.getTitleValue(this.ctitle1))
   console.log('ctitle2 in ngAfterContentInit : ' + this.getTitleValue(this.ctitle2))
  }

  // 方法3
  ngAfterViewInit() {
   console.log('ctitle1 in ngAfterViewInit : ' + this.getTitleValue(this.ctitle1))
   console.log('ctitle2 in ngAfterViewInit : ' + this.getTitleValue(this.ctitle2))
  }

  // 方法4
  ngAfterViewChecked() {
   console.log('ctitle1 in ngAfterViewChecked : ' + this.getTitleValue(this.ctitle1))
   console.log('ctitle2 in ngAfterViewChecked : ' + this.getTitleValue(this.ctitle2))
  }
```

```
    // 如果传入的元素不为空，则输出该元素的文本内容
    getTitleValue(v: ElementRef) {
     return v ? v.nativeElement.innerHTML : v
    }

}
```

（5）观察 Web 应用程序页面，再进入开发者模式，控制台显示日志信息，如图 7-1 所示。

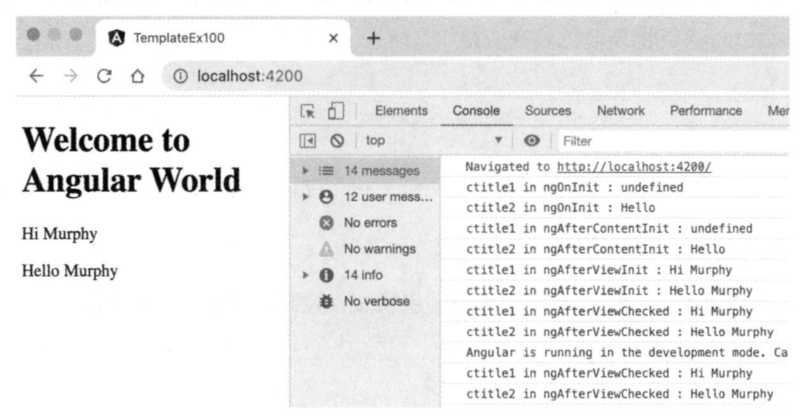

图 7-1 控制台显示日志信息

示例 template-ex100 完成了以下内容。

（1）模板中定义了两个模板变量 title1 和 title2，同时在类中定义了两个类属性变量 ctitle1 和 ctitle2，用 @ViewChild() 装饰器分别引用两个模板变量，注意为它们提供了不同的 static 值。

（2）模板中 <p> 标签的内容由静态字符串和动态插值表达式组成；Hello 和 Hi 是静态字符串，插值表达式 {{name}} 是动态的，它的值来自组件类。

（3）组件类一共实现了 4 个生命周期接口，每个生命周期接口的回调方法尝试获取类属性变量引用的信息，并且在控制台中分别输出。

（4）4 个生命周期接口的回调方法发生的顺序是 ngOnInit()、ngAfterContentInit()、ngAfterViewInit()、ngAfterViewChecked()。

（5）无论 static 值为 true 还是 false，在组件的生命周期 AfterViewInit 发生之后，@ViewChild() 装饰器都能获取到 HTML 元素中的内容，因此在方法 3 和方法 4 中能输出 HTML 元素中的内容。

（6）当 static 值为 true 时，@ViewChild() 装饰器可以获取 HTML 元素中的静态内容，因此在方法 1 和方法 2 中获取的 ctitle2 的值为 Hello。

（7）当 static 值为 false 时，在组件的生命周期 AfterViewInit 发生前，@ViewChild() 装饰器获取不到任何内容，因此在方法 1 和方法 2 中 ctitle1 的输出值为 undefined。

7.3.4 @ViewChildren() 装饰器

@ViewChildren() 装饰器也是 Angular 提供的属性装饰器，与 @ViewChild() 装饰器一样，用来从模板视图中获取匹配的元素，不同的是返回匹配的所有元素。

下面通过示例演示使用 @ViewChildren() 装饰器引用多个模板元素的方法。

7.3.5 [示例 template-ex200] 使用 @ViewChildren() 装饰器引用多个模板元素

（1）在示例 template-ex100 的基础上编辑组件。编辑文件 src/app/app.component.ts，增加 @ViewChildren() 装饰器声明的属性变量。

```
@ViewChildren('title1, title2')
ctitles: ElementRef[];
```

同时别忘了在文件的 import 语句中导入 ViewChildren 对象，然后在方法 4 中增加如下一行代码。

```
console.log('ctitles in ngAfterViewInit : ' + this.ctitles.length)
```

（2）观察 Web 应用程序页面，再进入开发者模式，控制台显示如下日志信息。

```
ctitles in ngAfterViewInit : 2
```

示例 template-ex200 完成了以下内容。

（1）在组件类中定义了 @ViewChildren() 装饰器声明的属性变量 ctitles，它的类型是 ElementRef 对象数组。

（2）@ViewChildren() 装饰器和 @ViewChild() 装饰器一样，都是在组件的生命周期 AfterViewInit 开始之后获取 HTML 元素中的内容；不同的是，@ViewChildren() 装饰器可以接收多个模板元素引用，它们之间以逗号分隔。

（3）在方法 4 中输出 @ViewChildren() 装饰器引用的模板元素的个数。

7.4 Angular 数据绑定知识总结

数据绑定借助模板表达式和模板语句，使 Angular 能动态地改变 DOM 属性的值，并能监听用户触发的事件，完成对应的业务逻辑。数据绑定按照数据流向分为 3 种：源（数据源）到视图（Source-to-View）、视图到源（View-to-Source）以及源和视图的双向流动。在 Angular 中组件类提供源。

7.4.1 单向属性绑定

Angular 中的属性绑定就是源到视图的单向数据绑定。如表 7-1 所示，一共有 5 个关于属性绑定的直接场景，分别是 [property]=" 表达式 "、[attr.attribute]=" 表达式 "、[class.css-name]=" 表达式 "、[class.css-names]=" 表达式 " 和 [style.css-property]=" 表达式 "。

其实，插值表达式 {{ 表达式 }} 也被归类为源到视图的单向数据绑定。使用插值时，Angular 会计算表达式并将插值结果绑定到元素属性。换句话说，Angular 将插值转换为属性绑定。

请看下面的数据绑定代码，这 3 个示例都是绑定到 textContent 属性并产生相同的结果。

```
1.<div>{{firstName}}</div>
2.<div [textContent]="{{firstName}}"></div>
3.<div textContent="{{firstName}}"></div>
```

属性绑定过程中，我们应该返回绑定属性（目标 DOM 属性）期望的类型，代码如下。

```
<!-- TypeScript / 自定义的组件，分别期望3种不同类型的输入参数 -->
class CustomerComponent {
@Input() name: string = "Default Value";
@Input() age: number = 14;
@Input() account: Account;
}

<!-- HTML / 分别传入3种不同类型的参数 -->
<customer-component [name]="stringValue"
                    [age]="numberValue"
                    [account]="accountObject"></customer-component>
```

总而言之，属性绑定后，每当源属性被更新时，对应的绑定视图将同步反映这些更新。

7.4.2　单向事件绑定

Angular 中的事件绑定就是视图到源的单向数据绑定。事件绑定将事件连接到语句，当用户在元素（视图目标）上触发操作时，会在组件类（数据源）中调用一个方法。

Angular 提供了一个模板变量 $event，引用的是 DOM 事件对象。在事件绑定中，可通过模板语句传递 $event 模板变量给类方法。$event 模板变量包含有关事件的所有信息，也包括任何潜在的更新值。事件对象的类型取决于目标事件。如果目标事件是原生 DOM 元素事件，那么 $event 模板变量就是 DOM 事件对象，它有如 target 和 target.value 这样的属性。

关于 $event 模板变量的应用，下面列出常见的 3 种用法。

```
<!-- 访问模板变量 $event，$event.target.value返回当前控件（input）value属性的值-->
1.<input (change)="updateName($event.target.value)">

<!-- 与上面的结果一致。先声明一个模板变量#name，然后引用它的value属性的值 -->
2.<input #name (change)="updateName(name.value)">

<!-- 调用多个方法示例 -->
3.<input (keyUp)="updateName($event.target.value); validate()">
```

上述代码完成了以下内容。

（1）示例 1 解析了模板变量 $event 的 target.value 属性值，并将该值传递给类 updateName() 方法。

（2）示例 2 定义了模板变量 #name，其指向当前 input 元素，然后引用模板变量的 value 属性的值，并将该值传递给类 updateName() 方法，其效果与示例 1 相同，Angular 推荐示例 2 的写法。

（3）示例 3 演示了模板语句如何调用多个方法，方法间以分号“;”分隔。

7.4.3 双向数据绑定

双向数据绑定可以形象地表达为“视图到源到视图”（View-to-Source-to-View），本质上是将属性绑定和事件绑定合在一起，因此可以将双向数据绑定看成属性绑定和事件绑定的结合体。下面通过一段代码将有关属性绑定和事件绑定的知识组合在一起，演示双向数据绑定。

```
<input [value]="username" (input)="username = $event.target.value">
<p>Hi {{username}}!</p>
```

上述代码具体做了下面这几件事情。

（1）[value]="username" 表示通过属性绑定将 username 的值绑定到 value 属性上。

（2）(input) 表示事件绑定，监听 input 事件。

（3）$event 是 Angular 提供的模板变量，引用 DOM 事件对象，通过 $event.target.value 可以获取当前 input 控件的 value 值。username = $event.target.value 是一个表达式，负责将用户输入的值赋值给 username 变量。

（4）上述代码通过将属性绑定和事件绑定组合在一起，使模板和组件类共享 username 变量，用户输入值时，模板通过插值 {{username}} 会实时看到结果。

其实，在 Angular 中，双向数据绑定在组件中是这样定义的：定义一个名为 x 的 @Input 输入变量，然后匹配一个名为 xChange 的 @Output 输出变量，代码如下。

```
@Input() x: any;
@Output() xChange: any;
```

也可以这么理解，该元素具有名为 x 的可设置属性和名为 xChange 的相应事件。

注意 变量名称 x 和 xChange 中的 x 仅是一个标识，可以替换为任何有效的变量名。

下面通过示例演示双向数据绑定的方法。

7.4.4 [示例 template-ex300] 双向数据绑定

（1）用 Angular CLI 构建 Web 应用程序，具体命令如下。

```
ng new template-ex300 --minimal --interactive=false
```

（2）在 Web 应用程序根目录下启动服务，具体命令如下。

```
ng serve
```

（3）查看 Web 应用程序的结果。打开浏览器并浏览“http://localhost:4200”，应该看到文本“Welcome to template-ex300!”。

（4）新增子组件，具体命令如下。

```
ng g c two-way-binding --skipTests=true
```

（5）编辑子组件。编辑文件 src/app/two-way-binding/two-way-binding.component.ts，并将其更改为以下内容。

```
import { Component, OnInit, Input, Output, EventEmitter } from '@angular/core';

@Component({
  selector: 'app-two-way-binding',
  templateUrl: './two-way-binding.component.html',
  styleUrls: ['./two-way-binding.component.css']
  })
  export class TwoWayBindingComponent {

  @Input()  size: number;
  @Output() sizeChange = new EventEmitter<number>();

  dec() { this.resize(-1); } // 减1操作
  inc() { this.resize(+1); } // 加1操作

  resize(delta: number) { // resize()方法通过sizeChange发送size值
      this.size = this.size + delta;
      this.sizeChange.emit(this.size);
  }

}
```

（6）编辑子组件的模板。编辑文件 src/app/two-way-binding/two-way-binding.component.html，并将其更改为以下内容。

```
<div>
   <button (click)="dec()">-</button>
   <button (click)="inc()">+</button>
   <br/>
   <label [style.font-size.px]="size">字体大小：{{size}}px</label>
</div>
```

（7）编辑根组件。编辑文件 src/app/app.component.ts，并将其更改为以下内容。

```
import { Component } from '@angular/core';

@Component({
selector: 'app-root',
template: `
   1.<app-two-way-binding [(size)]="fontSizePx"></app-two-way-binding>
   2.<div [style.font-size.px]="fontSizePx">两种方式实现双向数据绑定</div>
    3.<app-two-way-binding [size]="fontSizePx" (sizeChange)="fontSizePx = $event"></app-
two-way-binding>
`,
styles: []
})
export class AppComponent {
   fontSizePx = 15 // 初始化默认字体大小
```

```
}
```

（8）观察 Web 应用程序页面，用户可以通过单击“+”或“-”按钮查看字体大小，如图 7-2 所示。

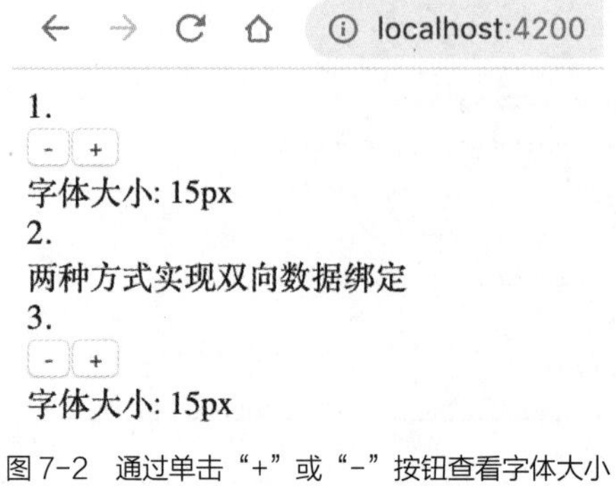

图 7-2 通过单击“+”或“-”按钮查看字体大小

通过示例 template-ex300 的演示，我们可以看出如下内容。

（1）子组件（app-two-way-binding）的双向数据绑定遵循了命名规则：定义了名为 size 的可设置属性和名为 sizeChange 的相应事件。

（2）在根组件模板中单击按钮后，将会传递 size 值到子组件，然后以调整后的字体大小发射 sizeChange 事件。

（3）在根组件模板中以两种方式实现双向数据绑定，其结果是一样的。

然而在现实应用中，没有原生 HTML 元素会遵循 x 值和 xChange 事件的命名模式。Angular 提供了 NgModel 内置指令实现将双向数据绑定添加到 HTML 表单元素。

综上所述，我们已经展示了两大类共 3 种实现双向数据绑定的方式。

（1）属性绑定和事件绑定组合方式。

- 原生方式：<input [value]="username" (input)="username = $event.target.value">。
- 输入输出模式：x 值和 xChange 事件的命名模式。

（2）针对 HTML 表单元素的 [(NgModel)] 方式。

7.5 小结

本章首先介绍了 Angular 模板语言、模板表达式和模板语句，接着介绍了模板引用，最后对 Angular 的数据绑定知识进行了总结。

第 8 章 Angular 指令应用

指令是DOM元素上的标记（如属性），它告诉Angular要将指定的行为附加到现有DOM元素。指令的核心是一个函数，只要 Angular 编译器在 DOM 元素中找到指令，该指令就执行。指令通过赋予 HTML 新语法来扩展其功能。

组件模板中使用了指令，指令以多种方式影响模板的输出。某些指令可能会完全改变模板输出的结构。这些指令可以通过添加和删除视图 DOM 元素来更改 DOM 布局，我们称这些指令为结构型指令。另一些指令可能只是改变一个 DOM 元素的外观或行为，这样的指令我们称为属性型指令。

Angular 内置了许多指令来帮助用户进行编程，用户也可以自定义指令。

8.1 Angular 结构型指令

结构型指令负责 HTML 布局。它们塑造 DOM 的结构，如添加、移除或修改 DOM 元素。Angular 中包含 3 个常用的内置结构型指令：NgIf、NgFor 和 NgSwitch。

8.1.1 NgIf 指令

用户可以通过将 NgIf 指令应用在 HTML 元素上来在 DOM 中添加或删除 DOM 元素。NgIf 指令的格式为 <div *ngIf=" 模板表达式 " /> 。NgIf 指令的模板表达式接收一个布尔值，如果值为 true，DOM 元素里面的内容将显示在视图 DOM 中；如果值为 false，DOM 元素里面的内容将不显示（从视图 DOM 中去除）。

下面通过示例演示使用 NgIf 指令显示和隐藏元素的方法。

8.1.2 [示例 directive-ex100] 使用 NgIf 指令显示和隐藏元素

（1）用 Angular CLI 构建 Web 应用程序，具体命令如下。

```
ng new directive-ex100 --minimal --interactive=false
```

（2）在 Web 应用程序根目录下启动服务，具体命令如下。

```
ng serve
```

（3）查看 Web 应用程序的结果。打开浏览器并浏览“http://localhost:4200”，应该看到文本“Welcome to directive-ex100!”。

（4）编辑组件。编辑文件 src/app/app.component.ts，并将其更改为以下内容。

```
import { Component } from '@angular/core';

@Component({
selector: 'app-root',
template: `
  变量showName的值: {{showName}}
  <div *ngIf="showName" class="box">
  姓名: Murphy
  </div>
  <div *ngIf="!showName" class="box">
  地址: 光谷
  </div>
  <button (click)="toggle()">Toggle</button>
`,
styles: [`div.box { width: 200px;padding:20px;margin:20px;
     border: 1px solid black; color: white; background-color: green }
  `]
})
export class AppComponent {
showName: boolean = true;
toggle() {
  this.showName = !this.showName;
}
}
```

（5）观察 Web 应用程序页面，单击“Toggle”按钮，页面显示效果如图 8-1 所示。

示例 directive-ex100 完成了以下内容。

（1）将 NgIf 指令应用在 HTML 元素的 <div> 上，并根据 showName 的值来判断是显示姓名还是地址。

（2）打开开发者模式，查看源码，可以发现，当 showName 的值为 false 时，该 <div> 标签的值不在 DOM 中生成。

（3）类中定义的 toggle() 方法与 <button> 绑定，负责每次单击时，对 showName 的值取反。

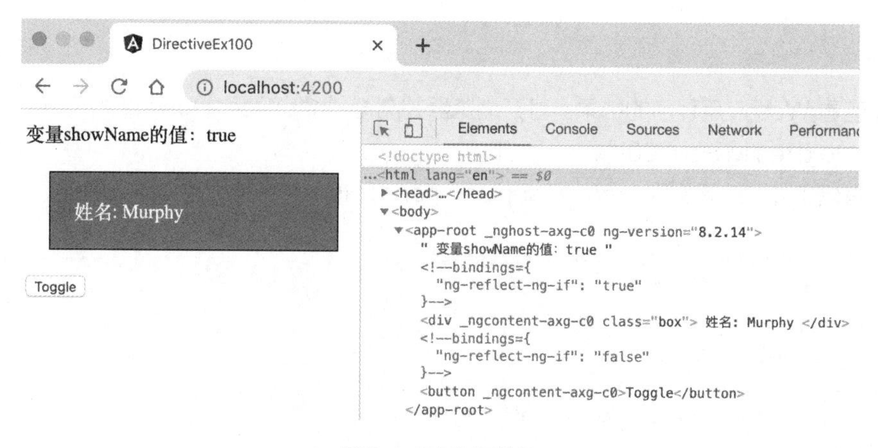

图 8-1 页面显示效果

8.1.3 NgFor 指令

NgFor 是一个迭代指令，它通过将可迭代的每个子项作为模板的上下文来重复渲染模板。NgFor 指令的格式为 <div *ngFor='let item of items'>{{item.name}}</div> 。赋值给 *ngFor 的字符串不是模板表达式，而是由 Angular 解释的一种小型语言。字符串“let item of items”的意思是，将 items 数组中的每个条目存储在局部循环变量 item 中，并使其可用于每次迭代的模板视图中。

NgFor 指令对生成重复内容，如客户列表、下拉列表等很有用。迭代的每个子项都有其模板上下文中可用的变量。NgFor 指令的内置变量如表 8-1 所示。

表 8-1 NgFor 指令的内置变量

内置变量	描述
item	ngFor ="let item of items" 中，item 代表迭代的每个子项
index	每个模板上下文的当前循环迭代的索引
last	布尔值，指示当前项是否是迭代中的最后一项
even	布尔值，指示当前索引是否是偶数索引
odd	布尔值，指示当前索引是否是奇数索引

下面通过示例演示使用 NgFor 指令显示列表的方法。

8.1.4 [示例 directive-ex200] 使用 NgFor 指令显示列表

（1）用 Angular CLI 构建 Web 应用程序，具体命令如下。

```
ng new directive-ex200 --minimal --interactive=false
```

（2）在 Web 应用程序根目录下启动服务，具体命令如下。

```
ng serve
```

（3）查看 Web 应用程序的结果。打开浏览器并浏览“http://localhost:4200”，应该看到文本“Welcome to directive-ex200!”。

（4）编辑组件。编辑文件 src/app/app.component.ts，并将其更改为以下内容。

```
import { Component } from '@angular/core';

@Component({
selector: 'app-root',
template: `
<div *ngFor="let name of names; let i = index;">
   <div>{{i}} : {{name}}</div>
</div>
`,
styles: []
})
export class AppComponent {
   names = ['Polo', 'Q5', 'Q7'];
}
```

（5）观察 Web 应用程序页面，显示效果如图 8-2 所示。

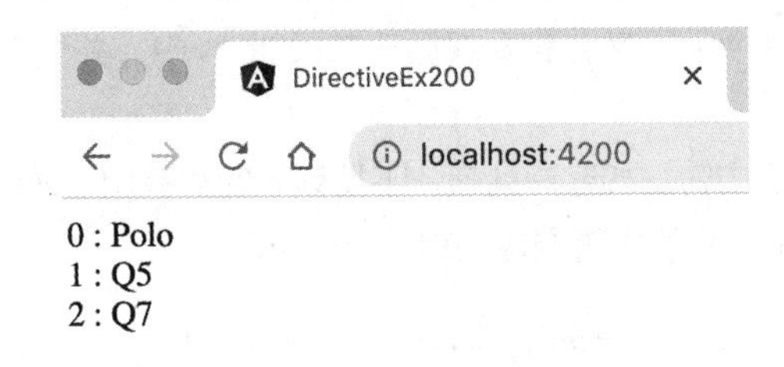

图 8-2 页面显示效果

示例 directive-ex200 完成了以下内容。

（1）将 NgFor 指令应用在 HTML 元素的 <div> 标签上，它迭代并显示 names 数组的每个条目。

（2）NgFor 指令的内置变量索引是从 0 开始计数的。

8.1.5 NgSwitch 指令

NgSwitch 指令类似于 JavaScript 的 switch 语句。它根据切换条件显示几个可能的元素中的一个。Angular 只会将选定的元素放入 DOM。

NgSwitch 指令实际上是 3 个协作指令的集合：NgSwitch、NgSwitchCase 和 NgSwitchDefault。NgSwitch 指令的格式如下。

```
<container-element [ngSwitch]="switch_expression">
  <some-element *ngSwitchCase="match_expression_1">...</some-element>
...
  <some-element *ngSwitchDefault>...</some-element>
```

```
</container-element>
```

我们可以从下列 3 个方面理解这 3 个指令之间的关系。

（1）NgSwitchCase 指令和 NgSwitchDefault 指令都是结构型指令，因为它们会在 DOM 中添加或从中移除元素。

（2）当 NgSwitchCase 指令的绑定值等于开关值（switch_expression）时，就将 NgSwitchCase 指令所在的元素添加到 DOM 中，否则从 DOM 中移除。

（3）NgSwitchDefault 指令会在没有任何一个 NgSwitchCase 指令的值被选中时把 NgSwitchCase 指令所在的元素加入 DOM 中。

下面通过示例演示使用 NgSwitch 指令显示星期几的方法。

8.1.6 ［示例 directive-ex300］使用 NgSwitch 指令显示星期几

（1）用 Angular CLI 构建 Web 应用程序，具体命令如下。

```
ng new directive-ex300 --minimal --interactive=false
```

（2）在 Web 应用程序根目录下启动服务，具体命令如下。

```
ng serve
```

（3）查看 Web 应用程序的结果。打开浏览器并浏览 “http://localhost:4200”，应该看到文本 “Welcome to directive-ex300!”。

（4）编辑组件。编辑文件 src/app/app.component.ts，并将其更改为以下内容。

```
import { Component } from '@angular/core';

@Component({
selector: 'app-root',
template: `
  <!-- ngSwitch and ngSwitchCase - enum example -->
  <p> ngSwitch和ngSwitchCase示例 </p>
  <div [ngSwitch]="day">
     <b *ngSwitchCase="days.SUNDAY"> SUNDAY</b>
     <b *ngSwitchCase="days.MONDAY"> MONDAY</b>
     <b *ngSwitchCase="days.TUESDAY">TUESDAY</b>
     <b *ngSwitchCase="days.WEDNESDAY">WEDNESDAY</b>
     <b *ngSwitchCase="days.THURSDAY">THURSDAY</b>
     <b *ngSwitchCase="days.FRIDAY">FRIDAY</b>
     <b *ngSwitchCase="days.SATURDAY">SATURDAY</b>
     <b *ngSwitchDefault>No Days</b>
  </div>
`,
styles: []
})
export class AppComponent {
  days = Days;
  day = Days.SUNDAY;
```

```
}

export enum Days {
  SUNDAY,
  MONDAY,
  TUESDAY,
  WEDNESDAY,
  THURSDAY,
  FRIDAY,
  SATURDAY
}
```

（5）观察 Web 应用程序页面，显示效果如图 8-3 所示。

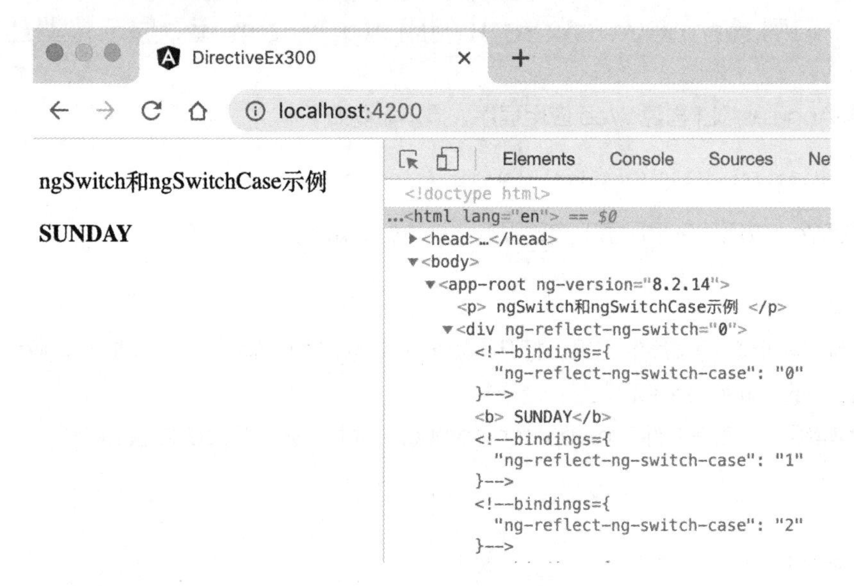

图 8-3　页面显示效果

示例 directive-ex300 完成了以下内容。

（1）定义了一个枚举类 Days，用于显示周日历。

（2）ngSwitch 指令绑定在类属性 day 上，day 默认赋值为 SUNDAY。

day 的值与 ngSwitchCase 指令的值匹配时，显示当前匹配元素的内容；其他不匹配的元素，被 DOM 排除在外。

8.1.7　ng-container 分组元素

Angular 的 ng-container 是一个分组元素，但它不会影响样式或 DOM 布局，因为 Angular 不会把它放进 DOM 中。ng-container 是一个由 Angular 解析器负责识别处理的语法元素。它不是一个指令、组件、类或接口，更像是 JavaScript 的 if 块中的花括号。当没有合适的宿主元素时，用户可以使用 ng-container 对元素进行分组。

<ng-container> 的使用场景之一是，在需要遍历或 if 判断时，它可以起到一个载体的作用。

```
<ul>
<ng-container *ngFor="let item of items">
  <li>{{ item.firstname }}</li>
  <li>{{ item.lastname }}</li>
</ng-container>
</ul>
```

8.2 Angular 属性型指令

属性型指令用于改变一个 DOM 元素的外观或行为，Angular 中包含一些常用的内置属性型指令：NgClass、NgStyle 和 NgContent，下面分别对它们进行介绍。

8.2.1 NgClass 指令

NgClass 指令的作用是添加和删除一组样式。NgClass 指令的语法支持 3 种格式的表达式。

- 使用空格分隔的字符串：[ngClass]="is-info is-item has-border"。
- 字符串数组：[ngClass]="['is-info', 'is-item', 'has-border']"。
- 对象：[ngClass]="{ 'is-info': true, 'is-item' : true}"。

上述表达式是在模板中声明的，ngClass 指令可以绑定组件类中的属性，只要返回有效的表达式即可。

```
export class AppComponent {
  stringProperty = "is-info is-item has-border";
  arrayProperty = ['is-info', 'is-item', 'has-border'];
  objectProperty = {'is-info': true, 'is-item': true};
}
```

然后修改模板中的表达式，使其绑定对应的属性即可。

```
[ngClass]="stringProperty"
[ngClass]="arrayProperty"
[ngClass]="objectProperty"
```

NgClass 指令相比 HTML 特性绑定（[class.css-name]=" 表达式 "）来说支持多种格式，应用更加灵活。

8.2.2 NgStyle 指令

NgStyle 指令的作用是添加和删除一组 Style 样式。NgStyle 指令接收一个键 / 值（Key/Value）对的对象表达式，键 / 值对的键是一个样式属性。用户可以在键上添加一个前缀简化写法，比如下面的写法。

```
[ngStyle]="{font-size.px: 15}"
```

它等同于

```
[ngStyle]="{font-size: 15px}"
```

与 NgClass 指令类似，ngStyle 指令同样可以绑定组件类中的属性，只要该属性返回有效的表达式即可。

```
[ngStyle]="styler" // 模板中绑定类属性styler

styler = { // 组件类中定义的属性styler
  [WIDTH]: "200", // 使用常量的写法,WIDTH是常量
  "max-width.px": "600", // 硬编码的写法
  "min-width.px": "200",
  "filter": "sepia(0)"
}
```

使用 NgStyle 指令需要注意以下几点。

- NgStyle 指令接收键 / 值对作为输入表达式，前提条件是键必须是有效的属性名称。
- NgStyle 指令可以绑定组件类中的属性。
- NgStyle 指令将会重写当前元素的内置样式。

8.2.3 NgContent 指令

NgContent 指令的作用是帮助开发者创建可重用和可组合的组件。NgContent 指令的格式为 <ng-content></ng-content> 。我们可以将 <ng-content> 理解为动态内容的占位符，在解析模板时，Angular 将其替换为动态内容。在 Angular 中，这一操作被称为“内容投影”，意思是将内容从父组件投影到子组件中，子组件中包含 NgContent 指令。

NgContent 指令类似于插值表达式，二者的不同之处在于插值表达式中的值来自组件类，而 NgContent 指令的值来自组件的执行上下文。

假设要在 Web 应用程序中创建一个可重复使用的按钮，让我们先看一些代码，组件类大概是下面这样的。

```
import { Component } from '@angular/core';

@Component({
selector: 'app-add-button',
template: `
  <button (click)='add()' >
    添加物资
   </button>
`,
styles: []
})
export class AddButtonComponent{

add(){
```

```
  alert('add-button');
}

}
```

上述组件类中有一个通用的添加按钮，单击该按钮即可触发事件。这里主要关注的是按钮的文本。文本“添加物资”在模板中是硬编码的，如果我们想换一个别的按钮文本，如“添加人员”，该怎么办呢？我们可以将该文本替换为插值表达式。

```
import { Component } from '@angular/core';

@Component({
selector: 'app-add-button',
template: `
  <button (click)='add()' >
    {{buttonText}}
  </button>
`,
styles: []
})
export class AddButtonComponent {

buttonText: string = '添加人员'

add() {
  alert('add-button');
}

}
```

更进一步，我们可以将 buttonText 设置为 @Input() 装饰器声明的类属性，这样它可以接收父组件传入的值。

```
import { Component, Input } from '@angular/core';

@Component({
selector: 'app-add-button',
template: `
  <button (click)='add()' >
     {{buttonText}}
  </button>
`,
styles: []
})
export class AddButtonComponent {

@Input() buttonText: string = '添加人员'

add() {
  alert('add-button');
}
```

```
}
```

然后在父组件中调用 app-add-button 组件。

```
<app-add-button [buttonText]="'添加明细'" ></app-add-button>
```

这时，页面上的按钮文本已经变更成了父组件传入的文本“添加明细”。
上面介绍的方法是可行的，下面换成使用 NgContent 指令实现此功能。

8.2.4 [示例 directive-ex400] 使用 NgContent 指令创建可重用添加按钮组件

（1）用 Angular CLI 构建 Web 应用程序，具体命令如下。

```
ng new directive-ex400 --minimal --interactive=false
```

（2）在 Web 应用程序根目录下启动服务，具体命令如下。

```
ng serve
```

（3）查看 Web 应用程序的结果。打开浏览器并浏览“http://localhost:4200”，应该看到文本“Welcome to directive-ex400!”。
（4）新增子组件，具体命令如下。

```
ng g c add-button
```

（5）编辑子组件。编辑文件 src/app/add-button/add-button.component.ts，并将其更改为以下内容。

```
import { Component, Input } from '@angular/core';

@Component({
selector: 'app-add-button',
template: `
   <button (click)='add()'>
     <ng-content></ng-content>
   </button>
`,
styles: []
})
export class AddButtonComponent {

add() {
   alert('add-button');
}

}
```

（6）编辑父组件。编辑文件 src/app/app.component.ts，并将其更改为以下内容。

```
import { Component } from '@angular/core';

@Component({
selector: 'app-root',
template: `
  <app-add-button>
     添加明细
  </app-add-button>
`,
styles: []
})
export class AppComponent {
}
```

（7）观察 Web 应用程序页面，页面显示了一个“添加明细”按钮。

示例 directive-ex400 完成了以下内容。

（1）在子组件中定义了一个按钮，同时绑定了一个单击事件，并通过 <ng-content> 标签预留了一个占位符，用它来显示按钮文本。

（2）父组件向标签 <app-add-button> 传入文本内容，子组件接收到文本内容，用其替换 <ng-content> 中的占位符。

通过上述示例我们可以看出，NgContent 指令在创建可重用的组件时内容简化了不少。它避免了先前示例中使用的大量额外设置，没有要绑定的输入属性，组件中也没有硬编码的值，只需设置原始模板，然后类似 HTML 标签，在实际需要时嵌入要显示的文本即可。

动态文本只是应用 NgContent 指令的冰山一角，我们可以在组件内放入许多不同的东西，包括 HTML 标签甚至其他组件。

8.2.5 在 @ContentChildren() 装饰器中使用 NgContent 指令

@ContentChild() 装饰器和 @ContentChildren() 装饰器很像，类似 @ViewChild() 装饰器和 @ViewChildren() 装饰器（参照本书第 7 章）。之所以要将 @ContentChild() 装饰器和 @ContentChildren() 装饰器放在本章讲解，是因为它们依赖 NgContent 指令；更准确地说，必须要等到读者了解了 NgContent 指令的知识后，我们才能继续讲解 @ContentChild() 装饰器和 @ContentChildren() 装饰器的知识。

首先进行简单的介绍。@ContentChildren() 装饰器与内容子节点有关，它用于操作投影进来的内容。@ContentChildren() 装饰器与 @ViewChild() 装饰器的区别是，@ViewChild() 装饰器是与模板视图本身的子节点有关的，它用于操作模板自身的视图内容。

@ContentChild() 和 @ContentChildren() 都是参数装饰器，分别用于从内容 DOM 中获取子元素或指令的查询对象（Query）和查询列表对象（QueryList）。每当添加或删除子元素 / 组件时，Query 或 QueryList 都会更新。 子元素或指令的查询在组件的生命周期 AfterContentInit 开始时完成，因此在 ngAfterContentInit() 方法中，就能正确获取查询的元素。

下面让我们看一个利用 @ContentChildren() 装饰器查询子组件列表的示例。

8.2.6 [示例 directive-ex500] 使用 @ContentChildren() 装饰器查询子组件列表

（1）用 Angular CLI 构建 Web 应用程序，具体命令如下。

```
ng new directive-ex500 --minimal --interactive=false
```

（2）在 Web 应用程序根目录下启动服务，具体命令如下。

```
ng serve
```

（3）查看 Web 应用程序的结果。打开浏览器并浏览“http://localhost:4200”，应该看到文本“Welcome to directive-ex500!”。

（4）新增子组件和父组件，具体命令如下。

```
ng g c tab
ng g c tab-list
```

（5）编辑子组件。编辑文件 src/app/tab/tab.component.ts，并将其更改为以下内容。

```
import { Component, OnInit, Input } from '@angular/core';

@Component({
selector: 'app-tab',
template: `
  <h4>{{ tab.title }}</h4>
  <p>{{ tab.content }}</p>
`,
styles: []
})
export class TabComponent {

constructor() { }
@Input() tab: TabInterFace; // 输入属性

printTitle() { // 输出title属性
  console.log(this.tab.title);
}
}
// 定义一个Tab接口
interface TabInterFace {
  title: string;
  content: string;
}
```

（6）编辑父组件。编辑文件 src/app/tab-list/tab-list.component.ts，并将其更改为以下内容。

```
import { Component, AfterContentInit, ContentChildren, QueryList } from '@angular/
core';
import { TabComponent } from '../tab/tab.component';
```

```
@Component({
selector: 'app-tab-list',
template: `
  <p>
    <ng-content></ng-content>
  </p>
`,
styles: []
})
export class TabListComponent implements AfterContentInit {

constructor() { }

// 使用@ContentChildren()装饰器获取包含子组件TabComponent的列表的QueryList
@ContentChildren(TabComponent) tabList: QueryList<TabComponent>;

ngAfterConten tInit() {
  this.tabList.toArray()[0].printTitle(); // 调用列表的第一个子组件的printTitle()方法
}

}
```

（7）编辑组件。编辑文件 src/app/app.component.ts，并将其更改为以下内容。

```
import { Component, OnInit } from '@angular/core';

@Component({
selector: 'app-root',
template: `
  <app-tab-list>
     <app-tab *ngFor="let tab of tabs" [tab]="tab"></app-tab>
  </app-tab-list>
`,
styles: []
})
export class AppComponent implements OnInit {
tabs = [];
ngOnInit() {
  this.tabs = [
     { title: "First Tab title", content: "First Tab content" },
     { title: "Second Tab title", content: "Second Tab content" },
     { title: "Third Tab title", content: "Third Tab content" }
  ];
}
}
```

（8）观察 Web 应用程序页面，显示效果如图 8-4 所示。

示例 directive-ex500 完成了以下内容。

（1）创建子组件 TabComponent，TabComponent 中有一个输入属性和一个输出选项卡对象的 title 属性的方法。

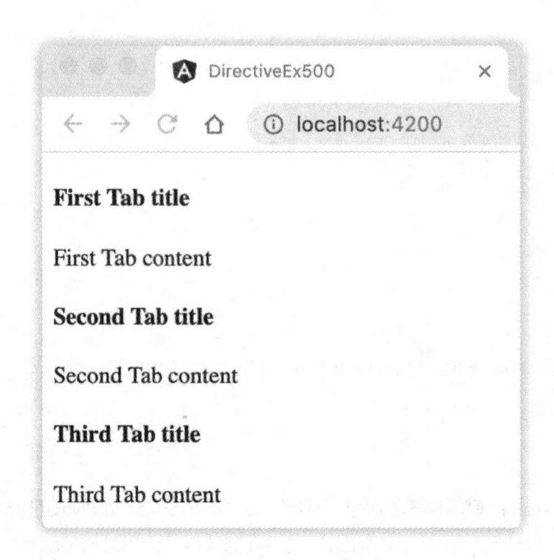

图 8-4 页面显示效果

（2）创建父组件 TabListComponent，其模板视图中使用 NgContent 指令，用来显示父组件投影进来的内容。

（3）父组件 TabListComponent 使用 @ContentChildren() 装饰器获取包含子组件 TabComponent 的列表的 QueryList，该列表存储在组件类的 tabList 变量中。

（4）父组件 TabListComponent 实现 AfterContentInit 生命周期接口，在接口的回调方法中获取到子组件 TabComponent 的 QueryList，接着获取到列表的第一个元素（子组件 TabComponent 对象），最后调用该元素的 printTitle() 方法。

8.3 创建指令

指令和组件都是 Angular 对象，它们都对应于模板视图中的元素，并且可以修改生成的视图界面。

指令和组件一样，都有对应的 Angular 类，类都有构造函数。指令类用 @Directive() 装饰器声明。@Directive() 装饰器和 @Component() 装饰器类似，它接收的也是一个元数据。表 8-2 列出了 @Directive() 装饰器的常见元数据配置选项。

表 8-2 @Directive() 装饰器的常见元数据配置选项

元数据配置选项	说明
selector	对应的是 HTML 标签的属性名称，名称格式如 [appSizer]
inputs	列举指令的一组可供数据绑定的输入属性
outputs	列举指令的一组可供事件绑定的输出属性
host	使用一组键 / 值对，把类的属性映射到宿主元素的绑定属性和事件

但是，指令和组件并不完全相同：如组件需要视图，而指令不需要；指令没有模板，指令将行为添加到现有 DOM 元素上。

创建指令的方法与创建组件类似，主要命令如下。

```
ng generate directive 指令名称 # 简写：ng g d 指令名称
```

如前所述，指令是 DOM 元素（如属性）上的标记，它告诉 Angular 将指定的行为附加到现有 DOM 元素。这意味着我们需要一种方法来访问应用该指令的 DOM 元素，以及修改 DOM 元素的方法。Angular 为我们提供了两个非常有用的对象：ElementRef 对象和 Renderer2 对象。

- ElementRef 对象：可以通过 ElementRef 对象的 nativeElement 属性直接访问应用该指令的 DOM 元素。
- Renderer2 对象：Renderer2 对象可实现自定义渲染器，它提供了许多辅助方法，如可以通过该对象修改 DOM 元素的样式。

我们可以将两者通过构造函数注入指令类中，并使每个 DOM 元素成为私有实例变量，代码如下。

```
constructor(private element: ElementRef, private renderer: Renderer2) { }
```

8.3.1 在指令中访问 DOM 属性

如表 8-2 所示，在 @Directive() 装饰器的元数据配置选项的 host 中提到了宿主元素，那么什么是宿主元素呢？

宿主元素的概念仅是针对组件和属性型指令来讲的。对组件来说，组件的宿主元素对应的是组件在 HTML 中的标签元素。对属性型指令来说，如果将属性型指令放置在模板 HTML 中的某个元素上，那么该元素将成为该属性型指令的宿主元素。下面是应用 UserDetailComponent 组件的 HTML 中的标签代码。

```
<user-detail log></user-detail>
```

<user-detail> 标签是组件 UserDetailComponent 对应的 HTML 中的标签，对 UserDetailComponent 组件来说，<user-detail> 标签元素就是该组件的宿主元素。对 log 指令来说，log 指令放置在 <user-detail> 标签元素中，那么 <user-detail> 标签元素就是 log 指令的宿主元素。

如表 8-2 所示，@Directive() 装饰器中的 inputs 元数据配置选项的值声明了指令的输入属性，装饰器通过 inputs 元数据配置选项将指令的输入属性与指令类的同名属性进行绑定。下面我们通过示例演示使用自定义指令更改按钮大小的方法，并创建一个简单的自定义指令访问宿主元素的 DOM 属性，用于更改 HTML 元素的样式。

8.3.2 [示例 directive-ex600] 使用自定义指令更改按钮大小

（1）用 Angular CLI 构建 Web 应用程序，具体命令如下。

```
ng new directive-ex600 --minimal --interactive=false
```

（2）在 Web 应用程序根目录下启动服务，具体命令如下。

```
ng serve
```

（3）查看 Web 应用程序的结果。打开浏览器并浏览“http://localhost:4200”，应该看到文本

"Welcome to directive-ex600!"。

（4）创建指令，具体命令如下。

```
ng g d log
```

该命令执行后，在当前目录下将生成 log.directive.ts 文件。

（5）编辑指令类。编辑文件 src/app/log.directive.ts，并将其更改为以下内容。

```
import { Directive, OnInit, ElementRef, Renderer2 } from '@angular/core';

@Directive({
selector: '[log]', // HTML标签的属性名称
inputs : ['size'] // 绑定指令的输入属性
})
export class LogDirective implements OnInit {

constructor(private element: ElementRef, private renderer: Renderer2) { }

size: string; // 与元数据中的输入属性对应

ngOnInit() {
  this.renderer.setStyle(this.element.nativeElement, 'font-size', this.size);
}

}
```

（6）编辑组件。编辑文件 src/app/app.component.ts，并将其更改为以下内容。

```
import { Component } from '@angular/core';

@Component({
selector: 'app-root',
template: `
  <button log size=18px>click me</button>
`,
styles: []
})
export class AppComponent {
title = 'directive-ex600';
}
```

（7）观察 Web 应用程序页面，显示效果如图 8-5 所示。

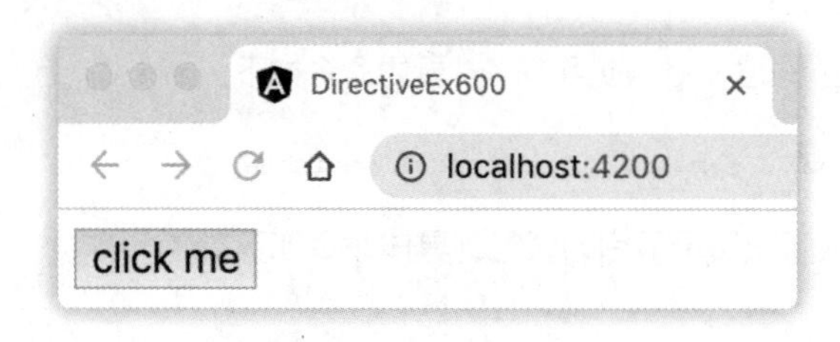

图 8-5 页面显示效果

示例 directive-ex600 完成了以下内容。

（1）在父组件模板中，log 指令被应用到 <button> 标签元素的属性上，因此 log 指令的宿主元素就是 <button> 标签元素。

（2）创建了一个 log 指令，@Directive() 装饰器声明指令类，装饰器的元数据接收了一个 selector 属性，它的值（注意它的格式）被作为宿主元素的属性名，因此 log 指令属于属性型指令。元数据中还包括 inputs，它的值声明了指令的输入属性，装饰器通过 inputs 元数据将指令的输入属性与指令类的同名属性进行绑定。

（3）指令类通过构造函数将 ElementRef 对象和 Renderer2 对象注入指令类中，并使每个 DOM 元素成为私有实例变量。

（4）指令类实现 OnInit 生命周期接口，在 ngOnInit() 回调方法中调用 Renderer2 对象的 setStyle() 方法，并修改宿主元素的样式。这里是将该宿主元素的字体大小设置为 size 值的大小，ElementRef 对象的 nativeElement 属性用来获取宿主元素的对象。

（5）指令类中的 size 属性其实是一个输入型属性，与宿主元素中的 size 属性绑定，用于接收按钮字体的大小值。如果在 @Directive() 装饰器中省略 inputs 元数据，那么指令类中的 size 属性需要用 @Input() 装饰器进行声明。

```
@Directive({
selector: '[log]', // HTML标签的属性名称
})
export class LogDirective implements OnInit {

@Input() size: string; // 定义输入型属性，对应宿主元素中的size属性

// …
```

8.3.3 在指令中监听事件

我们已经知道了事件绑定的主要目的是监听组件模板中元素的事件。那么，现在如何在指令中监听事件呢？这正是本小节将要介绍的内容。

我们已经学习了如何访问宿主元素的 DOM 属性，@Directive() 装饰器中的 inputs 元数据用于绑定属性，它还有一个 host 元数据，用于绑定事件。下面我们通过示例演示如何在指令中监听事件。

8.3.4 [示例 directive-ex700] 在指令中监听事件

（1）用 Angular CLI 构建 Web 应用程序，具体命令如下。

```
ng new directive-ex700 --minimal --interactive=false
```

（2）在 Web 应用程序根目录下启动服务，具体命令如下。

```
ng serve
```

（3）查看 Web 应用程序的结果。打开浏览器并浏览“http://localhost:4200”，应该看到文本

"Welcome to directive-ex700!"。

（4）创建指令，具体命令如下。

```
ng g d log
```

该命令执行后，在当前目录下将生成 log.directive.ts 文件。

（5）编辑指令类。编辑文件 src/app/log.directive.ts，并将其更改为以下内容。

```
import { Directive, ElementRef, Renderer2 } from '@angular/core';

@Directive({
selector: '[log]',
host: { // 绑定事件
  '(click)': 'onClick($event)'
}
})
export class LogDirective {

constructor(private elementRef: ElementRef, private renderer: Renderer2) { }
count: number = 0

onClick(event: Event) {
  console.log('click', event); // 控制台输出event模板变量信息
  this.count += 1
  console.log('counts', this.count) // 控制台输出count值

  const textContent = 'click me '
  this.renderer.setProperty(this.elementRef.nativeElement,
    'textContent', textContent + this.count.toString()); // 设置按钮的文本值
  this.renderer.setStyle(this.elementRef.nativeElement,
    'background-color', 'yellow'); // 设置按钮的背景颜色
}
}
```

（6）编辑组件。编辑文件 src/app/app.component.ts，并将其更改为以下内容。

```
import { Component } from '@angular/core';

@Component({
  selector: 'app-root',
template: `
  <button log>click me</button>
`,
styles: []
})
export class AppComponent {
  title = 'directive-ex700';
}
```

（7）观察 Web 应用程序页面，进入开发者模式，同时查看控制台中输出的日志信息。

示例 directive-ex700 完成了以下内容。

（1）创建了一个名为 log 的指令类，@Directive() 装饰器中的 host 元数据是用来监听宿主元素对象的，host 元数据接收一组键 / 值对数据。当 Key 为属性时，对应的是宿主元素的 DOM 属性，Value 对应的是具体的 DOM 属性的值；当 Key 为事件名时，对应的就是监听宿主元素上的 DOM 事件，Value 对应的是处理的方法。@Directive() 装饰器通过 host 元数据将指令的触发事件与指令类中的方法进行绑定。

（2）log 指令类通过构造函数将 ElementRef 对象和 Renderer2 对象注入指令类中，并使每个 DOM 元素成为私有实例变量。

（3）在根组件模板中，<button> 标签元素中使用了 log 指令。这时，<button> 标签元素就是 log 指令的宿主元素，当用户单击宿主元素（按钮）时，指令监听到对应的事件，触发处理方法，在控制台中输出累加计数的信息，并修改按钮上的显示文本和背景颜色。

8.3.5 在指令中使用 @HostBinding() 装饰器绑定 DOM 属性

前面介绍了如何使用 ElementRef 对象的 nativeElement 属性来访问宿主元素，以及如何使用 Renderer2 对象操作其 DOM 属性。这么做需要额外注入底层的 ElementRef 对象和 Renderer2 对象。其实，Angular 提供了一种简单的绑定 DOM 属性的实现方式，我们可以使用 @HostBinding() 装饰器绑定宿主元素上的 DOM 属性，从而处理 DOM 属性的值。

@HostBinding() 装饰器仅接收一个元数据属性，格式如下。

```
@HostBinding('hostPropertyName')
```

上述代码中的 hostPropertyName 表示绑定到宿主元素上的 DOM 属性；该代码在示例 directive-ex600 的基础上，改为使用 @HostBinding() 装饰器。

8.3.6 [示例 directive-ex800] 在指令中使用 @HostBinding() 装饰器绑定 DOM 属性

（1）用 Angular CLI 构建 Web 应用程序，具体命令如下。

```
ng new directive-ex800 --minimal --interactive=false
```

（2）在 Web 应用程序根目录下启动服务，具体命令如下。

```
ng serve
```

（3）查看 Web 应用程序的结果。打开浏览器并浏览“http://localhost:4200”，应该看到文本“Welcome to directive-ex800!”。

（4）创建指令，具体命令如下。

```
ng g d log
```

（5）编辑指令类。编辑文件 src/app/log.directive.ts，并将其更改为以下内容。

```
import { Directive, HostBinding, OnInit } from '@angular/core';
```

```
@Directive({
selector: '[log]', // HTML标签的属性名称
inputs: ['size'] // 绑定指令的输入属性
})
export class LogDirective implements OnInit {

size: string; // 与元数据中的输入属性对应

@HostBinding('style.font-size')  // 绑定宿主元素的字体样式属性
fontSize: string;

@HostBinding('style.background-color')  // 绑定宿主元素的背景样式属性
backgroundColor: string;

ngOnInit() {
  console.log('绑定指令的输入属性 ' + this.size);
  this.fontSize = this.size;  // 将字体大小更新为size的值
  this.backgroundColor = 'yellow'; // 将背景颜色更新为黄色
}

}
```

（6）观察 Web 应用程序页面，发现页面的显示效果与示例 directive-ex600 相同。

示例 directive-ex800 完成了以下内容。

（1）log 指令类使用 @HostBinding() 装饰器绑定宿主元素的字体样式属性。

（2）@HostBinding() 装饰器声明的类属性名可以任意命名。换句话说，@HostBinding() 装饰器通过类属性名将元数据的信息与类属性的值进行绑定，这时类属性名仅充当了桥梁的作用，因此类属性名可以任意命名，即上面的示例中的 fontSize 和 backgroundColor 类属性名可以任意命名。

8.3.7 在指令中使用 @HostListener() 装饰器监听 DOM 事件

同样，Angular 也提供了一种简单的绑定事件的实现方式：使用 @HostListener() 装饰器绑定宿主元素上的事件。

@HostListener() 装饰器接收两个元数据属性，格式如下。

```
@HostListener('eventName', ['$event'])
```

第一个元数据属性 eventName 是要监听的事件名；第二个元数据属性是选项参数，它是当该事件发生时传给组件类方法的一组选项参数（如果有多个参数，参数间以逗号分隔）。下面让我们看一个使用 @HostListener() 装饰器监听指令中的 DOM 事件的示例。

8.3.8 [示例 directive-ex900] 监听单击事件并实现当点击时增加计数

（1）用 Angular CLI 构建 Web 应用程序，具体命令如下。

```
ng new directive-ex900 --minimal --interactive=false
```

（2）在 Web 应用程序根目录下启动服务，具体命令如下。

```
ng serve
```

（3）查看 Web 应用程序的结果。打开浏览器并浏览“http://localhost:4200”，应该看到文本“Welcome to directive-ex900!”。

（4）创建指令，具体命令如下。

```
ng g d log
```

（5）编辑指令类。编辑文件 src/app/log.directive.ts，并将其更改为以下内容。

```
import { Directive, HostBinding, HostListener } from '@angular/core';

@Directive({
  selector: '[log]'
})
export class LogDirective {

constructor() { }
count: number = 0

@HostBinding('textContent')  // 绑定宿主元素的文本属性
textContent: string = 'click me';

@HostListener('click', ['$event']) // 监听宿主元素的单击事件
onClick(event: Event) {
  console.log('click', event);
  this.count += 1
  console.log('counts', this.count)
  this.textContent = 'click me ' + this.count // 更新宿主元素上的文本内容
}
}
```

（6）编辑组件。编辑文件 src/app/app.component.ts，并将其更改为以下内容。

```
import { Component } from '@angular/core';

@Component({
  selector: 'app-root',
template: `
  <button log>click me</button>
`,
styles: []
})
export class AppComponent {
  title = 'directive-ex900';
}
```

（7）观察 Web 应用程序页面，进入开发者模式，查看控制台显示的日志信息。示例

directive-ex900 完成了以下内容。

（1）创建了一个 log 指令，使用 @HostListener() 装饰器监听宿主元素上的单击事件。

（2）在组件模板中，在 <button> 中使用 log 指令，这时，button 就是 log 指令的宿主元素，当用户单击宿主元素（按钮）时，控制台显示累加计数的信息。

（3）组件类中的 @HostListener() 装饰器声明 onClick() 方法，该装饰器接收了两个元数据属性：第一个元数据属性是监听的单击事件名；第二个选项参数是 Angular 提供的一个模板变量，它将当前宿主元素上的 DOM 事件对象传递给 onClick() 方法。

8.4 小结

本章分别介绍了 Angular 结构型指令和 Angular 属性型指令；在介绍 NgContent 指令之后，介绍了 @ContentChild() 装饰器和 @ContentChildren() 装饰器；最后介绍了创建自定义指令的相关知识。

第 9 章 Angular 模块

模块是包含一个或多个功能的软件组件或程序的一部分。一个或多个独立开发的模块组成一个完整的 Web 应用程序。企业级软件可能包含几个不同的模块，并且每个模块都提供唯一且独立的业务操作。模块之间没有父子关系，只能相互之间引用。模块是组织 Web 应用程序和使用外部程序库的最佳途径之一。

9.1 什么是 Angular 模块

由 Angular 开发的 Web 应用程序是模块化的，它拥有自己的模块化系统，称作 NgModule 类。一个 NgModule 类就是一个容器，用于存放一些内聚的代码块，这些代码块专注于某个应用领域、某个工作流或一组紧密相关的功能。它可以包含一些组件、服务或其他代码文件，其作用域由包含它们的 NgModule 类定义。它还可以导入其他一些模块中的功能，并导出一些指定的功能供其他 NgModule 类使用。

Angular 模块系统是将代码捆绑成可重用模块，Angular 系统代码本身使用此模块系统进行模块化。许多第三方软件为 Angular 模块提供了额外的功能，用户可以轻松地将这些模块包含在 Web 应用程序中。

Angular 模块是带有 @NgModule() 装饰器声明的类，Angular 模块的主要作用是管理指令、管道、组件。

9.1.1 Angular 根模块

每个由 Angular 开发的 Web 应用程序都至少有一个 NgModule 类，也就是根模块，默认命名为 AppModule，它位于一个名叫 app.module.ts 的文件中。引导这个根模块就可以启动由 Angular 开发的 Web 应用程序。

由 Angular 开发的 Web 应用程序是通过引导根模块 AppModule 来启动的，引导过程还会创建 bootstrap 数组中列出的组件，并把它们逐个插入浏览器的 DOM 中。每个被引导的组件都是它自己的组件树的根组件。插入一个被引导的组件通常会触发一系列组件的创建并形成组件树。虽然也可以在主页面中放置多个组件，但是大多数 Web 应用程序只有一个组件树，并且只从一个根组件开始引导。这个根组件默认为 AppComponent，并且位于根模块的 bootstrap 数组中。

NgModule 类是一个带有 @NgModule() 装饰器的类，也称为 Angular 模块。NgModule 类把组件、指令和管道打包成内聚的功能块，每个功能块聚焦于一个特定区域、业务领域、工作流或通用工具。模块还可以把服务加到 Web 应用程序中。这些服务可能是内部开发的（如用户自己写的），或者来自外部（如 Angular 的路由和 HTTP 客户端）。

@NgModule() 装饰器是一个函数，它接收一个元数据对象，该元数据对象的属性用来描述模块，其中最重要的属性如下。

- declarations 属性：属于该模块的组件、指令或管道被定义在这个属性中，属性列表中的内容一般都是用户自己创建的。
- exports 属性：导出某些类，以便其他的模块可以使用它们。
- imports 属性：导入其他模块，导入的模块都是使用 @NgModule() 装饰器声明的，如 Angular 内置模块 BrowserModule 或第三方的 NgModule 类。
- providers 属性：把提供 Web 应用程序级服务的提供商（Provider）定义在这个属性中，提供商负责创建对应的服务，以便 Web 应用程序中的任何组件都能使用它。
- bootstrap 属性：Web 应用程序的主视图，称为根组件。只有根模块才应该设置 bootstrap 属性。

下面对第 8 章示例 directive-ex600 中的 AppModule 根模块（对应文件 src/app/app.module.ts）代码加以修改，对照上面的描述来理解这些元数据对象的属性。

```
import { BrowserModule } from '@angular/platform-browser';
import { NgModule } from '@angular/core';

import { AppComponent } from './app.component';
import { SizerDirective } from './sizer.directive'; // 使用Angular CLI命令添加指令时，自动导入

@NgModule({
declarations: [
  AppComponent,
  SizerDirective // 使用Angular CLI命令添加指令时，自动添加
],
imports: [
  BrowserModule
],
providers: [],
bootstrap: [AppComponent]
})
export class AppModule { }
```

修改后的示例 directive-ex600 中的 AppModule 根模块完成了以下内容。

- @NgModule() 装饰器声明在 AppModule 根模块上，它接收一个元数据对象。
- declarations 属性包含了 AppComponent 类（根组件类）和 SizerDirective 类（用户自定义创建的指令类）。
- imports 属性中包含了 Angular 的内置模块 BrowserModule，该模块也是一个 NgModule 类。

- AppModule 是根模块，同时也是启动模块，因此 bootstrap 属性中包含的是启动根组件 AppComponent 类。

AppModule 根模块是初始化时自动生成的，其中 @NgModule() 装饰器包含的元数据对象属性是在使用 Angular CLI 命令时，Angular 自动将其放入对应的属性列表中的，如使用 Angular CLI 命令（ ng g d sizer ）添加指令时，它会自动导入指令并将其添加到 declarations 属性列表中。

9.1.2 Angular 特性模块

Angular 中除了根模块外，其他模块从技术角度来说都是特性模块。特性模块是用来对代码进行组织的模块。随着 Web 应用程序功能数量的增长，我们可能需要组织与特定 Web 应用程序有关的代码，这需要在不同特性之间划出清晰的边界。使用特性模块，可以把与特定的功能或特性有关的代码从其他代码中分离出来，为 Web 应用程序勾勒出清晰的边界，这有助于开发者之间、团队之间的协作，有助于分离各个指令，并帮助开发者管理根模块的大小。

特性模块提供了聚焦于特定 Web 应用程序需求的一组功能，如用户工作流、路由或表单等。虽然用户也可以用根模块实现所有功能，但是特性模块可以把 Web 应用程序划分成一些聚焦的功能区。特性模块通过它提供的服务、共享的组件、指令、管道来与根模块和其他模块合作。

特性模块具有以下特征。

- 与根模块一样，特性模块必须在 declarations 属性列表中声明所需的所有组件、指令和管道。
- 特性模块不需要导入 BrowserModule 内置模块，一般导入 CommonModule，该模块包含 Angular 的通用指令，如 ngIf、ngFor、ngClass 等。
- 特性模块也不需要配置 bootstrap 属性。

根模块是初始化时自动生成的，特性模块可以使用如下命令创建。

```
ng g module name # 创建特性模块
ng g module name --routing # 创建带路由的特性模块
```

提示 关于路由的知识，本书第 10 章将会进行详细介绍。

9.2 常用内置模块

上一节我们介绍了 @NgModule() 装饰器中的 imports 属性，该属性里面包含了 Browser-Module 内置模块，它是 Angular 的内置模块。表 9-1 列举了一些常用的 Angular 内置模块。

表 9-1 常用的 Angular 内置模块

内置模块	导入包的路径	内置模块介绍
BrowserModule	@angular/platform-browser	默认导入，这是在浏览器中运行该 Web 应用程序所必需的
CommonModule	@angular/common	包含内置指令，如 NgIf 和 NgFor 等
FormsModule	@angular/forms	当要构建模板驱动表单时采用它包含 NgModel ）
ReactiveFormsModule	@angular/forms	当要构建响应式表单时采用

续表

内置模块	导入包的路径	内置模块介绍
RouterModule	@angular/router	要使用路由功能，并且要用到 RouterLink 对象的 forRoot() 方法和 forChild() 方法
HttpClientModule	@angular/common/http	当需要访问 HTTP 服务时采用

无论是根模块还是特性模块，其实都可以引用这些内置模块。换句话说，表 9-1 所示的内置模块，根据需要都可以导入 @NgModule() 装饰器的 imports 属性中。

9.3 Angular 模块业务分类

如前所述，从技术角度来说，Angular模块中除了根模块外，就是特性模块。从用户角度来说，根模块是系统默认生成的，而特性模块是由用户在开发过程中逐个增加的。随着 Web 应用程序功能数量的增长，我们可以将根模块重构为代表相关功能集合的特性模块，然后将这些特性模块导入根模块中。

在实际开发过程中，我们常常遇到这样的问题。

刚开始起步时，Web 应用程序功能单一，代码简单，默认使用一个根模块是可行的。随着功能数量的增长，用户创建的组件、指令和管道越来越多，由于它们必须要被导入根模块中，因此根模块会越来越大，代码开始变得混乱，难以阅读。这时，用户必然想到创建一些特性模块。随着特性模块的增多，出现了不同的功能之间没有明确的界限的问题，这不仅让人难以理解 Web 应用程序的结构，而且让团队划分不同的责任变得更加困难。代码的冗余、功能的重复、组件的命名冲突等这些问题的存在，使得 Web 应用程序越来越难以维护。

一般解决上述问题的策略是，不仅从技术角度将 Angular 模块分类，还需要从业务角度对 Angular 模块进一步分类。这里引出了常规业务角度的分类原则：Angular 模块从业务上可以分为根模块（AppModule）、核心模块（CoreModule）、共享模块（SharedModule）和其他特性模块。

9.3.1 理解核心模块

核心模块的定位是应该仅包含服务，并且仅被根模块 AppModule 导入。从技术角度分析核心模块，它遵循下面的准则。

- 核心模块中包含使用 Web 应用程序启动时加载的单例服务（全局中仅存在一个实例的服务）。
- 核心模块是仅在根模块 AppModule 中导入一次，而在其他模块中不再导入的模块。
- 核心模块的 @NgModule() 装饰器中的 declarations 属性列表和 exports 属性列表均保持为空。

关于 Angular 中的单例服务是这么定义的：把该服务包含在根模块 AppModule 或某个只会被根模块 AppModule 导入的模块中。而核心模块的定义就是仅被根模块 AppModule 导入，因此在核心模块中定义的服务就是单例服务。

在开发实践中，有些全局性的类服务也需要放置在核心模块中。如有一个用户模块（User-Module），其中包含注册服务（SignUpService）、登录服务（SignInService）、认证服务（SocialAuthService）和查询个人信息服务（UserProfileService）之类的服务。如果在核心模块中导入UserModule，那么UserModule的所有服务都将在整个Web应用程序范围内可用。根据上面的准则，UserModule不应该具有声明（declarations）或导出（exports），而应该只有服务提供者（providers）。

综上所述，核心模块又可以称为核心服务模块。

9.3.2 防止重复导入核心模块

只有根模块AppModule才能导入核心模块。如果一个其他特性模块也导入了它，该Web应用程序就会为服务生成多个实例。要想防止其他特性模块重复导入核心模块，可以在该核心模块中添加如下函数。

```
constructor (@Optional() @SkipSelf() parentModule: CoreModule) {
  if (parentModule) {
    throw new Error(
      'CoreModule已加载过了，它仅可以被导入AppModule');
  }
}
```

上述代码中的CoreModule可替换为具体的核心模块。该构造函数要求Angular把核心模块注入它自己。如果Angular在当前注入器（Injector）中查找核心模块，这次注入就会导致死循环。@SkipSelf()装饰器的意思是，在注入器树中层次高于自己的注入器中查找核心模块。

正常情况下，该核心模块是第一次被导入根模块AppModule中并加载，找不到任何已经注册过的核心模块实例。默认情况下，当注入器找不到服务时，会抛出一个错误。但@Optional()装饰器表示找不到服务也无所谓。于是注入器会返回null，parentModule参数也就被赋成了空值，构造函数中的if()方法就不会执行。如果在根模块AppModule中找到了实例，那么parentModule参数为true，接着就会抛出一个错误信息。

9.3.3 理解共享模块

创建共享模块的目的是更好地组织和梳理代码。用户可以把常用的指令、管道和组件放进共享模块中，然后在Web应用程序中其他需要这些的地方导入共享模块。从技术角度分析，共享模块遵循下面的准则。

- 把在Web应用程序中各处重复使用的组件、指令和管道集中放进一个共享模块。此共享模块应完全由声明组成，并且其中大多数被重新导出，以供其他模块共享。
- 共享模块可能会重新导出Widget小部件（可以理解为简单的组件、指令和管道的组合），如CommonModule、FormsModule和其他的UI模块。
- 共享模块不应该具有providers。它的任何导入或再导出模块都不应具有providers。
- 共享模块仅被需要的特性模块导入，包括在Web应用程序启动时加载的模块和以后加载的模块。

如有一个UIModule模块，其中包含ButtonComponent组件、NavComponent组件、

SlideshowComponent 组件、HighlightLinkDirective 指令和 CtaPipe 管道。根据上面的准则，UIModule 模块中包含的组件、指令和管道需要再次导出，然后在需要使用它的特性模块中导入 UIModule 模块，就可以使用其中的一个或者全部 的 Widget 小部件。

简单地说，共享模块里仅包含 Widget 小部件，在被特性模块导入后，可以直接在特性模块中使用这些 Widget 小部件。

9.4 如何正确地分割模块

模块化的关键问题是如何分割模块和如何设计系统的模块结构。为简单起见，这里采用的核心模块是 Service 模块，而共享模块是 Widget 模块。核心模块只在根模块 AppModule 中导入一次，共享模块在需要它的所有特性模块中导入。

在实际开发过程中，经常有用户对核心模块和共享模块的名字产生困惑，他们经常会认为 Web 应用程序的所有核心内容（如用户信息、页面导航栏、Header、页脚等）都应该位于核心模块，而跨多个特性模块且共享的所有服务都将位于共享模块。这实际上是不对的，并且会产生误导，因为所有服务都是“天生”在所有模块之间共享的，并且共享模块中不应包含任何服务。虽然页面导航栏的功能是 Web 应用程序的核心部分，但是在核心模块中确实不应包含任何组件。我们只需记住在 Angular 中服务是通过依赖注入的方式共享的，共享模块中不应包含任何服务。

在实践过程中，准则有时候并不是万能的。在分割模块时，如果没有充分的理由“打破”上面的准则，那么无论如何都建议读者遵循上面的准则。

9.5 小结

本章涵盖了 Angular 模块的相关知识，从根模块到特性模块，然后从实践的角度阐述了核心模块和共享模块的区别，最后总结了正确地分割模块的准则。其实关于模块还有几个重要内容，如什么是延迟加载模块、为什么需要延迟加载模块等，这些内容需要我们了解了路由知识后，才能更好地理解。

第 3 篇
应用篇

本篇定位为应用篇，内容包括 Angular 路由功能、服务和依赖注入、RxJS 响应式编程基础、表单、HttpClient 模块以及管道知识。读者在学完这些基础知识后，应该可以快速地自己开发一个小型 Web 应用程序了。

第 10 章 Angular 路由功能

Angular 路由（Router）使开发者可以构建具有多个视图的单页应用程序，并允许用户在这些视图之间导航。Angular 路由的主要功能有处理 Web 应用程序导航、加强路由防护以及促进模块的延迟加载等。对大多数 Web 应用程序来说 Angular 路由都是必不可少的。

接下来，我们详细介绍 Angular 路由的基本概念。

10.1 Angular 路由简介

Angular 的路由服务是一个可选的服务，它用来呈现指定的 URL 所对应的视图。它并不是 Angular 核心库的一部分，而是位于 @angular/router 包中。像其他 Angular 包一样，路由服务在用户需要时才从此包中导入。

10.1.1 创建 Web 应用程序的路由模块

默认情况下，用户在使用 Angular CLI 命令 ng new 构建 Web 应用程序时系统会提示是否需要路由服务功能，用户可以在命令后添加选项参数 --routing 来指定需要路由服务功能。当选择需要路由服务功能时，Angular CLI 命令将会生成一个独立的路由模块文件，文件名默认为 app-routing.module.ts，它的初始代码如下。

```
import { NgModule } from '@angular/core';
import { Routes, RouterModule } from '@angular/router';

const routes: Routes = [];

@NgModule({
  imports: [RouterModule.forRoot(routes)],
  exports: [RouterModule]
})
export class AppRoutingModule { }
```

从上面的代码可以看出，AppRoutingModule 类由 @NgModule() 装饰器声明，说明它是一个 NgModule 类，我们称它为 Web 应用程序的路由模块。Web 应用程序的路由模块用于封装路由器配置，它可以在根模块和特性模块级别上使用。

Web 应用程序的路由模块具有以下特征。

- 路由模块不需要 declarations 属性，即不需要声明组件、指令和管道。
- RouterModule.forRoot(routes) 方法将会注册并返回一个全局的 RouterModule 单例对象，imports 元数据导入这个单例对象。
- exports 元数据导出 RouterModule 单例对象，这里是专门提供给根模块导入的。
- 路由模块最终由根模块导入。执行 ng new 命令时，Angular 已经帮我们在根模块的 imports 元数据中导入了路由模块，这是一个默认选项。

10.1.2 理解路由服务

10.1.1 节的 AppRoutingModule 类代码中引用了 Routes 和 RouterModule 对象，它们都是从 @angular/router 包中导入的系统路由对象。Routes 类用于创建路由配置；RouterModule 也是一个独立的 NgModule 类，用于为用户提供路由服务，这些路由服务包括在 Web 应用程序视图之间进行导航的指令。RouterModule 类中提供了路由服务，该路由服务是全局的一个单例服务；同时还提供了一些路由指令，如 RouterOutlet 和 routerLink 等路由指令。

AppRoutingModule 类中导出了 RouterModule 对象，Web 应用程序的根模块中导入了 AppRoutingModule 类，即导入了 RouterModule 对象。RouterModule 对象注册了一个全局的路由服务，该路由服务让 Web 应用程序的根组件可以访问各个路由指令。

如果在特性模块中需要使用路由指令，那么需要在特性模块中导入 RouterModule 模块，这样它们的组件模板中才能使用这些路由指令。

RouterModule 对象有一个 forChild() 方法，该方法可以传入 Route 对象数组。尽管 forChild() 和 forRoot() 方法都包含路由指令和配置，但是 forRoot() 方法可以返回路由对象。由于路由服务会改变浏览器的 Location 对象（可以理解为地址栏中的 URL），而 Location 对象又是一个全局单例对象，所以路由对象也必须是全局单例对象。这就是在根模块中必须只使用一次 forRoot() 方法的原因，特性模块中应当使用 forChild() 方法。

另外需要注意：导入模块的顺序很重要，尤其是路由模块。因为当 Web 应用程序中有多个路由模块时，路由器会接受第一个匹配路径的路由，所以应将 AppRoutingModule 类放置在根模块的 imports 元数据中的最后一项。

10.2 简单的路由配置

每个带路由的由 Angular 开发的 Web 应用程序都有一个路由服务的单例对象。当浏览器的 URL 变化时，路由器会查找对应的路由，并据此决定该显示哪个组件。

路由器需要先配置才会有路由信息。路由配置是由静态方法 RouterModule.forRoot(routes) 完成的，forRoot() 方法接收 Route 对象数组。稍后，我们会进行具体的路由配置。路由配置好后，路由器根据这些路由信息负责将用户导航到指定的视图。

10.2.1 基本路由配置

Route 对象数组中的每个 Route 对象都会把一个 URL 映射到一个组件。Route 对象是一个接口类型，它支持静态、参数化、重定向和通配符路由，以及自定义路由数据和解析方法。该接口中的 path 属性用来映射 URL。路由器会先解析 path 属性，然后构建最终的 URL，这样允许用户使用相对或绝对路径在 Web 应用程序的多个视图之间导航。path 属性的值需要满足以下规则。

- path 属性的值的类型是一个字符串，字符串不能以斜杠“/”开头。
- path 属性的值可以为空“' '”，表示 Web 应用程序的默认路径，通常是 Web 应用程序的首页地址。
- path 属性的值可以使用通配符字符串“**”。如果请求的 URL 与定义路由的任何路径都不匹配，则路由器将选择此路由。
- 如果请求的 URL 找不到匹配项，那么一般要求显示的配置为类似“Not Found”的视图或重定向到特定视图。
- 路由配置的顺序很重要，路由器仅会接受第一个匹配路径的路由。

下面我们看一个简单的路由配置示例。

```
const routes: Routes = [
  { path: '', redirectTo: '/main', pathMatch: 'full' }, // 默认路径导航到仪表盘（Dash board）页面视图
  { path: 'main', component: DashboardComponent }, // 路径导航到仪表盘（Dash board）页面视图
  { path: '**', component: PageNotFoundComponent } // 导航到 Not Found 页面视图
];
```

上述路由配置完成了以下内容。

（1）路由中的空路径“' '”表示 Web 应用程序的默认路径，当 URL 为空时就会访问。默认路由会重定向到路径“'/main'”，显示其对应的 DashboardComponent 组件内容。

（2）当 URL 为“'/main'”时，路由将会显示 DashboardComponent 组件的内容。

（3）最后一个路由中的“'**'”路径是一个通配符。当所请求的 URL 不匹配前面定义的任何路径时，路由器就会选择此路由。

（4）故意将通配符路由放置在最后，就是要确保路由找不到匹配项时才进入此路由。当找不到匹配项时，显示 PageNotFoundComponent 组件的内容。

10.2.2 路由器出口

路由器出口（Router Outlet）是一个来自 RouterModule 模块类的指令，它的语法类似于模板中的插值表达式。它扮演一个占位符的角色，用于在模板中标出一个位置，路由器将会在这个位置显示对应的组件内容。简单地说，前面我们介绍的路由配置中的组件内容都将在这个占位符中显示。路由器出口指令的用法如下。

```
<router-outlet></router-outlet>
```

在由 Angular CLI 命令 ng new 构建的 Web 应用程序中，可以在根模块中找到路由器出口标签。当完成了路由配置，有了渲染组件的路由器出口后，用户可以在浏览器中输入 URL。当 URL 满足匹配的路由配置规则时，其对应的组件内容将显示在路由器出口的位置。

1. 主路由出口

上面介绍的路由器出口称为主路由出口，一般放在根模块视图中。Angular 规定，在同一个模块视图中，路由器只能支持一个主路由出口，一个主路由出口对应唯一的 URL。主路由出口的名称是相对其他路由器出口而言的，如果 Web 应用程序中仅有一个路由器出口，默认就是主路由出口。

由 Angular 开发的 Web 应用程序的视图可以看成一个组件树，由一个个的组件组合而成，这些组件中有且仅有一个根组件。有时候，我们需要动态地显示这些组件，有一种方法就是使用路由器和路由器出口，根据当前 URL 在 Web 应用程序中的同一个模块的某个位置渲染不同的组件。例如，有一个用户信息 Web 应用程序，根据当前 URL 可能会显示首页，根据另一个 URL 可能会显示用户信息列表，如图 10-1 所示。

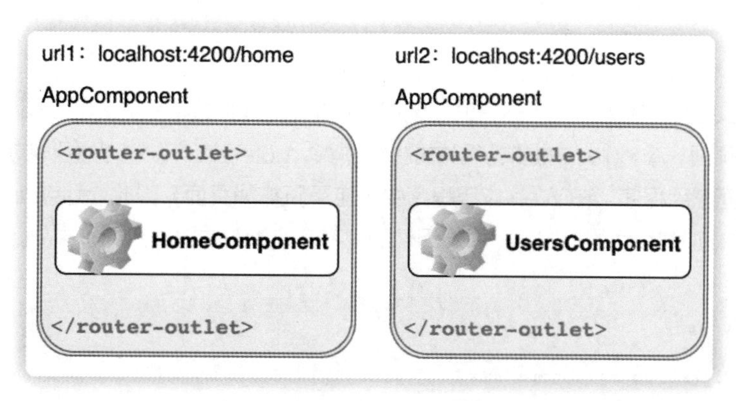

图 10-1 根据不同的 URL 显示不同的组件

图 10-1 所示内容就是一个使用路由器出口的示例，它展示了使用路由器和路由器出口根据不同的 URL 会显示不同的组件。

AppComponent 是根组件，在其模块视图中放置了一个路由器出口标签。

当 URL 为 localhost:4200/home 时，路由器会将 HomeComponent 组件的内容显示在路由器出口标签的位置。

当 URL 为 localhost:4200/users 时，路由器会将 UsersComponent 组件的内容显示在路由器出口标签的位置。

2. 命名路由出口

在实际应用中，有时会遇到类似这样的问题：在某个页面弹出一个对话框，然后要求在 Web 应用程序中的不同页面之间切换时，这个对话框也始终保持打开状态，直到对话框完成任务或者用户手动取消。显然，这个对话框的 URL 在设计上应该是对应不同的路由，而主路由出口在同一时间仅支持一个路由。Angular 提供了命名路由出口来解决类似这样的问题。

命名路由出口相对主路由出口来说，一般称为第二路由。同一个模块视图可以有多个命名路由出口，这些命名路由出口可以在同一时间显示来自不同路由的内容。第二路由就是在路由器出口标签中增加了一个 name 属性，代码如下。

```
<router-outlet name="popup"></router-outlet>
```

命名路由出口在路由配置文件中，Route 接口提供了 outlet 属性供组件内容显示在指定的命名路由出口，配置如下。

```
{
  path: 'compose',
  component: ComposeMessageComponent,
  outlet: 'popup'
}
```

在上述配置中，当 URL 为 compose 时，ComposeMessageComponent 组件的内容将显示在模块中的 <router-outlet name="popup"></router-outlet> 处。

10.2.3 使用路由器链接

HTML 中的 <a href=' '> 标签可以实现从一个视图导航到另一个视图，其中的 href 属性值就是对应视图的 URL。当用户单击 <a> 标签时，浏览器地址栏的 URL 将变成新的 URL，同时当前页面将重新加载新的页面。Angular 中提供了路由器链接指令 routerLink 用于实现相同的导航功能。由于 Angular 是单页面应用程序，在 Web 应用程序中不应重新加载页面，因此 routerLink 指令导航到新的 URL，在不重新加载页面的情况下，将新组件的内容替换为路由器出口标签。routerLink 指令的简单用法如下。

```
<div>
 <a routerLink="/users">Users</a>
</div>
<router-outlet></router-outlet>
```

上述代码中，routerLink 指令替代了 <a> 标签中的 href 属性。当用户单击路由器链接时，路由器会先找到路由配置中的 path 为“/users”的组件，然后将其内容渲染在路由出口标签位置。

routerLink 指令还包含以下一些属性。

• queryParams 属性：负责给路由提供查询参数，这些查询参数以键 / 值对（[k: string]: any）的方式出现，跳转过去就类似于 /user?id=2。

• skipLocationChange 属性：内容跳转，路由保持不变。换句话说，就是停留在上一个页面的 URL 而不是新的 URL。

• fragment 属性：负责定位客户端页面的位置，值是一个字符串。以“#”附加在 URL 的末尾，如 /user/bob#education。

读者可以像这样设置查询参数和 # 片段（fragment）。

```
<a [routerLink]="['/user/bob']" [queryParams]="{debug: true}" fragment="education">
  link to user component
</a>
```

上面的代码会生成链接：/user/bob#education?debug=true。

假设有这样的路由配置：[{ path: ‘user/:name’，component: UserComponent }]，如果要链接到 user/:name 路由，使用 routerLink 指令的具体写法如下。

- 如果该链接是静态的，可以使用 <a routerLink= " /user/bob " >链接到 user 组件 </a>。
- 如果要使用动态值来生成该链接，可以传入一组路径片段，如 <a routerLink= " ['/user', userName] " >链接到 user 组件 </a>，其中 userName 是个模板变量。

路径片段也可以包含多组，如 ['/team', teamId,'user', userName, {details: true}] 表示生成一个到 /team/11/user/bob;details=true 的链接。这个多组的路径片段可以合并为一组，如 ['/team/11/user', userName, {details: true}])。

10.2.4 路由链接的激活状态

单击 routerLink 指令中的链接，意味着当前的路由链接被激活，routerLinkActive 指令会在宿主元素上添加一个 CSS 类。因此 Angular 中的 routerLinkActive 指令一般和 routerLink 指令配合使用，代码如下。

```
<a routerLink="/user/bob" routerLinkActive="active">Bob</a>
```

当 URL 是 /user 或 /user/bob 时，当前的路由链接为激活状态，active 样式类将会被添加到 <a> 标签上。如果 URL 发生变化，则 active 样式类将自动从 <a> 标签上移除。

默认情况下，路由链接的激活状态会向下级联到路由树中的每个层级，所以父、子路由链接可能会被同时激活。由于上述代码片段中 /user 是 /user/bob 的父路由，因此它们当前的路由链接状态都会被激活。要覆盖这种行为，可以设置 routerLinkActive 指令中的 routerLinkActiveOptions 属性值为 " { exact: true } "，这样只有当 URL 与当前 URL 精确匹配时路由链接才会被激活。routerLinkActiveOptions 属性的用法如下。

```
<a routerLink="/user/bob" routerLinkActive="active" [routerLinkActiveOptions]="{ex-
act:true}">Bob</a>
```

下面通过示例演示如何使用路由器链接和路由链接的激活状态。

10.2.5 [示例 route-ex100] 使用路由器链接和路由链接的激活状态

（1）用 Angular CLI 构建 Web 应用程序，具体命令如下。

```
ng new route-ex100 --minimal --routing -s -t --interactive=false
```

（2）在 Web 应用程序根目录下启动服务，具体命令如下。

```
ng serve
```

（3）查看 Web 应用程序的结果。打开浏览器并浏览“http://localhost:4200”，应该看到文本“Welcome to route-ex100!”。

（4）创建 3 个组件，具体命令如下。

```
ng g c first
ng g c second
ng g c third
```

（5）编辑路由模块。编辑文件 src/app/app-routing.module.ts，并将其更改为以下内容。

```
import { NgModule } from '@angular/core';
import { Routes, RouterModule } from '@angular/router';
import { FirstComponent } from './first/first.component';
import { SecondComponent } from './second/second.component';
import { ThirdComponent } from './third/third.component';

const routes: Routes = [
 { path: 'first', component: FirstComponent },
 { path: 'second', component: SecondComponent },
 { path: 'third', component: ThirdComponent },
 { path: '**', redirectTo: 'first' }
];

@NgModule({
 imports: [RouterModule.forRoot(routes)],
 exports: [RouterModule]
})
export class AppRoutingModule { }
```

（6）编辑组件。编辑文件 src/app/app.component.ts，并将其更改为以下内容。

```
import { Component } from '@angular/core';

@Component({
  selector: 'app-root',
  template: `
  <div class="container">
    <a routerLinkActive="active" routerLink="/first">First</a> |
    <a routerLinkActive="active" routerLink="/second">Second</a> |
    <a routerLinkActive="active" routerLink="/third">Third</a>

    <router-outlet></router-outlet>
  </div>
  `,
  styles: [ `
    .active {
      color: orange;
    }
    `
  ]
})
export class AppComponent {
  title = 'route-ex100';
}
```

（7）观察 Web 应用程序页面，显示效果如图 10-2 所示。

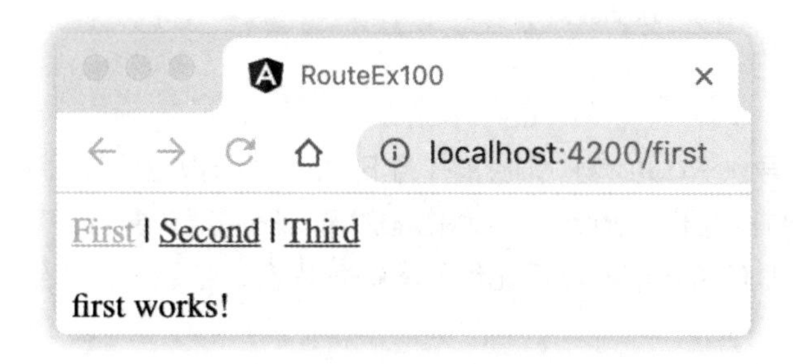

图 10-2 页面显示效果

示例 route-ex100 完成了以下内容。

（1）在 ng new 命令后添加 --routing 选项使 Web 应用程序包含一个路由模块。

（2）在路由模块的 routes 数组中配置了 4 个路由节点，最后是一个使用通配符的路由。

（3）在根模块组件中的每个 <a> 标签中添加了 routerLinkActive= " active " 。表示当此路由链接被激活时，宿主元素上添加一个 active 样式，active 样式在 styles 元数据中定义。

10.3 路由器状态

由 Angular 开发的 Web 应用程序的页面是由若干个组件视图组成的，当 Web 应用程序在组件之间导航时，路由器使用页面上的路由器出口来呈现这些组件，然后在 URL 中反映所呈现的状态。换句话说，一个 URL 将对应若干个可呈现或可视化的组件视图。我们称 Web 应用程序中所有的这些可视化的组件视图及其排列为路由器状态。为此，路由器需要用某种方式将 URL 与要加载的可视化的组件视图相关联。Angular 中定义了一个配置对象来实现此目标，这个配置对象不仅维护着路由器状态，而且描述了给定 URL 呈现哪些组件。

10.3.1 路由器状态和激活路由状态

下面是一个简单的 Web 应用程序的路由配置。

```
import { RouterModule, Route } from '@angular/router';

const ROUTES: Route[] = [
  { path: 'home', component: HomeComponent },
  { path: 'users',
    children: [
      { path: '', component: UsersComponent },
      { path: ':id', component: UserComponent }
    ]
  },
];
```

```
@NgModule({
  imports: [
    RouterModule.forRoot(ROUTES)
  ]
})
```

上述代码中通过导入 RouterModule，并将 Route 对象数组传递到 forRoot() 方法中，在 Web 应用程序中创建并注册了一个全局的路由器对象。路由器对象维护着一个全局的路由器状态，路由器状态可以理解为全部的可视化组件的排列集合，它是一个树结构。路由器状态树如图 10-3 所示。

在某一时刻，页面上仅显示出部分组件，这些组件对应的路由处于激活状态，我们把处于激活状态的路由称为激活路由状态。因此，激活路由状态是路由器状态树的子集。如在某一时刻，当 URL 为 /users 时，路由器状态树和激活路由状态（其中标出的灰色部分）如图 10-4 所示。

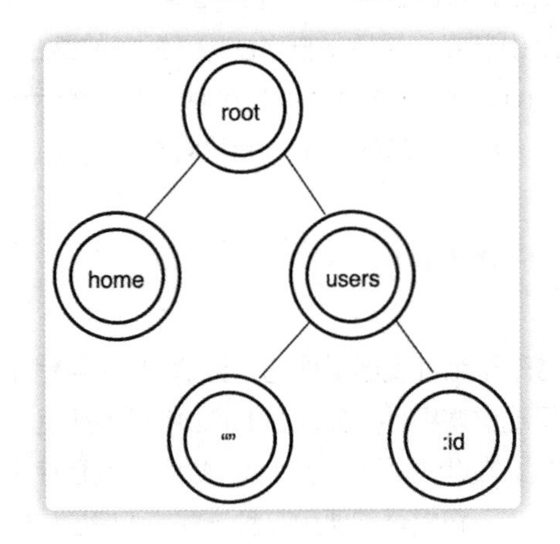

图 10-3　路由器状态树

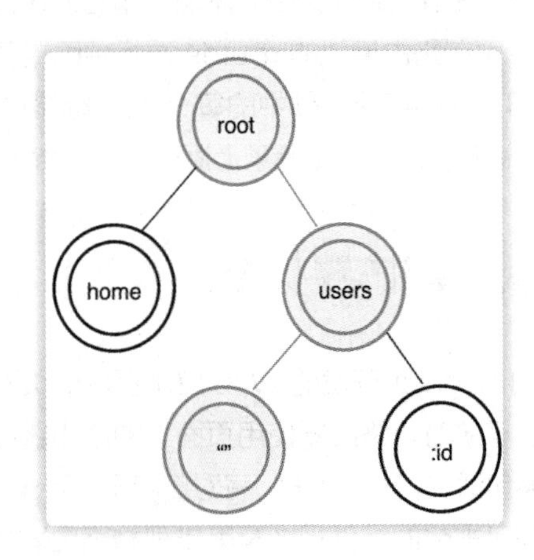

图 10-4　路由器状态树和激活路由状态

每当 Web 应用程序中发生导航时，路由器都会获取导航的目的 URL，并尝试将其与路由器状态树中的路径进行匹配。路由器状态在 Angular 中用 RouterState 对象表示，RouterState 对象维护的是一个路由器状态树，表示所有的路由器状态。Angular 中用 ActivatedRoute 对象表示激活路由状态。因此，RouterState 对象中包含了 ActivatedRoute 对象，我们看看这两个对象的接口定义。

```
interface RouterState {
  snapshot: RouterStateSnapshot;
  root: ActivatedRoute; // 它的类型就是ActivatedRoute
}

interface ActivatedRoute {
  snapshot: ActivatedRouteSnapshot;
  url: Observable<UrlSegment[]>
  params: Observable<Params>
  // ...
}
```

从上面的接口定义中可以看出，RouterState 对象中的 root 属性返回的是 ActivatedRoute 对象。在数据结构中，RouterState 对象确实是 ActivatedRoute 对象的树。

10.3.2 ActivatedRoute 对象及其快照对象

每个 ActivatedRoute 对象都提供了从任意激活路由状态开始向上或向下遍历路由器状态树的一种方式，以获得关于父、子、兄弟路由的信息。在 Web 应用程序中，我们可以通过注入 ActivatedRoute 对象来获取当前路由的相关数据信息，ActivatedRoute 对象也可用于遍历路由器状态树。通过 ActivatedRoute 对象获取路由的数据信息的方式主要有两种：一种是通过 snapshot 属性，获取当前路由的快照对象，快照对象的类型是 ActivatedRouteSnapshot 类型；另一种是直接通过 params 属性获取，它返回的是一个 Observable<Params> 对象类型。

ActivatedRoute 对象和其快照对象的区别如下。

- 每当导航添加、删除组件或更新参数时，路由器就会创建一个新的快照对象。
- 快照对象是一个不变的数据结构，它仅表示路由器在特定时间的状态。在 Web 应用程序中快照对象的表现方式是，该数据结构在组件的生命周期中仅执行一次，如在 ngOnInit() 方法中执行一次，代表某一时刻的一个激活路由状态的快照版本。
- ActivatedRoute 对象类似于快照对象，不同之处在于它表示路由器随时间变化的状态，换句话说，它是一个可观察的数据流对象（Observable 类型）。因此，在 Web 应用程序中需要通过订阅的方式获取其值，进而要求取消订阅（Unsubscrib），甚至要求实现销毁方法。如 OnDestroy()。

ActivatedRoute 对象的 snapshot 属性返回的值是 ActivatedRouteSnapshot 类型的快照对象。快照对象的使用方法如下。

```
constructor(private route: ActivatedRoute) { }

ngOnInit() {
  this.title = this.route.snapshot.data['title']; // 通过快照对象的方式获取值
}
```

订阅 ActivatedRoute 对象使用的方法如下。

```
  constructor(private route: ActivatedRoute) {}

  ngOnInit() {
   this.route.data.subscribe(data => this.users = data.users); // 通过订阅的方式获取值
  }
}
```

在实际应用中，ActivatedRoute 对象可以返回可观察（Observable）对象，只要路由状态发生了变化，订阅在 ActivatedRoute 对象上的方法都会再次执行，直到取消订阅为止。这也是 Angular 编程中的核心亮点之一。

下面通过示例演示 ActivatedRoute 对象及其快照对象的实际应用。

10.3.3　[示例 route-ex200] ActivatedRoute 对象及其快照对象应用示例

（1）用 Angular CLI 构建 Web 应用程序，具体命令如下。

```
ng new route-ex200 --minimal --routing -s -t --interactive=false
```

（2）在 Web 应用程序根目录下启动服务，具体命令如下。

```
ng serve
```

（3）查看 Web 应用程序的结果。打开浏览器并浏览“http://localhost:4200”，应该看到文本“Welcome to route-ex200!”。

（4）编辑组件。编辑文件 src/app/app.component.ts，并将其更改为以下内容。

```
import { Component } from '@angular/core';
import { Router, ActivatedRoute } from '@angular/router';

@Component({
 selector: 'app-root',
 template: `
   <div>{{title}}</div>
   <p>
     演示ActivatedRoute对象与其快照对象
   </p>

   <button (click)="goto('home')">go to home</button>
   <button (click)="goto('product')">go to product</button>

   <router-outlet></router-outlet>
  `,
  styles: []
})
export class AppComponent {
  title = 'route-ex200';

  constructor(private router: Router, private route: ActivatedRoute) {
   console.log('这条消息仅执行一次：输出title的值 ' + this.title); // 位置1

   let params = this.route.snapshot.fragment;
   console.log('这条消息仅执行一次：输出fragment的值 ', params); // 位置2

   this.route.fragment.subscribe((fragment: string) => {
     console.log('订阅消息：' + fragment); // 位置3
   });
 }

 goto(path) {
   this.router.navigate(['/'], { fragment: path });
 }
}
```

（5）观察 Web 应用程序页面，再打开控制台，单击页面上的按钮，观察控制台的输出信息，如图 10-5 所示。

图 10-5　控制台的输出信息

示例 route-ex200 完成了以下内容。

（1）在 constructor() 构造函数中注入了 Router 和 ActivatedRoute 对象，同时订阅了 ActivatedRoute 对象的 fragment 属性的返回值。

（2）在 goto() 方法中，调用 Router 对象的 navigate() 方法进行导航，页面 URL 依然是当前页，仅是设置不同的 # 片段；由于 URL 不变，组件类的构造函数仅执行一次，代码中依次执行位置 1、位置 2 和位置 3 处的语句，在控制台输出信息。

（3）每次单击按钮时，不再执行位置 1 和位置 2 处的语句，它们在组件构建时仅执行一次。

（4）每次单击按钮时，代码中位置 3 处的语句均再次被执行，控制台输出“订阅消息 : home”或“订阅消息 : product”。

通过上述示例我们发现，ActivatedRoute 对象能产生可观察的数据流对象，订阅在数据流对象上的方法会一直监控着其内容，只要内容发生变化，订阅方法会再次执行。快照对象可以通过 ActivatedRoute 对象的 snapshot 属性获得，其值是一个普通的对象值，通过它也可以获取路由的数据信息，但是不具备订阅功能。

10.4　路由器触发的事件

与组件生命周期类似，路由器也有生命周期。在路由的导航周期中，路由器会触发一系列事件。我们可以通过在 RouterModule.forRoot() 方法中添加 {enableTracing: true} 参数来查看路由器触发的事件，代码如下。

```
@NgModule({
 imports: [RouterModule.forRoot(routes, {
   enableTracing: true // 控制台输出所有路由器触发的事件
```

```
  })],
  exports: [RouterModule]
})
export class AppRoutingModule { }
```

我们在示例 route-ex100 中添加了 {enableTracing: true} 参数，打开控制台后，可以看到图 10-6 所示的信息。

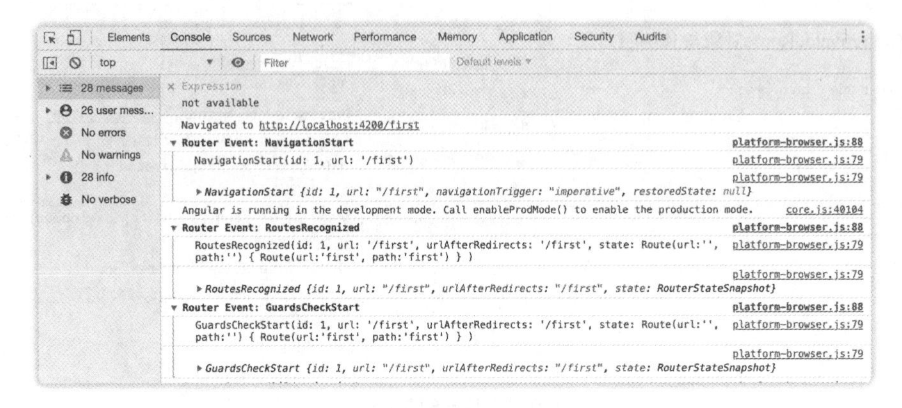

图 10-6 控制台输出所有路由器触发的事件

在路由的导航周期中，一些值得注意的事件如下。

- NavigationStart 事件：表示导航周期的开始。
- NavigationCancel 事件：取消导航，如可用在路由守卫（Route Guards）中，拒绝用户访问此路由。
- RoutesRecognized 事件：当 URL 与路由匹配时，触发此事件。
- NavigationEnd 事件：在导航成功结束时触发。

10.5 在路由中传递参数

在路由中传递参数的方式有多种，下面分别进行介绍。

10.5.1 传递配置参数

在配置路由时，用户可以通过路由配置中的 Route 对象的 data 属性来存放与每个具体路由有关的数据。该数据可以被任何一个 ActivatedRoute 对象访问，一般用来保存如页面标题、导航以及其他静态只读数据，代码如下。

```
const routes: Routes = [
  { path: 'first', component: FirstComponent, data: { title: 'First Page' } },
  { path: 'second', component: SecondComponent, data: { title: 'Second Page' } },
  { path: 'third', component: ThirdComponent, data: { title: 'Third Page' } },
  { path: '**', redirectTo: 'first' }
];
```

data 属性接收一个键 / 值对（[name: string]: any）类型的数据对象；有多个键 / 值对时，以逗号分隔。在代码中，参数可通过 ActivatedRoute 对象的 Snapshot 属性获取。

```
constructor(private actRoute: ActivatedRoute) {
  this.title = this.actRoute.snapshot.data['title']; // 通过ActivatedRoute对象的snapshot
属性获取参数
}
```

10.5.2 传递路径参数

我们可以将路径参数作为 URL 路径的一部分传递给路由配置中的组件。路径参数分为必选参数和可选参数，这涉及路由的定义。

1. 传递必选参数

必选参数在 URL 中的格式如 localhost:4200/user/123，其中 123 就是传递的必选参数。必选参数在路由配置中是这么定义的。

```
{ path: 'user/:id', component: UserComponent }
```

上面的代码创建了一个包含必选参数 id 的路由，这个路由中的“:id”相当于在路径中创建了一个空位，这个空位不补全是无法导航的。

```
this.router.navigate(['/user']); // 跳转错误，无效路由
this.router.navigate(['/user', 123]); // 正确跳转，跳转URL为/user/123
```

在模板视图中，含有必选参数的路由是这么定义的，代码如下。

```
<a [routerLink]="['/user', userId]">链接到user组件</a>
```

在代码中，通过路由对象的 navigate() 方法可导航到含有必选参数的路由。

```
import { Router, ActivatedRoute} from '@angular/router';
constructor(private router: Router, private actRoute: ActivatedRoute) {}

gotoUser() {
  this.router.navigate(['/user', user.id]);  // 导航到user/123的路由
}

ngOnInit() {
  this.user_id = this.actRoute.snapshot.params.id; // 通过快照对象的方式获取值
}
```

2. 传递可选参数

可选参数在 URL 中的格式如 localhost:4200/users;a=123;b=234，其中 a=123;b=234 就是传递的可选参数。可选参数是 Web 应用程序在导航期间传递任意信息的一种方式。

和必选参数一样，路由器也支持通过可选参数导航。在实际应用中一般是先定义完必选参数之后，再通过一个独立的对象来定义可选参数。 可选参数不涉及模式匹配，并在表达上具有巨大的灵活性。通常，对强制性的值（如用于区分两个路由路径的值）使用必选参数；当这个值是可选的、

复杂的或多值的时，使用可选参数。可选参数的导航方式在 Web 应用程序中是这样的。

```
this.router.navigate(['/user']); // 正确跳转。不涉及模式匹配，参数可传可不传
this.router.navigate(['/user', {a: 123, b: 234}]); // 正确跳转，跳转URL为localhost:4200/users;a=123;b=234
```

在模板视图中，含有可选参数的路由是这么定义的，代码如下。

```
<a [routerLink]="['/users', {a: 123, b: 234}]">返回</a>
```

在代码中，通过路由对象的 navigate() 方法可导航到含有可选参数的路由。

```
import { Router, ActivatedRoute} from '@angular/router';
constructor(private router: Router, private actRoute: ActivatedRoute) {}

// 导航到localhost:4200/users;a=123;b=234的路由
gotoUser() {
 this.router.navigate(['/users', {a: 123, b: 234}]);
}

ngOnInit() {
 this.actRoute.paramMap.pipe(
   switchMap(params => of(params.get('a')))
 ).subscribe((data) => {
   console.log('a', data);
  });
}
```

10.5.3 传递查询参数

查询参数在 URL 中的格式如 localhost:4200/use?id=123，其中 id=123 就是传递的查询参数。从技术角度讲，查询参数类似可选参数，也不涉及模式匹配，并在表达上具有巨大的灵活性。

查询参数的导航方式在 Web 应用程序中是这样的。

```
this.router.navigate(['/user']); // 正确跳转。不涉及模式匹配，参数可传可不传
this.router.navigate(['/user'], { queryParams: { id: 123 } }); // 正确跳转，跳转URL为localhost:4200/use?id=123
```

我们看一下 Router 对象的 navigate() 方法的定义。

```
navigate(commands: any[], extras: NavigationExtras = { skipLocationChange: false }): Promise<boolean>
```

其中，navigate() 方法的第二个参数类型是 NavigationExtras 接口，它的定义如下。

```
interface NavigationExtras {
  relativeTo?: ActivatedRoute | null
  queryParams?: Params | null
  fragment?: string
  queryParamsHandling?: QueryParamsHandling | null
  preserveFragment?: boolean
```

```
  skipLocationChange?: boolean
  replaceUrl?: boolean
  state?: {...}
}
```

我们看到了 queryParams 关键字，结合前面介绍的在 Web 应用程序中导航的方式可以得出，我们还能通过 fragment 关键字传递参数，代码如下。

```
this.router.navigate(['/user', user.name], { fragment: 'education' });
```

上面的代码其实就是本章前面讲解 routerLink 指令时提到的 fragment 属性的使用示例，对应在模板视图中的定义如下。

```
<a [routerLink]="['/user/bob']" [queryParams]="{debug: true}" fragment="education">
  link to user component
</a>
```

对于上面的代码，routerLink 指令将会生成链接: /user/bob#education?debug=true。queryParamsHandling 参数的含义是，是否需要将当前 URL 中的查询参数传递给下一个路由，具体语法如下。

```
// 如当前的URL是 user;a=123?code=bbb
this.router.navigate(['/others', 1], {
  queryParamsHandling: 'preserve',
});
```

使用上面的代码，跳转后的链接为 /others/1?code=bbb，可以看到查询参数被保留了。

在代码中，通过路由对象的 queryParamMap 和 fragment 属性可分别获取对应的查询参数，代码如下。

```
import { Router, ActivatedRoute} from '@angular/router';
constructor(private route: ActivatedRoute) {}

ngOnInit() {
  // 获取会话(Session)的值，如果不存在，默认返回值为None
  this.sessionId = this.route
    .queryParamMap
    .pipe(map(params => params.get('session_id') || 'None'));

  // 获取会话片段值，如果不存在，默认返回值为None
  this.token = this.route
    .fragment
    .pipe(map(fragment => fragment || 'None'));
}
```

NavigationExtras 接口中还有其他属性，它们的使用方法与上面介绍的类似，在此就不一一介绍了，读者可以前往官方网站查阅。

下面我们通过展示用户列表和用户详细页面，演示使用路由传递参数的方法。

10.5.4 [示例 route-ex300] 使用路由传递参数

（1）用 Angular CLI 构建 Web 应用程序，具体命令如下。

```
ng new route-ex300 --minimal --routing -s -t --interactive=false
```

（2）在 Web 应用程序根目录下启动服务，具体命令如下。

```
ng serve
```

（3）查看 Web 应用程序的结果。打开浏览器并浏览“http://localhost:4200”，应该看到文本“Welcome to route-ex300!”。

（4）创建两个组件和一个接口，具体命令如下。

```
ng g c user-list
ng g c user-detail
ng g i user-face # ng generate interface user-face 的简写
```

（5）编辑接口。编辑文件 src/app/user-face.ts，并将其更改为以下内容。

```
export interface UserFace {
   id: number;
   name: string;
   email: string;
}
```

（6）编辑路由模块。编辑文件 src/app/app-routing.module.ts，并将其更改为以下内容。

```
import { NgModule } from '@angular/core';
import { Routes, RouterModule } from '@angular/router';
import { UserListComponent } from './user-list/user-list.component';
import { UserDetailComponent } from './user-detail/user-detail.component';

const routes: Routes = [
  { path: '', redirectTo: '/users', pathMatch: 'full' }, // 默认路径导航到用户列表页面
  {
   path: 'users',
   children: [ // 定义子路由，路径导航到用户列表和用户详细页面
     { path: '', component: UserListComponent, data: { title: '用户列表页面' } },
     { path: ':id', component: UserDetailComponent, data: { title: '用户详细页面' } }
   ]
  },
  { path: '**', redirectTo: 'users' } // 跳转到用户列表页面
];

@NgModule({
 imports: [RouterModule.forRoot(routes)],
 exports: [RouterModule]
})
export class AppRoutingModule { }
```

（7）编辑用户详细组件。编辑文件 src/app/user-detail/user-detail.component.ts，并将其更改为以下内容。

```
import { Component, OnInit } from '@angular/core';
import { Router, ActivatedRoute } from '@angular/router';

@Component({
 selector: 'app-user-detail',
 template: `
   <h4> 标题: {{title}} </h4>
   <div (click) = "gotoUser()">
     {{userId}} | {{userName}} | {{userEmail}}
   </div>
   <br>
   <div>
     <a [routerLink]="['/users', {a: 123, b: 234}]">演示可选参数</a> <br>
     <a [routerLink]="['/users', {a: 123, b: 234}]" [queryParams]="{c: 345}">演示查询参数</a>
   </div>
 `,
 styles: []
})
export class UserDetailComponent implements OnInit {

 title: string = ''; // 接收来自路由配置中的参数
 userId: string; // 接收来自路径中的参数
 userName: string; // 接收来自路径中的参数
 userEmail: string; // 接收来自路径中的参数

 constructor(private router: Router, // 注入Router对象
   private actRoute: ActivatedRoute) { } // 注入ActivatedRoute对象

 ngOnInit(): void {
   this.title = this.actRoute.snapshot.data.title; // 通过快照对象的方式获取来自路由配置的参数
   let params = this.actRoute.snapshot.params; // 通过快照对象的方式获取来自路径的必选参数
   const { id, name, email } = params; // 解析params里的参数
   this.userId = id;
   this.userName = name;
   this.userEmail = email;
 }

 // 导航到含有可选参数的路由
 gotoUser() {
   this.router.navigate(['/users', { a: 123, b: 234 }]);
 }

}
```

（8）编辑用户列表组件。编辑文件 src/app/user-list/user-list.component.ts，并将其更改为以下内容。

```
import { Component, OnInit } from '@angular/core';
import { UserFace } from '../user-face';
```

```
import { ActivatedRoute } from '@angular/router';
import { switchMap } from 'rxjs/operators';
import { of } from 'rxjs';

@Component({
 selector: 'app-user-list',
 template: `
   <h4> 标题: {{title}} </h4>
   <div *ngFor="let item of users; let i = index;">
     <p>{{i+1}}、<a [routerLink]="['/users/', item.id, {name: item.name, email: item.email}]">
     {{item.name}}</a></p>
   </div>
 `,
 styles: []
})
export class UserListComponent implements OnInit {

 title: string = ''

 public users: UserFace[] = [
  { "id": 1, "name": "user001", "email": "email@user1.com" },
  { "id": 2, "name": "user002", "email": "email@user2.com" },
  { "id": 3, "name": "user003", "email": "email@user3.com" },
  { "id": 4, "name": "user004", "email": "email@user4.com" },
  { "id": 5, "name": "user005", "email": "email@user5.com" },
 ];

 constructor(private actRoute: ActivatedRoute) { }

 ngOnInit(): void {
  this.title = this.actRoute.snapshot.data.title; // 通过快照对象的方式获取来自路由配置的参数
  let params = this.actRoute.snapshot.params; // 通过快照对象的方式获取来自路由路径的可选参数
  console.log('a', params.a);

  this.actRoute.paramMap.pipe( // 订阅来自路由路径的可选参数
    switchMap(params => of(params.get('a')))
  ).subscribe((data) => {
    console.log('a', data);
  });

  this.actRoute.queryParamMap.pipe( // 订阅来自路由路径的查询参数
    switchMap(params => of(params.get('c')))
  ).subscribe((data) => {
    console.log('c', data);
  });

  }

}
```

（9）编辑根组件。编辑文件 src/app/app.component.ts，并将其更改为以下内容。

```
import { Component } from '@angular/core';

@Component({
 selector: 'app-root',
 template: `
  <router-outlet></router-outlet>
 `,
 styles: []
})
export class AppComponent {
 title = 'route-ex300';
}
```

（10）观察 Web 应用程序页面，留意浏览器地址栏中的 URL，页面显示效果如图 10-7 所示。

图 10-7　页面显示效果

示例 route-ex300 完成了以下内容。

（1）在路由模块中配置了子路由，子路由中设置了 data 属性，用来传递路由配置参数，然后在组件中通过路由快照对象的方式获取它们。

（2）在用户列表组件中，通过 ngFor 指令展示用户列表。在循环中，通过 routerLink 指令构建导航到用户详细页面的路由，该路由上附加了必选参数和可选参数。同时在 ngOnInit() 方法中，分别演示了如何用两种方式（快照方式和订阅方式）获取参数，其中订阅方式分别订阅了来自路由路径的可选参数和查询参数。

（3）在用户详细组件中，分别构建了路径参数和查询参数的链接。同时，在 ngOnInit() 方法中演示了通过快照对象方式获取参数的方法；在 gotoUser() 方法中演示了如何应用命令，导航到含有可选参数的路由。

10.6 路由守卫

从字面上理解，Angular 的路由守卫的职责就是守卫路由。路由守卫是一个守卫路由的接口，守卫的意义是判断当前用户在进入路由或者离开路由的时候，是否有权限或者有未完成的操作。它可以控制用户进入路由前后的业务逻辑，类似于其他语言中的拦截器。

10.6.1 路由守卫的基本概念

Angular 中一共提供了 5 种不同类型的路由守卫，每种路由守卫都按特定的顺序被调用。路由器会根据使用路由守卫的类型来调整路由的具体行为，这 5 种路由守卫如下。

- CanActivate 守卫，用来处理导航到某路由的逻辑。
- CanActivateChild 守卫，用来处理导航到某子路由的逻辑。
- CanDeactivate 守卫，用来处理从当前路由离开的逻辑。
- Resolve 守卫，用来在路由激活之前获取业务数据。
- CanLoad 守卫，用来处理异步导航到某特性模块的逻辑。

Angular 中的路由守卫类似组件、指令和模块，也是可以通过 Angular CLI 命令构建的独立类文件，命令格式如下。

```
$ ng generate guard my-can-activate # my-can-activate 是将要生成路由守卫的文件名
? Which interfaces would you like to implement? (Press <space> to select, <a> to toggle all, <i> to invert selection)
 CanActivate
 CanActivateChild
 CanDeactivate
 CanLoad
```

执行命令时，终端窗口将提示用户选择需要实现哪种类型的路由守卫；用户也可以在命令行中添加选项参数 --implements=CanActivate 来指定要实现的路由守卫类型。命令执行完后，在 Web 应用程序根目录下会生成路由守卫文件 my-can-activate.guard.ts。初始化代码如下。

```
import { Injectable } from '@angular/core';
import { CanActivate, ActivatedRouteSnapshot, RouterStateSnapshot, UrlTree } from '@angular/router';
import { Observable } from 'rxjs';

@Injectable({
  providedIn: 'root'
})
export class MyCanActivateGuard implements CanActivate {
  canActivate(
    next: ActivatedRouteSnapshot,
    state: RouterStateSnapshot): Observable<boolean | UrlTree> | Promise<boolean | UrlTree> | boolean | UrlTree {
    return true;
  }
```

```
}
```

由 MyCanActivateGuard 类的代码，可以看出如下内容。

- @Injectable() 装饰器用来提供依赖注入服务，元数据 providedIn 属性的值为 root，表示注入的服务是全局的单例服务，即 MyCanActivateGuard 类的服务可以在根模块或者其他模块中调用。
- 由于执行命令时，我们选择的是 CanActivate 守卫，因此 MyCanActivateGuard 类实现 CanActivate 守卫。CanActivate 守卫中默认 canActivate() 方法注入了两个参数：ActivatedRouteSnapshot 类型的 next 参数和 RouterStateSnapshot 类型的 state 参数。该方法的返回值是 boolean | UrlTree 类型的 3 种形式之一（Observable、Promise 和基本类型）。初始化代码中没有任何业务逻辑，默认返回 true。

10.6.2 配置路由守卫

有了路由守卫之后，用户可以在路由配置中添加路由守卫来守卫路由。路由守卫返回一个值，以控制路由器的行为。

- 如果它返回 true，导航过程会继续。
- 如果它返回 false，导航过程就会终止，且用户留在原地。
- 如果它返回 UrlTree（Angular 中提供的解析 URL 的对象），则取消当前的导航，并且导航到返回的这个 UrlTree。

在路由模块中，Route 接口提供了属性供配置具体的路由守卫。

```
interface Route {
  path?: string
  pathMatch?: string
  matcher?: UrlMatcher
  component?: Type<any>
  redirectTo?: string
  outlet?: string
  canActivate?: any[] // 配置CanActivate守卫
  canActivateChild?: any[] // 配置CanActivateChild守卫
  canDeactivate?: any[] // 配置CanDeactivate守卫
  canLoad?: any[] // 配置CanLoad守卫
  data?: Data
  resolve?: ResolveData // 配置Resolve守卫
  children?: Routes
  loadChildren?: LoadChildren
  runGuardsAndResolvers?: RunGuardsAndResolvers
}
```

以 canActivate 属性为例，它接收的是一个数组对象，因此可以配置一个或者多个 CanActivate 守卫。配置一个 CanActivate 守卫的代码如下。

```
const routes: Routes = [
   { path: '', redirectTo: '/users', pathMatch: 'full' },
```

```
  {
    path: 'users',
    children: [
      { path: '', component: UserListComponent, data: { title: '用户列表页面' } },
      { path: ':id',
        component: UserDetailComponent,
        data: { title: '用户详细页面' },
        canActivate: [MyCanActivateGuard] // 配置CanActivate守卫
      }
    ]
  },
  { path: '**', redirectTo: 'users' }
];
```

上面的配置表示当用户访问的 URL 类似 /users/:id 时，路由会进入 MyCanActivateGuard 守卫并执行其中的业务逻辑。其他路由守卫的配置与 CanActivate 守卫的配置类似。

如果配置了多个路由守卫，那么这些路由守卫会按照配置的先后顺序执行。如果所有路由守卫都返回 true，就会继续导航。如果任何一个路由守卫返回了 false，就会取消导航。如果任何一个路由守卫返回了 UrlTree，就会取消当前导航，并导航到这个路由守卫所返回的 UrlTree。

下面分别对 5 种不同类型的路由守卫的应用进行讲解。

10.6.3 CanActivate 守卫应用

CanActivate 是一个实现 CanActivate 接口的路由守卫，该路由守卫决定当前路由能否激活。如果 CanActivate 守卫返回 true，就会继续导航；如果返回了 false，就会取消导航。如果返回了 UrlTree，就会取消当前导航，并转向导航到返回的 UrlTree。

CanActivate 接口中有个 canActivate() 方法，该接口的定义如下。

```
interface CanActivate {
  canActivate(
   route: ActivatedRouteSnapshot,
   state: RouterStateSnapshot
   ): Observable<boolean | UrlTree> | Promise<boolean | UrlTree> | boolean | UrlTree
}
```

canActivate() 方法中注入了两个类型的参数，可以直接在方法中调用这些参数的属性或方法完成具体的业务逻辑。这两个参数的类型分别是 RouterStateSnapshot 和 ActivatedRouteSnapshot，我们已经知道 RouterState 对象维护的是一个全局路由器状态树，ActivatedRoute 对象维护的是激活路由状态树。那么，RouterStateSnapshot 和 ActivatedRouteSnapshot 代表的是这两个状态树的瞬时状态。

canActivate() 方法的返回值是 boolean | UrlTree 类型的 3 种形式之一。CanActivate 守卫一般用来对用户进行权限验证，如判断是否是登录用户、判断凭证是否有效等。

10.6.4 CanActivateChild 守卫应用

CanActivateChild 守卫实现 CanActivateChild 接口，该路由守卫决定当前路由的子路由能否被激活。CanActivateChild 守卫的应用场景与 CanActivate 守卫类似，不同之处在于，CanActivate 守卫保护的是当前路由，而 CanActivateChild 守卫配置在父路由上，对它的子路由进行保护。

```
const routes: Routes = [
    { path: '', redirectTo: '/users', pathMatch: 'full' },
    {
      path: 'users',
      canActivate: [MyCanActivateChildGuard] // 配置CanActivateChild守卫
      children: [
        { path: '', component: UserListComponent, data: { title: '用户列表页面' } },
        { path: ':id',
          component: UserDetailComponent,
          data: { title: '用户详细页面' },
          canActivate: [MyCanActivateGuard] // 配置CanActivate守卫
        }
      ]
    },
    { path: '**', redirectTo: 'users' }
  ];
```

上述配置代码完成了以下内容。

（1）将 MyCanActivateChildGuard 守卫配置在 users 父路由上，它将守卫 URL 为 /users 和 /users/:id 的子路由。

（2）将 MyCanActivateGuard 守卫配置在子路由上，它将守卫 URL 为 /users/:id 的路由。

10.6.5 CanDeactivate 守卫应用

CanDeactivate 守卫实现 CanDeactivate 接口，该路由守卫用来处理从当前路由离开的逻辑，应用的场景一般是提醒用户执行保存操作后才能离开当前页面。CanDeactivate 接口中有 canDeactivate() 方法，该接口的定义如下。

```
interface CanDeactivate<T> {
  canDeactivate(
    component: T,
    currentRoute: ActivatedRouteSnapshot,
    currentState: RouterStateSnapshot,
    nextState?: RouterStateSnapshot
  ): Observable<boolean | UrlTree> | Promise<boolean | UrlTree> | boolean | UrlTree
}
```

canDeactivate() 方法的第一个参数就是 CanDeactivate 接口指定的泛型类型的组件，可以直接调用该组件的属性或方法，如根据要保护的组件的状态，或者调用方法来决定用户是否能够离开。

10.6.6 Resolve 守卫应用

Resolve 守卫实现 Resolve 接口，该路由守卫用来在路由激活之前获取业务数据。Resolve 接口中有 resolve() 方法，该接口的定义如下。

```
interface Resolve<T> {
  resolve(
    route: ActivatedRouteSnapshot,
    state: RouterStateSnapshot
  ): Observable<T> | Promise<T> | T
}
```

该路由守卫一般应用在 HTTP 请求数据返回有延迟，导致模板视图无法立刻显示的场景中。如 HTTP 请求数据返回之前模板上所有需要用插值表达式显示值的地方都是空的，这会造成用户体验不佳。Resolve 守卫的解决办法是，在进入路由之前 Resolve 守卫先去服务器读数据，把需要的数据都读好以后，带着这些数据再进入路由，立刻把数据显示出来。

resolve() 方法返回的值是泛型类型，它一般对应着组件视图中的数据对象。该数据对象存储在路由器状态中，在组件类中可以通过下面的方式获取。

```
constructor(private route: ActivatedRoute) {}

ngOnInit() {
  this.route.data.subscribe(data => this.users = data.users); // 通过订阅的方式获取 resolve() 方法返回的值
}
```

10.6.7 CanLoad 守卫应用

CanLoad 守卫实现 CanLoad 接口，该路由守卫用来处理异步导航到某特性模块的逻辑。CanLoad 接口中有 canLoad() 方法，该接口的定义如下。

```
interface CanLoad {
  canLoad(
   route: Route,
   segments: UrlSegment[]
  ): Observable<boolean> | Promise<boolean> | boolean
}
```

在业务场景中，CanLoad 守卫用来保护对特性模块的未授权加载，如在路由配置中，配置 CanLoad 守卫来保护是否加载路由。

```
{
  path: 'admin',
  loadChildren: () => import('./admin/admin.module').then(m => m.AdminModule),
  canLoad: [AuthGuard]
}
```

上述配置中，loadChildren 属性中的语法是异步延迟加载模块，在 10.7 节将对其进行讲解。

在 CanLoad 守卫中代码如下。

```
canload(route: Route): boolean {
   let url = `${route.path}`;    // route为准备访问的目的地址
   return this.checkLogin(url); // 判断是否继续加载，返回boolean
}
```

10.7 路由器的延迟加载

随着计算机技术的发展，在 Web 应用程序中，越来越多的功能被封装在特性模块中，如销售书籍的网站可能具有书籍、订单和用户等模块。一般情况下，Web 应用程序首次加载时，不需要显示所有的模块数据，而且没有理由将所有模块数据都包含在根模块中。如果包含的话，只会使根模块的文件膨胀，并在加载 Web 应用程序时导致更长的加载时间。最好的做法是在用户导航时按需加载这些模块，Angular 路由器提供了延迟加载功能来解决这个问题。

10.7.1 延迟加载

Angular 是通过模块来处理延迟加载的。每个 Web 应用程序都有一个名为 NgModule 类的根模块，根模块位于 Web 应用程序的 app.module.ts 文件中，并包含所有导入模块和组件声明。根模块中导入的所有模块是在编译时捆绑在一起并推送到浏览器的。默认情况下，模块的 NgModule 类都是急性加载的，也就是说所有模块会在 Web 应用程序加载时一起加载，无论是否立即使用它们。因此，当 Web 应用程序想要促进延迟加载时，需要将根模块分成若干个较小的特性模块，然后仅将最重要的特性模块首先加载到根模块中。

Angular 的路由器提供了延迟加载功能：一种按需加载根模块的模式。延迟加载本质上可以缩小初始加载包的尺寸，从而减少 Web 应用程序的初始加载时间。对配置有很多路由的大型 Web 应用程序，推荐使用延迟加载功能。

10.7.2 实施延迟加载

所谓延迟加载是指延迟加载特性模块，因此在 Web 应用程序中除了根模块外，至少需要一个额外的特性模块。实施延迟加载特性模块有 3 个主要步骤。

（1）创建一个带路由的特性模块。

（2）删除默认的急性加载。

（3）配置延迟加载的路由。

实际上，以上 3 个步骤可以通过一条 Angular CLI 命令完成。

```
ng generate module 模块名 --route 延迟加载特性模块的路径 --module app.module
```

下面我们通过示例来说明上面的命令和选项参数。

```
$ ng generate module my-feature --route featurepath --module app
CREATE src/app/my-feature/my-feature-routing.module.ts (357 bytes)
```

```
CREATE src/app/my-feature/my-feature.module.ts (372 bytes)
CREATE src/app/my-feature/my-feature.component.ts (273 bytes)
UPDATE src/app/app-routing.module.ts (359 bytes)
```

使用 ng generate module 命令附带 --route 选项时，该命令将告诉 Angular CLI 命令，新建一个延迟加载的特性模块，并且不需要在根模块中对其引用。上述命令中的 --route 选项参数 featurepath 表示将生成一个路径为 featurepath 的延迟加载路由，并且将其添加到由 --module 选项指定的模块声明的 routes 数组中。命令中的 --module 选项参数 app 表示在指定的模块文件（省略了扩展名，指的是 app.module.ts 模块文件）中添加延迟加载路由的配置。

提示 注意区分 ng generate module 命令中的选项 --route 与选项 --routing，前者是创建延迟加载路由，后者是创建普通的路由。如果两者同时使用，--route 选项将覆盖 --routing 选项。

打开根模块的路由文件 app-routing.module.ts，可以看到新创建的特性模块的路由已经添加进 routes 数组。

```
import { NgModule } from '@angular/core';
import { Routes, RouterModule } from '@angular/router';


const routes: Routes = [
 {
   path: 'featurepath',
   loadChildren: () => import('./my-feature/my-feature.module').then(m => m.MyFeatureModule)
  }
]

@NgModule({
 imports: [RouterModule.forRoot(routes)],
 exports: [RouterModule]
})
export class AppRoutingModule { }
```

延迟加载使用 Routed 对象的 loadChildren 属性，其后是一个使用浏览器内置的 import('…') 语法进行动态导入的函数。其导入路径是到当前模块的相对路径。

下面我们查看新创建的特性模块的路由模块文件 my-feature-routing.module.ts。

```
import { NgModule } from '@angular/core';
import { Routes, RouterModule } from '@angular/router';

import { MyFeatureComponent } from './my-feature.component';

const routes: Routes = [{ path: '', component: MyFeatureComponent }];

@NgModule({
 imports: [RouterModule.forChild(routes)],
 exports: [RouterModule]
})
export class MyFeatureRoutingModule { }
```

读者可能已经注意到了，Angular CLI 命令把 RouterModule.forRoot(routes) 方法添加到根模块路由中，而把 RouterModule.forChild(routes) 方法添加到各个特性模块中。这是因为 forRoot(routes) 方法将会注册并返回一个全局的单例 RouterModule 对象，所以在根模块中必须只使用一次 forRoot() 方法，各个特性模块中应当使用 forChild() 方法。

下面我们通过示例演示路由器的延迟加载功能。

10.7.3 [示例 route-ex400] 实现路由器的延迟加载功能

（1）用 Angular CLI 构建 Web 应用程序，具体命令如下。

```
ng new route-ex400 --minimal --routing -s -t --interactive=false
```

（2）在 Web 应用程序根目录下启动服务，具体命令如下。

```
ng serve
```

（3）查看 Web 应用程序的结果。打开浏览器并浏览“http://localhost:4200”，应该看到文本“Welcome to route-ex400!”。

（4）创建两个特性模块，具体命令如下。

```
ng g m features/users --route users --module app.module # 创建带路由的users模块，并且配置为延迟加载模块
ng g m features/posts --route posts --module app.module # 创建带路由的posts模块，并且配置为延迟加载模块
```

（5）编辑根组件。编辑文件 src/app/app.component.ts，并将其更改为以下内容。

```
import { Component } from '@angular/core';

@Component({
 selector: 'app-root',
 template: `
   <h1>
     {{title}}
   </h1>

   <button routerLink="/users">用户信息</button>
   <button routerLink="/posts">留言信息</button>
   <button routerLink="">Home</button>

   <router-outlet></router-outlet>
 `,
 styles: []
})
export class AppComponent {
  title = 'route-ex400';
}
```

（6）观察 Web 应用程序页面，查看控制台输出信息，页面显示效果如图 10-8 所示。

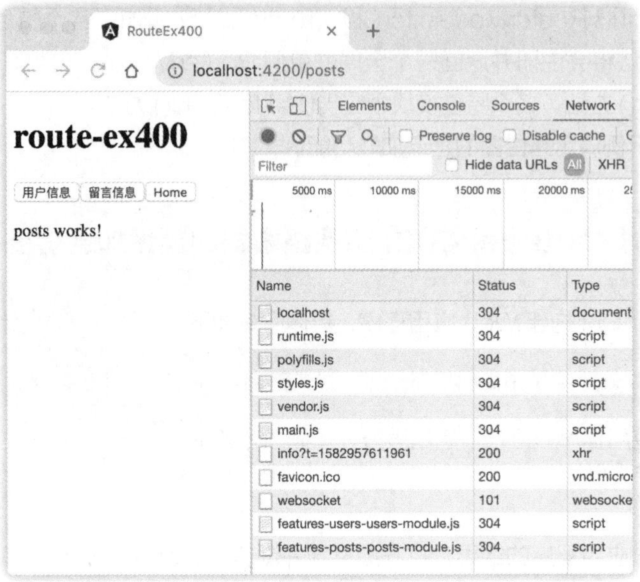

图 10-8　页面显示效果

示例 route-ex400 完成了以下内容。

（1）通过 Angular CLI 命令创建两个特性模块，这两个特性模块均放在 features 文件夹下，同时命令已经在主路由配置文件中配置了延迟加载功能。

（2）可以使用 Chrome 开发者工具来确认这些特性模块是否是延迟加载的。在 Chrome 浏览器中，按“Cmd+Option+I（Mac）”或“Ctrl+Shift+J（PC）”键，并选中“Network”选项卡。单击“用户信息”或“留言信息”按钮，可以看到 Network 的记录中出现了一条加载模块信息，特性模块被延迟加载成功了。无论来回切换按钮多少次，users 模块和 posts 模块加载的信息都只出现一次。

10.8 小结

本章主要介绍了 Angular 路由方面的知识，包括路由配置、路由器状态以及路由事件等；还通过示例演示了如何在路由中传递参数、如何使用路由守卫和如何使用延迟加载功能，这些知识在实际应用中都非常有用。

第11章 Angular 服务和依赖注入

本章将学习有关 Angular 的服务和依赖注入的知识。服务是一个广义的概念，它包括所需的任何值、函数或业务功能。狭义的服务是一个明确定义了用途的类，该类关注一些具体的业务逻辑。我们先介绍为什么需要服务。

11.1 为什么需要服务

在 Angular 中最常用的就是组件。组件通常会通过一些指令去获取一些数据，并在组件内部进行逻辑处理。但事实上这样做并不合理。理想情况下，组件应只负责用户体验，不应该负责如何去直接或间接地获取数据，也不应该关心自己展示的数据是真实的还是模拟的假数据。组件只需要展示数据就可以了，获取和处理数据的工作应该让服务来完成。

Angular 把组件和服务区分开，以强化模块性和复用性。通过把组件中和视图有关的功能与其他类型（数据或逻辑）的处理分离开，组件将更加精简、高效。组件应该把如从服务器获取数据、验证用户输入或直接往控制台中写日志等工作委托给各种服务。通过把各种处理任务定义到可注入的服务中，服务可以被任何组件使用。

还有一个重要的需要服务的原因就是依赖注入，Angular 通过依赖注入更容易将 Web 应用程序逻辑分解为服务，并使这些服务可用于各个组件中。在技术上，服务只是一个类，仅包含处理业务的逻辑代码，它应该与视图渲染完全分开。在业务上，服务应遵循单一责任原则，仅实现单一的业务功能。服务的目标是把业务逻辑集中在一起，根据用途打好包，供 Web 应用程序中的其他组件、指令或别的服务等调用。使用服务后，用户不需要反复复制代码，只需通过依赖注入的方式轻松地调用它们即可。

11.2 什么是依赖注入

在软件工程中，依赖注入是一种软件设计模式，它可以实现控制的反转，以解决依赖关系问题。依赖注入是一种编码模式，通俗的理解是，一个类从外部源接收它需要的对象实例（称为依赖），而不是自己创建这些对象实例。

依赖注入被融入 Angular 中，用于在任何地方给新建的组件提供服务或所需的其他东西。组件是服务的消费者，可以把一个服务注入组件中，让组件类直接访问该服务。

理解 Angular 的依赖注入，需要先了解下面这几个概念。

- 注入器：注入器是 Angular 自己的类，不需要用户创建，它负责提供依赖注入功能。Angular 中的注入器是树状结构，按照层级划分，有根注入器、模块注入器（Module Injector）、组件注入器及元素注入器（Element Injector）。Angular 会在 Web 应用程序启动过程中创建注入器。注入器是一个容器，它会创建依赖，并管理这些依赖，使这些依赖在 Web 应用程序中的其他地方也可使用。
- 提供商：提供商是一个类，用来告诉注入器应该如何获取或创建依赖。对要用到的任何服务，Angular 都要求必须至少注册一个提供商。
- 依赖：依赖描述的是一个类从外部源接收它需要的对象实例，这些对象实例作为依赖已经在注入器中创建好了，该类仅需要注入它即可使用，不需要自己创建这些依赖。依赖可以是服务类、函数、对象、接口或值等。

Angular 的依赖注入就是围绕上面的概念展开的，可以简单地用一句话概括它们之间的关系：注入器通过提供商创建依赖。

在创建依赖的过程中，用户可以有选择地对依赖注入进行配置，如选择注入器、配置提供商等。当完成了 Angular 依赖注入的配置后，注入器通过提供商创建依赖，然后我们就可以在 Angular 中使用依赖注入了。

11.3 创建可注入的服务类

在 Angular 中创建服务类与创建模块、组件、指令类似。默认情况下，使用 Angular CLI 的 ng generate service 命令创建服务，它会生成一个用 @Injectable() 装饰器声明的服务类，如创建一个日志服务。

```
ng g service log # ng generate service log 的缩写,log是服务类的文件名
```

上述命令会在根目录下生成服务类文件 log.service.ts，文件初始内容如下。

```
import { Injectable } from '@angular/core';

@Injectable({
  providedIn: 'root'
})
export class LogService {
```

```
constructor() { }
}
```

Angular 的服务类用 @Injectable() 装饰器声明。@Injectable() 装饰器是一个标记性装饰器，它声明的类可由注入器创建并可以作为依赖项注入。它仅包含一个 providedIn 属性的元数据。providedIn 属性用于指定注入器，可接收 3 种字符串：root、platform 和 any。它们分别代表着 3 种不同级别的注入器。

11.4 选择注入器

Angular 提供的注入器有多种，Angular 在启动过程中会自动为每个模块创建一个注入器，注入器是一个树结构。

（1）Angular 为根模块（AppModule）创建的是根注入器。

（2）根注入器会提供依赖的一个单例对象，可以把这个单例对象注入多个组件中。

（3）模块和组件级别的注入器可以为它们的组件及其子组件提供同一个依赖的不同实例。

（4）可以为同一个依赖使用不同的提供商来配置这些注入器，这些提供商可以为同一个依赖提供不同的实现方式。

（5）注入器是可继承的，这意味着如果指定的注入器无法解析某个依赖，它就会请求父注入器来解析它。组件可以从它自己的注入器中获取服务、从其祖先组件的注入器中获取服务、从其父模块（NgModule 类）级别的注入器中获取服务，或从根注入器中获取服务。

服务有作用域，表示该服务在 Web 应用程序中的可见性。不同级别的注入器创建的依赖服务对应着 Web 应用程序中的不同可见性。@Injectable() 装饰器提供了选择注入器的一种方式，即通过配置元数据 providedIn 属性的值，可以选择不同级别的注入器。

字符串 root 表示选择的是根注入器，根注入器在整个 Web 应用程序中仅创建服务的一个单例对象，可以把这个单例对象注入任何想要它的类中。

字符串 platform 表示选择的是元素注入器，元素注入器使服务可以在整个 Web 应用程序和 Angular 自定义元素间共享。关于 Angular 自定义元素，简单地理解就是将 Angular 组件的所有功能打包为原生的 HTML，可以供其他非 Angular 框架使用。因此，platform 作用域大于 root 作用域。

字符串 any 表示选择的是模块注入器，这意味着同一服务可能有多个实例。它与 root 的区别如下。

- 对非延迟加载的模块，它们共享一个由根注入器提供的实例。
- 对延迟加载的模块，每个模块分别创建一个自己的实例，供模块内单独使用。

选择了注入器后，依赖注入还需要一个提供商，因为 Angular 对要用到的任何服务，都要求必须至少注册一个提供商。对服务类来说，提供商就是它自己。因此，11.3 节使用命令创建的 LogService 服务已经是一个依赖服务了，可以在其他组件中注入并使用它。

11.5 配置提供商

当使用提供商配置注入器时，注入器就会把提供商和一个 token 关联起来，维护一个内部关系（token-Provider）映射表，当请求一个依赖项时就会引用它。token 就是这个映射表的键。

在 Angular 依赖注入系统中，用户可以根据名字在缓存中查找依赖，也可以通过配置过的提供商来创建依赖。我们必须使用提供商来配置注入器，否则注入器就无法知道如何创建此依赖。注入器创建服务实例的最简单方法，就是用这个服务类本身来创建它。但是在现实中，依赖除了服务类外，还可以是函数、对象、接口或值等。因此，Angular 提供了很多类型的提供商，不同的提供商可以针对特定的依赖项提供定制化的创建服务；如对于服务类来说，也可以通过配置提供商来定制化创建服务实例。

11.5.1 提供商的类型

提供商是一个实现了 Provider 接口的对象，它告诉注入器应该如何获取或创建依赖的服务实例。提供商类型定义如下。

```
    type Provider = TypeProvider | ValueProvider | ClassProvider | ConstructorProvider |
ExistingProvider | FactoryProvider | any[];
```

从上面的定义可以看出，Angular 至少支持上述 6 种类型的提供商，下面来分别介绍它们。

11.5.2 配置方法

在 Angular 中有 3 个地方可以配置提供商，以便在 Web 应用程序的不同层级使用提供商来配置注入器。

- 在服务本身的 @Injectable() 装饰器中。
- 在模块类的 @NgModule() 装饰器中。
- 在组件类的 @Component() 装饰器中。

其中在服务本身的 @Injectable() 装饰器中仅有一个元数据的 providedIn 属性，用户可以用它来选择不同的注入器，配置提供商的属性为默认值。其实对服务来说，提供商就是它自己。因此，Angular 默认通过调用该服务类的 new 运算符来创建服务实例。

在 @NgModule() 装饰器和 @Component() 装饰器的元数据中都提供了 providers 属性，用户可以通过该属性来配置提供商。

当使用 @NgModule() 装饰器中的 providers 属性配置提供商时，该服务实例对该 NgModule 类中的所有组件是可见的，该 NgModule 类中的所有组件都可以注入它。

当使用 @Component() 装饰器中的 providers 属性配置提供商时，该服务实例只对声明它的组件及其子组件可见，它会为该组件的每一个新实例提供该服务的一个新实例。

1. TypeProvider

TypeProvider 称为类型提供商，类型提供商用于告诉注入器使用指定的类来创建服务实例，本质上是通过调用类的 new 运算符来创建服务实例。这也是我们用得最多的一种提供商。具体代码如下。

```
providers: [ LogService ] // LogService是一个由@Injectable()装饰器声明的类
```

在上面的代码中，配置的依赖项是一个 LogService 类的服务实例，而该类的类型 LogService 是该依赖的 token 值。

2. ValueProvider

ValueProvider 称为值提供商，ValueProvider 接口定义如下。

```
interface ValueProvider extends ValueSansProvider {
   provide: any
   multi?: boolean // 可选参数
   useValue: any
}
```

其中的 provide 属性接收 3 种类型的 token 值：类、InjectionToken 对象实例及其他任何对象实例。

当 provide 属性的 token 值为类和对象实例时，参考下面的代码片段。

```
const JAVA_BOOK = new Book('Learning Java', 'Java');
providers: [
  {provide: String, useValue: 'Hello'},  // 注入的依赖为字符串值,String类作为该依赖的token值
  {provide: 'name', useValue: 'Hello'},  // 注入的依赖为字符串值，字符串对象实例name作为该依赖的token值
  {provide: Book, useValue: JAVA_BOOK}  // 注入的依赖为Book对象实例,Book对象实例作为该依赖的token值
]
```

InjectionToken 类用来创建 InjectionToken 对象实例，该类的定义如下。

```
class InjectionToken<T> { //接收一个泛型（T）对象
   constructor(
     _desc: string,  // 一个描述（_desc）参数
     options?: { providedIn?: Type<any> | "root" | "platform" | "any"; factory: () => T; }
   )
   protected _desc: string
   toString(): string
}
```

InjectionToken 类接收一个泛型对象和一个描述参数。当 provide 属性为 InjectionToken 对象实例时，useValue 属性接收的类型取决于 InjectionToken 类中的泛型对象类型。

```
const HELLO_MESSAGE = new InjectionToken<string>('Hello!'); // 创建一个字符串类型的可注入对象
providers: [{
  provide: HELLO_MESSAGE,
  useValue: 'Hello World!' // 接收一个字符串，与InjectionToken类的泛型对象string对应
}]
```

Angular 中的接口其实是 TypeScript 的功能，而 JavaScript 没有接口，所以当 TypeScript 转译成 JavaScript 时，接口也就消失了。因此，InjectionToken 类常用于封装接口类型的对象实

例，代码如下。

```
interface Config { // Config是一个接口
  apiEndPoint: string;
  timeout: number;
}

const configValue: Config = { // 定义一个接口类型实例
  apiEndPoint: 'def.com',
  timeout: 5000
};

// 定义一个InjectionToken类对象实例，实际是封装Config接口
const configToken = new InjectionToken<Config>('demo token');

providers: [{
  provide: configToken, useValue: configValue // 使用configToken作为依赖的token值
}]
```

3. ClassProvider

ClassProvider 称为类提供商，ClassProvider 与 ValueProvider 类似，它的 provide 属性接收值与 ValueProvider 提供商相同，不同的是 useClass 属性接收一个类，或者该类的子类。

```
providers: [{
  provide: LogService,
  useClass: LogService
}]
```

在上面的代码中，依赖项的值是一个 LogService 类的实例，而该类的类型 LogService 是该依赖的 token 值。

4. ConstructorProvider

ConstructorProvider 可以理解为等同 TypeProvider，它仅有 provide 属性，且接收一个类。

```
providers: [{
  provide: LogService
}]
```

在上面的代码中，依赖项的值是一个 LogService 类的实例，而该类的类型 LogService 是该依赖的 token 值。

5. ExistingProvider

ExistingProvider 用于创建别名提供商。假设老的组件依赖于 OldLogger 类。OldLogger 类和 NewLogger 类的接口相同，但是由于某种原因，我们没法修改老的组件来使用 NewLogger类，这时可以使用 useExisting 为 OldLogger 类指定一个别名 NewLogger。

```
[ NewLogger, {
  provide: OldLogger,
  useExisting: NewLogger
}]
```

上述配置中，使用 NewLogger 作为 OldLogger 类的别名。

6. FactoryProvider

有时候可能需要动态创建依赖值，创建时需要的信息要等运行期间才能获取。这时可以使用 FactoryProvider。FactoryProvider 使用 useFactory 属性来配置该注入器。useFactory 属性接收一个函数。

```
providers: [{
  provide: LogService,
  useFactory: () => new LogService()
}]
```

在上面的代码中，依赖项的值是 useFactory 属性中的函数返回的对象实例，LogService 类是该依赖的 token 值。

11.6 在类中注入服务

当完成了 Angular 依赖注入的配置后，注入器通过提供商创建依赖，创建依赖的过程可以这么理解：注入器将查找具体 token 值对应的提供商，然后使用该提供商创建对象实例，作为依赖项存储在注入器中。当完成了依赖的创建后，我们就可以通过依赖注入的方式，在 Angular 中使用该依赖的服务实例的方法和属性了。

上面提到过，选择不同的注入器，或在不同的位置配置提供商，服务在 Web 应用程序中的可见性是不同的。如 providedIn 属性配置为 root 时，服务是单例的；也就是说，在指定的注入器中最多只有某个服务的一个实例。

Angular 的依赖注入具有分层注入体系，Web 应用程序有且只有一个根注入器。这意味着下级注入器也可以创建它们自己的服务实例。Angular 会有规律地创建下级注入器。每当 Angular 创建一个在 @Component() 装饰器中指定了 providers 属性的组件实例时，它也会为该组件实例创建一个新的子注入器。同样，当在运行期间加载一个新的 NgModule 类时，Angular 也可以为它创建一个拥有自己的提供商的注入器。

子模块和组件注入器彼此独立，并且会为所提供的服务分别创建自己的服务实例。当 Angular 销毁 NgModule 类或组件实例时，也会销毁这些注入器和注入器中的那些服务实例。

子组件注入器是其父组件注入器的子节点，它会继承所有的祖先注入器，其终点则是 Web 应用程序的根注入器。

Angular 提供了多种灵活的方式注入依赖类，下面对其进行详细的讲解。

11.6.1 注入依赖类实例

我们可以通过类的构造函数注入依赖类，即在构造函数中指定参数的类型为注入的依赖类。下面的代码是某个组件类的构造函数，它要求注入 LogService 类。

```
constructor(private logService: LogService)
```

注入器将会查找 token 值为 LogService 类的提供商，然后将该提供商创建的对象实例作为依赖项，赋值给 logService 变量。当完成了依赖注入后，用户就可以在类中使用该服务实例的方法和属性了。

11.6.2 注入可选的依赖类实例

在实际应用中，有时候某些依赖服务是可有可无的，换句话说，可能存在需要的依赖服务找不到的情况。这时，我们可以通过 @Optional() 装饰器来显式地声明依赖服务，告知 Angular 这是一个可选的依赖服务。同时，我们需要通过代码中的条件来判断依赖服务是否存在，代码如下。

```
constructor(@Optional() private logService: LogService) {
  if (this.logService) { // 判断是否存在
     // 具体业务逻辑
  }
}
```

11.6.3 使用 @Inject() 装饰器指定注入实例

11.6.1 小节在介绍注入依赖类实例时，注入的类型是该依赖类的类型，即可以理解为根据 token 值来注入依赖类。当我们遇到注入的依赖类是一个值对象、数组或者接口的情况时，需要使用 @Inject() 装饰器来显式地指明依赖类的 token 值。如之前我们使用 InjectionToken 类封装了一个接口类型的依赖，然后期望在组件或者服务类中注入该接口类型的依赖时，需要使用 @Inject() 装饰器来显式地指明依赖的 token 值，代码如下。

```
// 注意这里需要使用@Inject()装饰器,configToken是该接口依赖的token值
constructor(@Inject(configToken) private config: Config) { // Config是注入依赖的类型
  console.log('new instance is created');
}
```

又如，我们在服务中配置一个值提供商，然后在类中注入该值提供商创建的值。

```
providers: [{
  provide: 'name',
  useValue: '变量name的值'
}]
constructor(@Inject('name') private config: String) { // String是注入依赖的类型
  this.title = '值Provide: ' + config;
}
```

11.6.4 注入 Injector 类对象实例

Injector 类是 Angular 的注入器对应的 Class 类。既然注入器创建和维护着依赖，那么我们可以直接注入 Injector 类对象实例，然后通过它的方法获取依赖。上面介绍的注入值类型，可以用下面的方式实现。

```
providers: [{
 provide: 'name',
 useValue: '变量name的值'
}]
constructor(private injector: Injector) { // 注入Injector类对象实例
  this.title = '值Provide: ' + injector.get('name');
}
```

在上述代码中，我们通过注入Injector类对象实例，然后调用它的get()方法来获取对应的依赖。下面通过一个示例演示Angular配置和使用依赖注入的方法。

11.6.5 [示例 injection-ex100] Angular 配置和使用依赖注入

（1）用Angular CLI构建Web应用程序，具体命令如下。

```
ng new injection-ex100 --minimal --interactive=false
```

（2）在Web应用程序根目录下启动服务，具体命令如下。

```
ng serve
```

（3）查看Web应用程序的结果。打开浏览器并浏览“http://localhost:4200”，应该看到文本“Welcome to injection-ex100!”。

（4）创建两个延迟加载模块，具体命令如下。

```
ng g m features/employee --route employee --module app.module
ng g m features/department --route department --module app.module
```

（5）创建配置接口和依赖服务类，具体命令如下。

```
ng g i shared/config
ng g service shared/config # 注意service没有缩写
```

（6）编辑配置接口类。编辑文件src/app/shared/config.ts，并将其更改为以下内容。

```
import { InjectionToken } from '@angular/core';

export interface Config {
  apiEndPoint: string;
  timeout: number;
}

export const configToken = new InjectionToken<Config>('demo token');
```

（7）编辑依赖服务类。编辑文件src/app/shared/config.service.ts，并将其更改为以下内容。

```
import { Injectable, InjectionToken, Inject } from '@angular/core';
import { Config, configToken } from './config';

@Injectable({
  providedIn: 'root'
```

```
})
export class ConfigService {

  // 注入Config接口对象
  constructor(@Inject(configToken) private config: Config) {
     console.log('new instance is created');
  }

  getValue() {
     return this.config;
  }
}
```

（8）编辑 employee 组件。编辑文件 src/app/features/employee/employee.component.ts，并将其更改为以下内容。

```
import { Component, OnInit } from '@angular/core';
import { ConfigService } from 'src/app/shared/config.service';

@Component({
  selector: 'app-employee',
  template: `
     <p>
        employee works!
     </p>
  `,
  styles: []
})
export class EmployeeComponent implements OnInit {

  constructor(private configService: ConfigService) { }

  ngOnInit(): void {
     console.log(this.configService.getValue());
  }

}
```

（9）编辑 employee 模块。编辑文件 src/app/features/employee/employee.module.ts，并将其更改为以下内容。

```
import { NgModule } from '@angular/core';
import { CommonModule } from '@angular/common';

import { DepartmentRoutingModule } from './department-routing.module';
import { DepartmentComponent } from './department.component';
import { Config, configToken } from 'src/app/shared/config';

export const configValue: Config = { // 自定义配置
  apiEndPoint: 'xyz.com',
  timeout: 4000
```

```
};

@NgModule({
  declarations: [DepartmentComponent],
  imports: [
    CommonModule,
    DepartmentRoutingModule
  ],
  providers: [{
    provide: configToken, useValue: configValue // 注册ValueProvider
  }]
})
export class DepartmentModule { }
```

（10）编辑 department 组件。编辑文件 src/app/features/department/department.component.ts，并将其更改为以下内容。

```
import { Component, OnInit } from '@angular/core';
import { ConfigService } from 'src/app/shared/config.service';

@Component({
  selector: 'app-department',
  template: `
    <p>
      department works!
    </p>
  `,
  styles: []
})
export class DepartmentComponent implements OnInit {

  constructor(private configService: ConfigService) { }

  ngOnInit(): void {
    console.log(this.configService.getValue());
  }

}
```

（11）编辑 department 模块。编辑文件 src/app/features/department/department.module.ts，并将其更改为以下内容。

```
import { NgModule } from '@angular/core';
import { CommonModule } from '@angular/common';

import { DepartmentRoutingModule } from './department-routing.module';
import { DepartmentComponent } from './department.component';
import { Config, configToken } from 'src/app/shared/config';

export const configValue: Config = { // 自定义配置
  apiEndPoint: 'xyz.com',
```

```
  timeout: 4000
};

@NgModule({
  declarations: [DepartmentComponent],
  imports: [
     CommonModule,
     DepartmentRoutingModule
  ],
  providers: [{
     provide: configToken, useValue: configValue // 注册ValueProvider
  }]
})
export class DepartmentModule { }
```

（12）编辑组件。编辑文件 src/app/app.component.ts，并将其更改为以下内容。

```
import { Component } from '@angular/core';

@Component({
  selector: 'app-root',
  template: `
     <a routerLink="employee">Employee</a>
     <br>
     <a routerLink="department">Department</a>
     <router-outlet></router-outlet>
  `,
  styles: []
})
export class AppComponent {
  title = 'injection-ex100';
}
```

（13）观察 Web 应用程序页面，显示效果如图 11-1 所示。

示例 injection-ex100 完成了以下内容。

（1）创建了两个延迟加载模块，Angular CLI 命令自动配置好了延迟路由。

（2）创建和注册了可注入的 ConfigService 类，使用默认配置提供商，注册给根注入器。同时，在其 constructor() 构造函数中，通过 @Inject() 装饰器注入一个 Config 接口对象。@Inject() 装饰器负责指定依赖对象，这里是 configToken 对象，configToken 对象是通过 InjectionToken 类创建的一个可注入的接口对象。简单地说，ConfigService 类依赖 Config 接口对象。

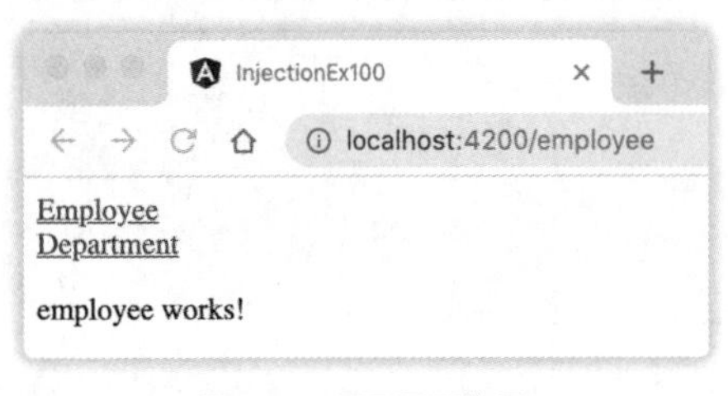

图11-1 页面显示效果

（3）分别在两个延迟加载模块的组件中注入 ConfigService 类，并在 ngOnInit() 方法中调用该类的方法。

（4）分别在两个延迟加载模块中初始化 configToken 对象，然后配置 ValueProvider，分别接收不同的配置参数。

单击页面链接，发现无任何反应。进入开发者模式，查看控制台显示的输出日志信息。这时，控制台抛出错误信息，产生空指针错误，详细情况是组件中注入的 ConfigService 类遇到了空指针错误。

产生上述错误信息的原因是，我们在 ConfigService 类中默认使用了 providedIn:'root' 配置，它表示将 ConfigService 类注入根注入器中，并在 Web 应用程序的启动阶段就实例化好了一个实例对象。然而 ConfigService 类的配置参数是分别在延迟加载模块中注册的，当我们准备单击页面上的链接时，两个延迟加载模块并没有加载，因此 ConfigService 类的配置参数这时不存在，故 ConfigService 类遇到了空指针错误。准确地说，它依赖的 configToken 对象为空。

解决这个问题的思路是，可以在 AppModule 根模块中初始化 configToken 对象，然后将其注册到根注入器中，这时 ConfigService 类在启动阶段就能读取配置参数了。编辑文件 src/app/app.module.ts，并将其更改为以下内容。

```
import { BrowserModule } from '@angular/platform-browser';
import { NgModule } from '@angular/core';

import { AppRoutingModule } from './app-routing.module';
import { AppComponent } from './app.component';
import { Config, configToken } from './shared/config';

export const configValue: Config = { // 自定义配置
  apiEndPoint: 'def.com',
  timeout: 5000
};

@NgModule({
  declarations: [
     AppComponent
  ],
  imports: [
     BrowserModule,
     AppRoutingModule
  ],
  providers: [{
     provide: configToken, useValue: configValue // 注册ValueProvider
  }],
  bootstrap: [AppComponent]
})
export class AppModule { }
```

配置完成后，再次单击页面链接，控制台均输出 AppModule 根模块中配置的内容，说明两个延迟加载模块加载同一个配置参数。但是我们期望的是在不同的延迟加载模块中加载不同的配置参数。这时，我们可以通过配置 providedIn: 'any' 来达成此目的。

（5）编辑依赖服务类。编辑文件 src/app/shared/config.service.ts，并将其更改为以下内容。

```
import { Injectable, InjectionToken, Inject } from '@angular/core';
import { Config, configToken } from './config';

@Injectable({
  providedIn: 'any' // 原先的值是root
```

```
})
export class ConfigService {

  // 注入Config接口对象
  constructor(@Inject(configToken) private config: Config) {
     console.log('new instance is created');
  }

  getValue() {
     return this.config;
  }
}
```

配置完成后，再次单击页面链接，控制台分别输出各自延迟加载模块中配置的内容，说明两个延迟加载模块加载的是不同的配置参数。

通过上述示例我们可以看出，合理地使用提供商，可以使 Web 应用程序模块化和参数化。

11.7 创建依赖

上面我们介绍了如何通过注入 Injector 类对象实例获取依赖。同样，我们也可以直接使用 Injector 类创建依赖。

```
constructor() {
  const injector = Injector.create({ providers: [{ provide: 'name', useValue: '变量name
的值' }] });
  this.title = '值Provide: ' + injector.get('name');
}
```

上述代码通过 Injector 类的 create() 方法，创建了一个 Injector 类对象实例，该对象实例中维护着一个 token 值为 name 的值提供商，该值提供商负责创建依赖（一个值对象）。用户通过调用 Injector 类对象实例的 get() 方法获得对应值提供商创建的依赖。

11.8 小结

本章主要介绍了 Angular 有关服务和依赖注入的知识——从依赖注入的概念一直到注入器本身；介绍了如何创建服务和如何配置各种提供商。 我们也知道了服务有单例和多例的区别。当然，有关服务的知识还有很多，如可以使用服务作为组件之间的通信桥梁、可以使用单例服务来保存由多个组件访问的共享信息等。

第12章 RxJS 响应式编程基础

RxJS 是 JavaScript 的响应式扩展（Reactive Extensions For JavaScript）的英文简写，它是一个 Reactive 流库，Reactive 是指响应式编程（Reactive Programming）。目前，RxJS 已经集成在 Angular 中了，Angular 开发者可以在项目中直接使用它进行响应式编程。

12.1 响应式编程的基本概念

在计算机中，响应式编程或反应式编程是一种面向数据流和变化传播的编程范式。这意味着我们可以在编程语言中很方便地表达静态（如数组）或动态（如页面点击事件）的数据流，而相关的计算模型会自动将变化的值通过数据流进行传播。

例如在传统编程环境中，“a=b+c”表示将表达式的结果赋给“a”，而之后改变“b”或“c”的值不会影响“a”。但在响应式编程中，“a”的值会随着“b”或“c”的变化而更新。

Web 中的任何异步事件（如页面鼠标单击事件）在响应式编程中都是异步事件流。不仅仅是单击、鼠标悬停事件，响应式编程会把任何变量、用户输入、属性、缓存、数据结构等事物都看成数据流。数据流是类似数组一样的序列，可以像数组一样，用 merge、map、concat 等方法操作；简单来说就是把所有事物都数据流化，然后像数组一样操作这些数据流，这就是响应式编程。响应式编程具有以下特点。

- 使用异步数据流进行编程，把包含事件在内的所有事物都数据流化，监听数据流并做出响应。
- 只关注业务逻辑互相依赖的事件而不是实现细节。
- 适用于大量和数据有关的事件的交互业务，特别是高实时性要求的业务。

12.1.1 异步数据流

什么是异步数据流？让我们分解一下。

- 异步：在 JavaScript 中，异步意味着可以调用一个函数并注册一个回调，以便在结果可用时得到通知，这样就可以继续执行其他的工作，并避免网页无响应。异步用于 AJAX 调用、DOM 事件、Promises、Web worker 以及 WebSocket 等应用场景。
- 数据：一切数据，包括 HTTP 请求、DOM 事件或者普通数据等。
- 流：随时间推移提供的数据序列。如与数组相比，数组是静态数据，用户获取数组时，得到的是某一时刻的所有数据；在响应式编程中，流是动态数据，我们可以把流想象成从水龙头中流出的水，随着时间的推移，数据逐渐返给用户。

下面我们以页面鼠标单击事件为例，通过一张图来进一步理解异步数据流，如图 12-1 所示。

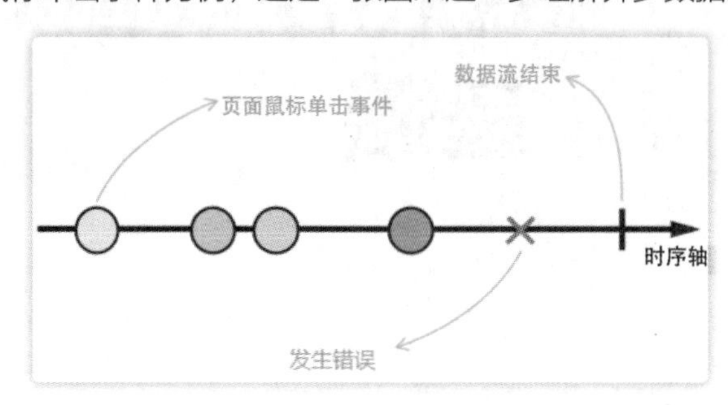

图 12-1 页面鼠标单击事件产生的异步数据流

图 12-1 所示为单击页面鼠标时产生的数据流。中间带箭头的线就像传送带，用来表示数据序列，这个数据序列被称为流。数据序列上的每个圆圈表示一个数据项，圆圈的位置表示数据项出现的先后顺序。在圆圈的最后，通常会有一条竖线或者一个叉号。竖线表示这个流正常终止了，也就是说不会再有更多的数据项被提供了。而叉号表示这个流抛出错误导致异常中止了。还有一种流，既没有竖线也没有叉号，叫作无尽流。

单击一个按钮事件，随着时间的推移，这个单击事件可能会产生 3 个不同的事件结果：正常值、发生错误、事件完成。我们可以定义对应的方法来捕获正常值、捕获发生错误和捕获事件完成的事件结果。在这个过程中，涉及以下几个响应式编程的基本概念。

- 可观察对象：就是单击按钮产生的数据流，这里指图中的圆圈、竖线和叉号。
- 观察者 (Observer)：就是捕获正常值、捕获发生错误和捕获事件完成的方法（其实就是回调函数集合）。
- 订阅：可观察对象产生的值都需要通过一个“监听”传给观察者，这个监听就是订阅。
- 发布者 (Producer)：就是单击事件，是事件的发布者，这里指单击动作。

它们之间的关系可以这么理解：发布者创建可观察对象，可观察对象负责产生数据流，观察者订阅可观察对象，订阅的目的就是监听和处理可观察对象产生的数据流。

12.1.2 可观察对象

在传统的异步编程解决方案中，JavaScript 采用的方法是回调函数和事件监听（事件发布订阅）。但是当 Web 应用程序很复杂很庞大时，大量的回调函数会让调试程序变得举步维艰，成为开发者的噩梦。

在引入响应式编程之前，业界处理异步事件通常使用 Promise 对象。Promise 是在 ES6 规范中的一种用于解决异步编程的方案。可以把它理解为一个简单的容器，里面存放着一个将来会结束的事件的返回结果（即异步操作）。不同于传统的回调函数，在 Promise 中，所有的异步操作的结果都可以通过统一的方法处理。Promise 有 3 种状态：进行中（Pending）、成功（Resolved）和失败（Rejected）。异步操作的结果决定了当前为哪一种状态，Promise 的状态只有两种改变情况，且仅改变一次：由 Pending 改变为 Resolved，由 Pending 改变为 Rejected，结果将会保持不变。

在很多软件编程任务中，指令或多或少都会按照编写的顺序逐个执行和完成。但是在现实世界中，很多指令可能是并行执行的，之后它们的执行结果才会被观察者捕获，顺序是不确定的。为达到这个目的，需要定义一种获取和变换数据的机制，而不是调用一个方法。响应式编程引入了一种新的机制，它存在一个可观察对象。一个观察者订阅一个可观察对象，观察者对可观察对象发送的数据或数据序列做出响应。这种机制可以极大地简化并发操作，因为它创建了一个处于待命状态的观察者哨兵，在未来某个时刻能够响应可观察对象的通知，不需要阻塞或等待可观察对象发送数据。

可观察对象支持在 Web 应用程序中的发布者和订阅者之间传递消息。可观察对象在进行事件处理、异步编程和处理多个值的时候有着显著的优点。下面总结了几条可观察对象与 Promise 对象相比所具有的优点。

- Promise 对象只能处理单个值，可观察对象支持处理多值甚至是数据流。
- 当 Promise 对象被创建时，它是立即执行的；而可观察对象是声明式的，意思是可观察对象只是被创建，并不会执行，只有在真正需要结果的时候，才会被调用且被执行。
- Promise 对象的执行是不能取消的。当 Promise 对象被创建时，将产生该 Promise 解决方案的过程已经在进行中，那么就无法阻止该 Promise 对象的执行；而可观察对象是可以取消的（Dispose），可观察对象能够在执行前或执行中被取消，即取消订阅。
- RxJS 的 API 允许使用数组等数据项的集合来进行异步数据流组合操作。它能彻底摆脱烦琐的 Web 式回调，从而能使代码的可读性大大提高，同时减少 Bug 的产生。

由此可见，在处理某些复杂的异步任务中，可观察对象比 Promise 对象更受开发者青睐，因为使用可观察对象创建的异步任务可以被处理，而且是延时加载的。而 Promise 对象设计的初衷只是为了解决大量的异步回调所造成的程序难以调试问题，可观察对象封装了大量的方法用以处理复杂的异步任务。

可观察对象是声明式的，它必须被订阅之后才会开始生产数据；如果没有被订阅，可观察对象不会执行。

要执行所创建的可观察对象，并从中接收信息，需要调用它的 subscribe() 方法，并传入一个观察者。这是一个 JavaScript 对象，它定义了接收这些信息的方法。调用 subscribe() 方法会返回一个订阅对象，该对象具有一个 unsubscribe() 方法。当调用该方法时，就会停止接收信息。当不需要订阅数据时，需要及时调用 unsubscribe() 方法来取消订阅，这么做好比水龙头打开了，虽然没有水流出来，但是我们还是需要及时关上水龙头。在 Web 应用程序中，这样做是为了节省内存的消耗。

12.2 RxJS 的概念

RxJS 是一个基于可观测数据流的在异步编程中的库，它是可观察对象的 JavaScript 实现，

Angular 中完全集成了 RxJS 响应式编程库。我们先来看一段 RxJS 的代码。

```
const observer = { // 步骤1：创建一个观察者对象
  next: item => console.log(item), // 步骤2：接收正常值
  error: err => console.error('error:' + err), // 步骤3：表示当有异常发生时
  complete: () => console.log('the end') // 步骤4：表示数据接收完毕时
};
const observable = of(3, 4, 5); // 步骤5：创建一个可观察对象
const subscription = observable.pipe( // 步骤6：使用操作符
  filter(item => item % 2 === 1), // 步骤7：对数据进行过滤，返回想要的数据
  map(item => item * 3), // 步骤8：把每个源值传递给转化函数以获得相应的输出值
).subscribe(observer); // 步骤9：订阅可观察对象
subscription.unsubscribe(); // 步骤10：取消订阅可观察对象
```

运行代码后，控制台输出如下结果。

```
9
15
the end
```

上述代码中，各步骤实现的内容如下。

步骤 1 创建了一个观察者对象，观察者对象中包含 3 个方法。步骤 2 表示接收正常值的处理方法。步骤 3 表示当有异常发生时的处理方法，步骤 4 表示数据接收完毕时的处理方法，其中步骤 3 和步骤 4 的方法是可选的。

步骤 5 利用 RxJS 的 of 创建器（Creator）创建了一个可观察对象，该可观察对象包含 3 个数字的序列流。

步骤 6 利用 RxJS 的操作符处理可观察对象的序列流；filter 和 map 称为操作符，用来对序列流中的条目进行处理。这些操作符被作为可观察对象的 pipe() 方法的参数。

步骤 9 使用 subscribe() 方法订阅可观察对象，当流中出现数据时，传给 subscribe() 方法的回调函数就会被调用，并且把这个数据传进去。这个回调函数可能会被调用很多次，具体取决于这个流中有多少数据。

步骤 10 使用 unsubscribe() 方法来取消订阅可观察对象。

RxJS 的基本概念涉及 4 个术语：可观察对象、观察者、订阅和发布者。可观察对象支持在 Web 应用程序中的发布者和订阅者之间传递消息，发布者发布一个可观察对象的数据流，RxJS 提供了一系列的操作符对数据流进行加工，订阅者通过可观察对象的订阅方法获取结果数据，订阅方法接收一个观察者对象，该观察者对象用来处理结果数据。

实际应用中，上述代码一般用下面的简写方式表达。

```
import { of } from 'rxjs';
import { map, filter } from 'rxjs/operators';

of(3, 4, 5).pipe(
  filter(item => item % 2 === 1), // 对数据进行过滤，返回想要的数据
  map(item => item * 3), // 把每个源值传递给转化函数以获得相应的输出值
).subscribe(
  item => console.log(item), // 接收正常值
  err => console.log('error:', err), // 当有异常发生时
```

```
  () => console.log('the end') // 表示数据接收完毕时
);
```

12.3 RxJS 创建器

RxJS 提供了很多预定义的创建器，用于创建一个可观察对象类型的数据流，下面介绍其中几个创建器。

12.3.1 of 创建器

of 创建器的作用是将单一值转换为可观察对象类型的数据流。of 创建器如图 12-2 所示。

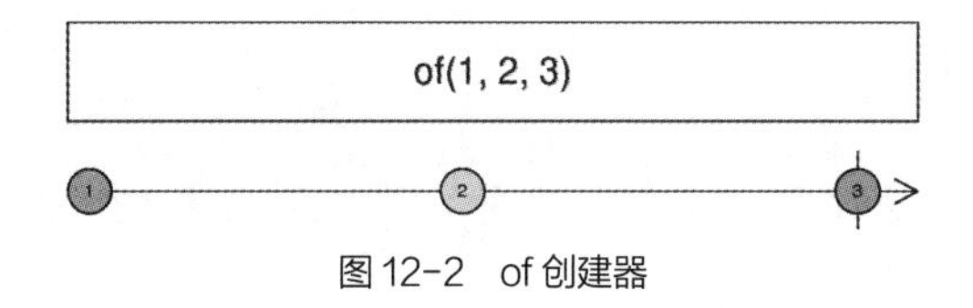

图 12-2 of 创建器

of 创建器接收任意多个参数，参数可以是任意类型，然后 of 创建器把这些参数逐个放入数据流中。下面来看看使用 of 创建器的示例。

```
import { of } from 'rxjs';

of(1, 2, 3) // 创建3个数字的数据流
.subscribe(
  next => console.log('next:', next), // 接收正常值
  err => console.log('error:', err), // 当有异常发生时
  () => console.log('the end'), // 表示数据接收完毕时
);

of([1, 2, 3]) // 创建一个数组的数据流
.subscribe(item => console.log(item))
```

运行代码后，控制台输出如下结果。

```
next: 1
next: 2
next: 3
the end
(3) [1, 2, 3]
```

12.3.2 from 创建器

from 创建器的作用是将数组转换为可观察对象类型的数据流。from 创建器如图 12-3 所示。

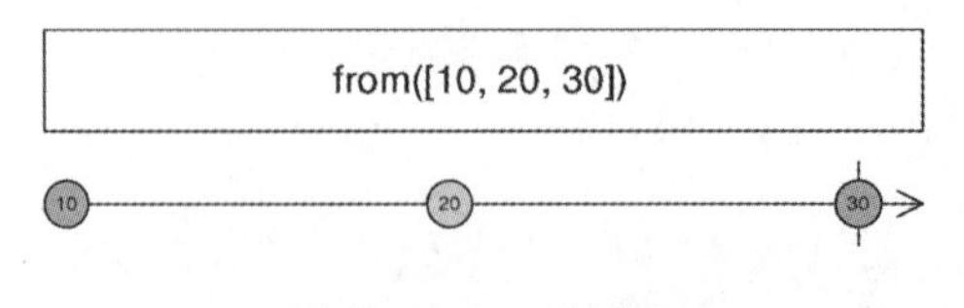

图 12-3 from 创建器

from 创建器接收一个数组型参数，数组中可以有任意类型的数据，然后 from 创建器把数组中的每个数据逐个放入数据流中。下面来看看使用 from 创建器的示例。

```
import { from } from 'rxjs';

from([10, 20, 30]) // 将数组作为值的序列发出
  .subscribe(item => console.log(item)) // 输出: 10 20 30
```

12.3.3 range 创建器

range 创建器的作用是将数字范围转换为可观察对象类型的数据流。range 创建器如图 12-4 所示。

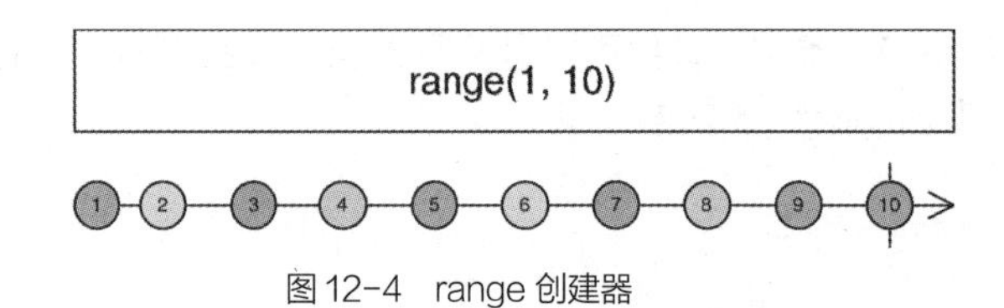

图 12-4 range 创建器

range 创建器接收两个数字型参数，即一个起点，一个终点，然后把从起点到终点的每个数字（含起点和终点）按加 1 递增的顺序放入数据流中。下面来看看使用 range 创建器的示例。

```
import { range } from 'rxjs';

range(1, 10) // 依次发出1~10
  .subscribe(item => console.log(item)) // 输出: 1 2 3 4 5 6 7 8 9 10
```

12.3.4 fromEvent 创建器

fromEvent 创建器的作用是为 DOM 元素对象添加一个事件监听器，从 DOM 事件创建可观察对象类型的数据流。fromEvent 创建器如图 12-5 所示。

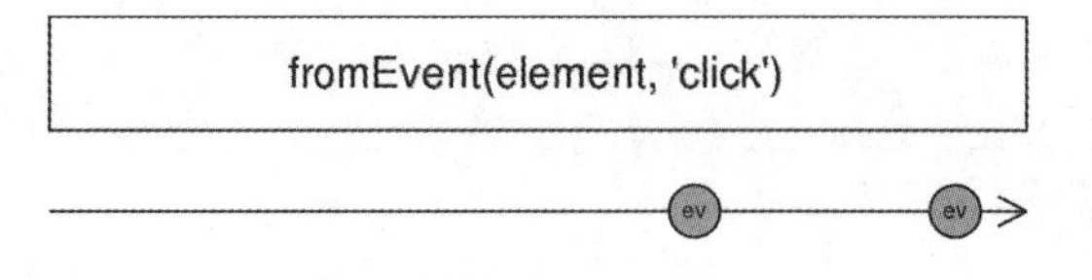

图 12-5 fromEvent 创建器

fromEvent 创建器接收两个参数，第一个是 DOM 元素对象，第二个是事件名，然后将 DOM 事件放入数据流中。从图 12-5 可以看出，fromEvent 创建器实际上是个无尽流（没有竖线或叉

号）。因此它会一直监听着 DOM 事件，只要有满足的 DOM 事件发生，它会按照预定的规则往数据流中不断重复发出数据。下面来看看使用 fromEvent 创建器的示例。

```
import { fromEvent } from 'rxjs';

fromEvent(document, 'click')
  .subscribe(val => console.log(val.target)); // 输出MouseEvent对象的target属性的信息
```

12.3.5 timer 创建器

timer 创建器的作用是创建定时器的可观察对象类型的数据流。timer 创建器如图 12-6 所示。

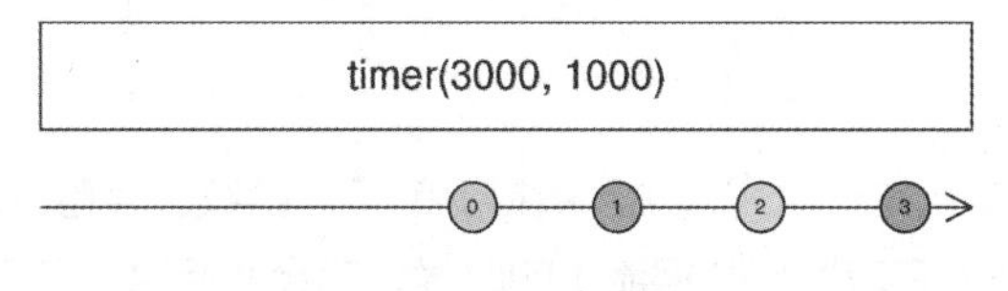

图 12-6 timer 创建器

timer 创建器接收两个数字型的参数，第一个是首次等待时间，第二个是重复间隔时间。从图 12-6 可以看出，timer 创建器实际上是个无尽流，因此它会按照预定的规则往数据流中不断重复发出数据。下面来看看使用 timer 创建器的示例。

```
import { timer } from 'rxjs';

timer(3000, 1000) // 首次等待3s，然后每隔1s开始发出数据
  .subscribe(item => console.log(item)) // 3s后开始输出0，然后每隔1s，依次输出1、2、3、……
```

12.3.6 interval 创建器

interval 创建器的作用也是创建定时器的可观察对象类型的数据流。interval 创建器如图 12-7 所示。

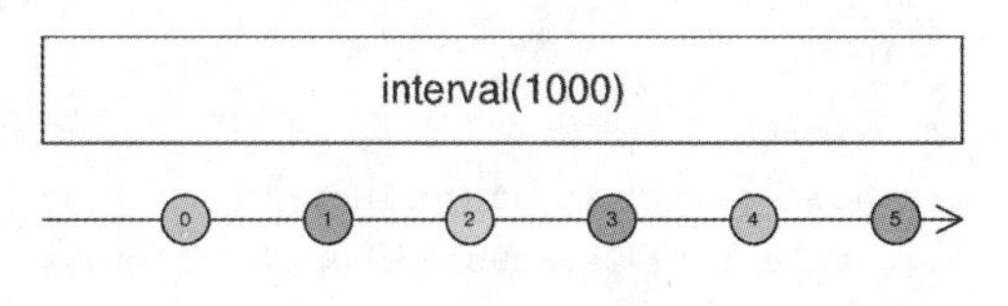

图 12-7 interval 创建器

interval 创建器和 timer 创建器唯一的差别是它只接收一个参数。事实上，它相当于 timer(1000, 1000)，也就是说首次等待时间和重复间隔时间是一样的。从图 12-7 可以看出，interval 创建器也是个无尽流，因此它会按照预定的规则往数据流中不断重复发出数据。下面来看看使用 interval 创建器的示例。

```
import { interval } from 'rxjs';

interval(1000) // 每1s依次发出0、1、2、3、……
```

```
  .subscribe(item => console.log(item)) // 1s后输出1，然后每隔1s，依次输出2、3、4、……
```

12.3.7 defer 创建器

defer 创建器的作用是延迟创建可观察对象类型的数据流。defer 创建器如图 12-8 所示。

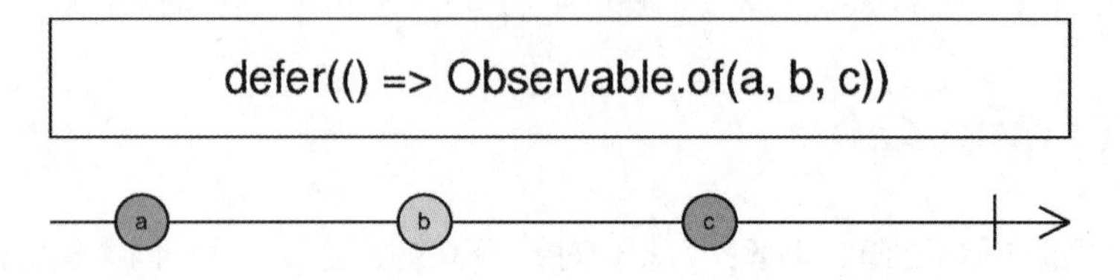

图 12-8 defer 创建器

defer 创建器接收的参数是一个用来生产数据流的工厂函数。换句话说，当消费方需要数据流（注意仅是打开水龙头，还没有获取到数据流）的时候，就会调用这个工厂函数，创建一个数据流，接着在这个数据流中消费（取数据）。下面来看看使用 defer 创建器的示例。

```
import { defer, interval, fromEvent } from 'rxjs';

defer(() =>
  Math.random() > 0.5
   ? fromEvent(document, 'click') // 如果随机数大于0.5，就创建这个数据流
   : interval(1000)) // 如果随机数小于0.5，就创建这个数据流
 .subscribe(item => console.log(item))
```

12.3.8 随机数创建器

12.3.1 小节讲到了 of 创建器的作用是将单一值转换为可观察对象类型的数据流。如果使用 of 创建器产生一个随机数的数据流，代码如下。

```
import { of } from 'rxjs';

let obs$ = of(Math.random());
obs$.subscribe(item => console.log("1st subscriber:" + item));
obs$.subscribe(item => console.log("2st subscriber:" + item));
```

上述代码两次输出的随机数看上去将会不同。但是执行后我们发现，无论我们订阅多少次，其结果都是一样的，为什么会出现这样的情况呢？我们将上面的第一行定义可观察对象 obs$ 的代码稍微改写如下。

```
import { of } from 'rxjs';

const MathRandom = () => {
  console.log('执行代码');
  return Math.random();
}
```

```
let obs$ = of(MathRandom())
```

读者看到这里可能已经明白了。这是因为 of 创建器中传入的随机数在订阅之前是 JavaScript 代码的一部分，如上面的 MathRandom() 方法，它已经执行过了，因此后面无论我们订阅 obs$ 多少次，其产生的结果都类似 of(1)，值是不会变的。那么，我们如何改写代码，才能使其在每次订阅时产生一个随机数呢？请看下面的代码。

```
import { of, defer } from 'rxjs';

let obs$ = defer(() => of(Math.random()))
obs$.subscribe(item => console.log("1st subscriber:" + item));
obs$.subscribe(item => console.log("2st subscriber:" + item));
```

上述代码中结合 defer 创建器，使 of 创建器延迟创建，即可达到我们的目的。执行上面的代码后我们发现，无论我们订阅多少次，每次输出的结果均不相同。

12.4 RxJS 基本操作符

RxJS 的操作符也称为管道操作符，它的语法格式为 observable.pipe(operator1(), operator2(), …)，其中 operator 是操作符。从语法格式上看，操作符需要通过 pipe() 对象连接在可观察对象上。RxJS 有很多操作符，如 map、filter 等。操作符是一个将可观察对象作为其输入并返回另一个可观察对象的函数，多个操作符串联在一起，按照顺序逐个执行。每个操作符都是一个纯粹的操作：以前的可观察对象保持不变。下面列举其中的常见操作符进行介绍。

12.4.1 map 操作符

map 操作符又称映射操作符，它通过映射函数映射源可观察对象数据流中的每一个条目，生成一个新的可观察对象类型的数据流。map 操作符如图 12-9 所示。

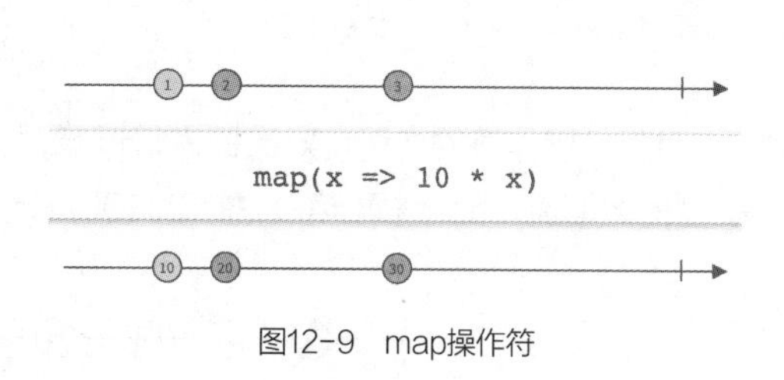

图12-9 map操作符

map 操作符不会改变源可观察对象，映射函数对每一个条目进行加工或转换，返回一个新的可观察对象。下面来看看使用 map 操作符的示例。

```
of(1, 2, 3).pipe(map(x => 10 * x)) // 将1映射成10,2映射成20,3映射成30
.subscribe(item => console.log(item))
```

运行代码后，控制台输出如下结果。

```
10
20
30
```

操作符类似链条，支持叠加式的链式写法，map 操作符也不例外。

```
of(1, 2, 3).pipe(
  map(x => 10 * x),
  map(x => x + 1)) // 两个map操作符串联在一起，按照顺序执行
.subscribe(item => console.log(item))
```

运行代码后，控制台输出如下结果。

```
11
21
31
```

12.4.2 tap 操作符

tap 操作符从字面上理解类似水龙头，它相当于在源可观察对象数据流（主流）中打开一个支流，但是这个支流不会影响主流。tap 操作符一般用来执行输出日志操作。 tap 操作符对源可观察对象无副作用。下面来看看使用 tap 操作符的示例。

```
of(1).pipe(
  tap(val => console.log(`map执行前：${val}`)),
  map(val => val + 10),
  tap(val => console.log(`map执行后：${val}`))
).subscribe(item => console.log(item))
```

运行代码后，控制台输出如下结果。

```
map执行前：1
map执行后：11
11
```

12.4.3 filter 操作符

filter 操作符的作用是对数据进行过滤，返回结果为真的结果数据，组合成一个新的可观察对象类型的数据流。filter 操作符如图 12-10 所示。

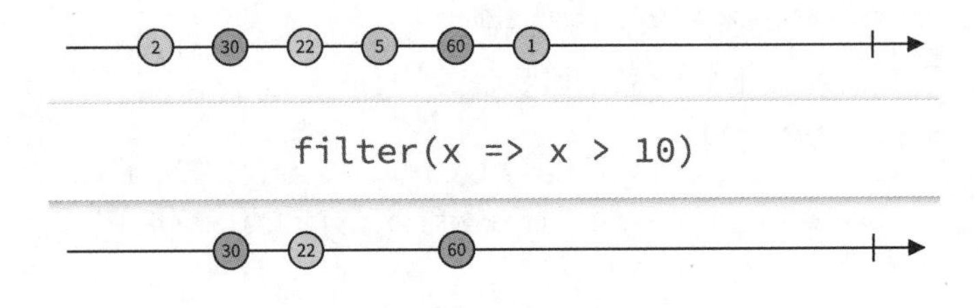

图 12-10 filter 操作符

filter 操作符的使用方式非常常见和简单，本章前面的示例已经展示过了，故在此就不再另列举示例了。

12.4.4 mapTo 操作符

mapTo 操作符的作用是将每个发出值映射成常量，然后组合成一个新的可观察对象类型的数据流。mapTo 操作符如图 12-11 所示。

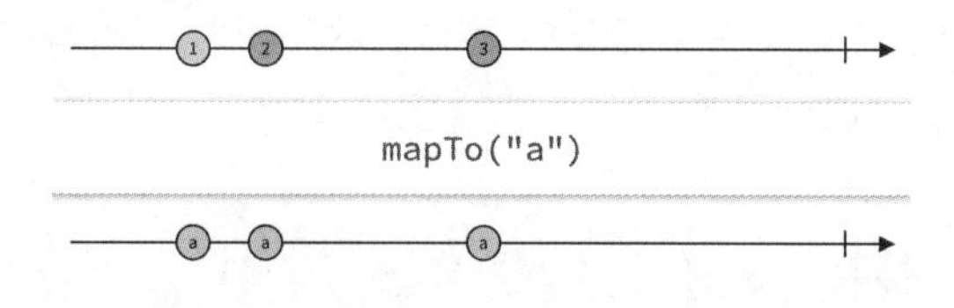

图 12-11 mapTo 操作符

mapTo 操作符一般用来将事件映射为具体的数据，如将页面单击事件映射成字符串。下面来看看使用 mapTo 操作符的示例。

```
fromEvent(document, 'click').pipe(
  mapTo('a'))
  .subscribe(val => console.log(val));
```

运行代码后，连续 3 次单击页面，控制台输出如下结果。

```
a
a
a
```

12.4.5 retry 操作符

retry 操作符的作用是当代码发生错误时，重复执行特定的次数。 retry 操作符的使用方式非常常见和简单，下面来看看使用 retry 操作符的示例。

```
interval(1000).pipe(
  mergeMap(val => {
    if (val > 2) {
      return throwError('Error!'); // 模拟发生错误
    }
    return of(val);
  }),
  retry(2) // 如果有错误时，重新执行两次
).subscribe(
  item => console.log(item),
  err => { console.log(err) },
  () => { console.log('执行完成') }
)
```

运行代码后，控制台输出如下结果。

```
0
1
2
0
```

```
1
2
0
1
2
Error!
```

上述代码的执行结果中并没有“执行完成”字样。这是因为订阅过程中遇到了错误，订阅就终止了，所以在最后无法输出“执行完成”。

12.5 RxJS 合并操作符

我们不但可以直接创建数据流，还可以对现有的多个数据流进行不同形式的合并，创建一个新的数据流。常见的合并方式有 3 种：concat、merge 和 zip。

12.5.1 concat 操作符

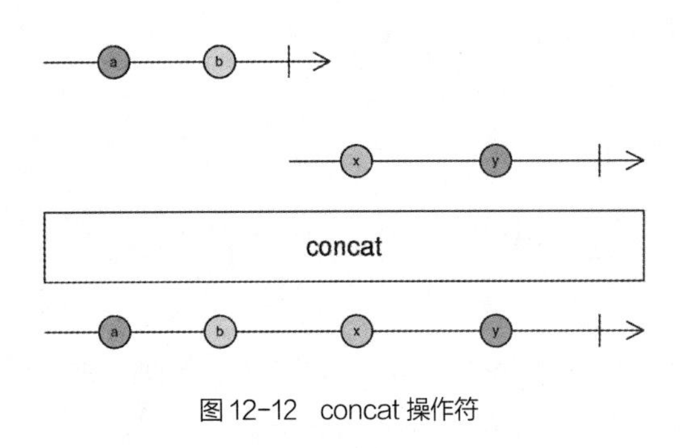

图 12-12 concat 操作符

concat 操作符的作用是串联合并多个数据流，重新创建一个新的可观察对象类型的数据流。concat 操作符如图 12-12 所示。

从图 12-12 我们可以看到，两个数据流中的内容被按顺序放进了输出流中。前面的数据流尚未结束时（注意竖线），后面的数据流就会一直等待。

这种工作方式非常像电路中的串联行为，因此被称为 concat 操作符。

12.5.2 merge 操作符

merge 操作符的作用是并联合并多个数据流，重新创建一个新的可观察对象类型的数据流。merge 操作符如图 12-13 所示。

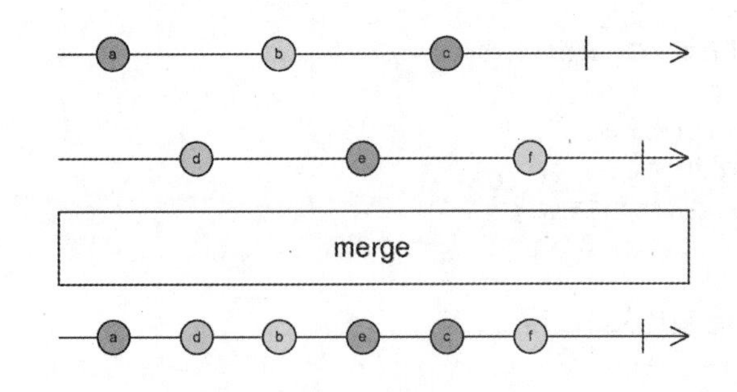

图 12-13 merge 操作符

从图 12-13 我们可以看到，两个数据流中的内容被合并到了一个数据流中；任何一个数据流中出现了数据都会立刻被输出，哪怕其中一个数据流是完全空的也不影响结果。

这种工作方式非常像电路中的并联行为，因此被称为 merge 操作符。

merge 操作符在什么情况下起作用呢？举个例子吧。有一个列表需要每隔 5s 定时刷新一次，但是一旦用户按了搜索按钮，就必须立即刷新，而不能等待 5s 间隔。这时候就可以将一个定时器数据流和一个自定义的用户操作数据流用 merge 操作符并联合并在一起，这样，无论哪个数据流中出现了数据，都会进行刷新。

12.5.3 zip 操作符

zip 操作符的作用是合并两个数据有对应关系的数据流，重新创建一个新的可观察对象类型的数据流。zip 操作符如图 12-14 所示。

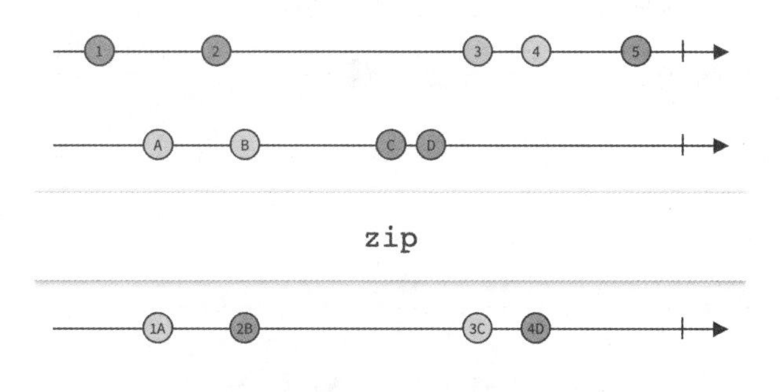

图 12-14　zip 操作符

zip 的直译就是拉链，拉链的特点是两边各有一个“齿”，两者会啮合在一起。这里的 zip 操作符也是如此。

从图 12-14 我们可以看到，两个输入流中分别出现了一些数据，当仅仅数字输入流中出现了数据时，输出流中什么都没有，因为它还在等另一个“齿”。当字母输出流中出现了数据时，两个“齿”都“凑齐”了，于是对这两个“齿”执行中间定义的运算（取数字输入流中的数字，字母输出流中的字母，合并成输出数据）。

我们可以看到，当任何一个数据流先行结束之后（这里是字母输出流结束了），整个输出流也就结束了。

zip 操作符适用的场景要少一些，通常用于合并两个数据有对应关系的数据流。如一个数据流中是姓名，另一个数据流中是成绩，还有一个数据流中是年龄，如果这 3 个数据流中的每个数据都有精确的对应关系，那么就可以通过 zip 操作符把它们合并成一个由表示学生成绩的对象组成的数据流。

12.6 RxJS 高阶映射操作符

在介绍高阶映射操作符之前，我们先回顾一下 map 操作符，它通过映射函数映射源可观察对象流中的每个条目，生成一个新的可观察对象类型的数据流。其中映射函数是将一个简单的条目值映射成另一个值，如将数字 1 映射成数字 10。RxJS 中还有一些高阶映射操作符，如

concatMap、mergeMap、switchMap 和 exhaustMap 等，它们与 map 操作符类似；不同的是，在高阶映射操作符中，映射函数将一个值映射到另一个可观察对象中，而不是映射到另一个值。这个映射后的可观察对象被称为内部可观察对象。这些高阶映射操作符实际上是对源可观察对象流进行映射操作，产生一个新的内部可观察对象流，然后将这两个可观察对象流进行合并，最终形成结果的可观察对象流。

下面对这些高阶映射操作符进行讲解。

12.6.1　concatMap 操作符

concatMap 操作符从字面上理解为 concat 和 map 操作符的合集，它的作用是将源可观察对象流中的每个条目值映射成内部可观察对象，并在当前条目任务完成后，才继续订阅源可观察对象流中的下一个条目。concatMap 操作符如图 12-15 所示。

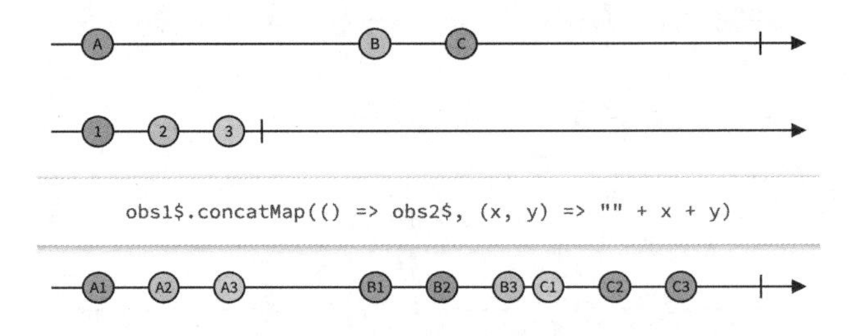

图 12-15　concatMap 操作符

从图 12-15 可以看出，obs1$ 是 concatMap 操作符的外部可观察对象，obs2$ 是它的内部可观察对象。concatMap 操作符订阅内部可观察对象中的条目时，按照 obs1$ 发出数据的串联顺序执行，上一个执行完才执行下一个。下面来看看使用 concatMap 操作符的示例。

```
const obs1$ = zip( // 使用zip操作符模拟每隔1s发射一个值
  of('A', 'B', 'C'),
  timer(1000, 1000),
   (x, y) => x // 第一个参数x指of操作符的item值，第二个参数是timer操作符的item值，这里仅输出of
操作符的item值
)

const obs2$ = of(1, 2, 3)

obs1$.pipe(concatMap(() => obs2$, (x, y) => '' + x + y)
).subscribe(item => console.log(item))
```

运行代码后，控制台输出如下结果。

```
A1
A2
A3
B1
B2
B3
C1
```

```
C2
C3
```

上面的示例代码完成了以下内容。

（1）利用 of 创建器分别创建了两个可观察对象变量 obs1$ 和 obs2$，其中 obs1$ 使用 zip 操作符模拟每隔 1s 发射一个值。

（2）concatMap 操作符接收两个参数，第一个参数是内部可观察对象 obs2$，第二个参数通过函数将 obs1$ 和 obs2$ 的条目进行字符串合并。

（3）concatMap 操作符将有序地处理 obs1$ 和 obs2$ 中的条目，订阅方法中依次输出它们的组合字符串。

注意 定义可观察对象变量名时，后面接一个 $，表示的是可观察对象变量。

12.6.2 mergeMap 操作符

mergeMap 操作符从字面上理解为 merge 和 map 操作符的合集，我们可以借助图形来理解 mergeMap 操作符，如图 12-16 所示。

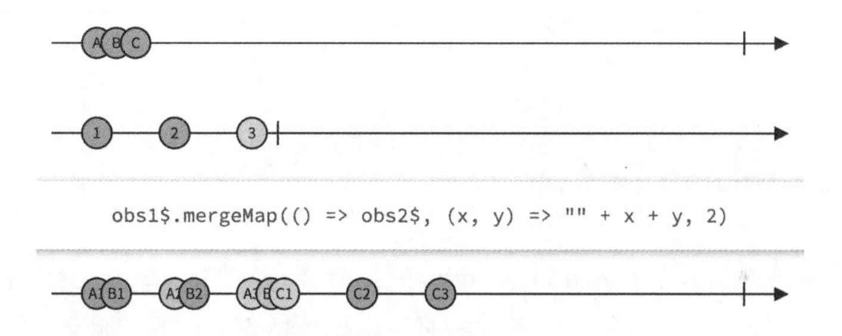

图 12-16 mergeMap 操作符

从图 12-16 可以看出，obs1$ 是 mergeMap 操作符的外部可观察对象，obs2$ 是它的内部可观察对象。就像 concatMap 操作符的情况一样，外部可观察对象 obs1$ 的每个值仍被映射到一个内部可观察对象 obs2$ 中。但是与 concatMap 操作符不同的是，在使用 mergeMap 操作符的情况下，不必等待上一个内部可观察对象发完值就可以触发下一个内部可观察对象。这意味着通过 mergeMap 操作符（与 concatMap 操作符不同），多个内部可观察对象在时间上可以重叠，并行发出值。

下面来看看使用 mergeMap 操作符的示例。

```
const obs1$ = of('A', 'B', 'C');
const obs2$ = zip( // 使用zip操作符模拟立即发出数字1，然后每隔1s发射数字2和3
  of(1, 2, 3),
  timer(0, 1000),
  (x, y) => x
)

obs1$.pipe(mergeMap(() => obs2$, (x, y) => '' + x + y, 2)
```

```
).subscribe(item => console.log(item))
```

运行代码后，控制台输出如下结果。

```
A1
B1
A2
B2
A3
B3
C1
C2
C3
```

上面的示例代码完成了以下内容。

（1）利用 of 创建器分别创建了两个可观察对象变量 obs1$ 和 obs2$，其中 obs2$ 使用 zip 操作符模拟每隔 1s 发射一个值。

（2）mergeMap 操作符接收 3 个参数，第一个参数是内部可观察对象 obs2$，第二个参数通过函数将 obs1$ 和 obs2$ 的条目进行字符串合并，第三个参数表示限制订阅内部可观察对象 obs2$ 的订阅数为 2。

（3）mergeMap 操作符将有序地处理 obs1$ 和 obs2$ 中的条目，订阅方法中依次输出它们的组合字符串。

12.6.3 switchMap 操作符

switchMap 操作符从字面上理解为 switch 和 map 操作符的合集，switch 是切换的意思。与 mergeMap 操作符不同，如果外部可观察对象开始发出新的值，则在订阅新的内部可观察对象之前，switchMap 操作符将取消订阅先前的内部可观察对象。我们可以借助图形来理解 switchMap 操作符，如图 12-17 所示。

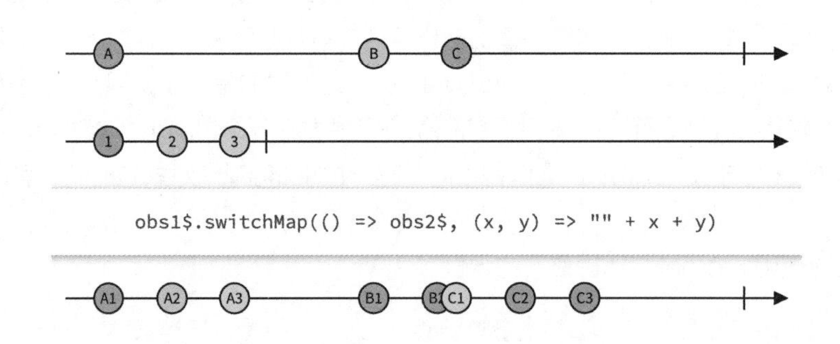

图 12-17　switchMap 操作符

从图 12-17 可以看出，obs1$ 是 switchMap 操作符的外部可观察对象，obs2$ 是它的内部可观察对象。就像 concatMap 操作符的情况一样，外部可观察对象 obs1$ 的每个值仍被映射到一个内部可观察对象 obs2$。但是与 concatMap 操作符不同的是，在使用 switchMap 操作符的情况下，内部处理下一个可观察对象的同时终止了上一个内部可观察对象的订阅。这意味着

switchMap 操作符总是在内部可观察对象之间切换，并且同一时间仅维护一个内部订阅。

下面来看看使用 switchMap 操作符的示例。

```
const obs1$ = timer(0, 5000); // 先立即发出值，然后每5s发出值
const obs2$ = interval(2000); // 每隔2s发出值

obs1$.pipe(switchMap(() => obs2$, (outerValue, innerValue, outerIndex, innerIndex) => ({
 outerValue,
 innerValue,
 outerIndex,
 innerIndex
}))
).subscribe(item => console.log(item))
```

运行代码后，控制台输出如下结果。

```
{outerValue: 0, innerValue: 0, outerIndex: 0, innerIndex: 0}
{outerValue: 0, innerValue: 1, outerIndex: 0, innerIndex: 1}
{outerValue: 1, innerValue: 0, outerIndex: 1, innerIndex: 0}
{outerValue: 1, innerValue: 1, outerIndex: 1, innerIndex: 1}
```

上面的示例代码完成了以下内容。

（1）利用 timer 创建器创建可观察对象变量 obs1$，obs1$ 是先立即发出值，然后每 5s 发出值。

（2）利用 interval 创建器创建可观察对象变量 obs2$，obs2$ 是每隔 2s 发出值。

（3）switchMap 操作符接收两个参数，第一个参数是内部可观察对象 obs2$，第二个参数通过函数将 obs1$ 和 obs2$ 的条目值和索引值组合为对象。

（4）obs1$ 作为 switchMap 操作符的外部可观察对象，obs2$ 作为 switchMap 操作符的内部可观察对象。在 obs1$ 每次发出数据时，switchMap 操作符会取消前一个内部可观察对象 obs2$ 的订阅，然后订阅一个新的 obs2$。

（5）前 5s 内，obs1$ 发出了一个初始值，obs2$ 先后发出了两个值。这时 switchMap 操作符工作在内部可观察对象 obs2$ 的订阅上，因此控制台中分别输出 obs1$ 的初始值和 obs2$ 发出的两个值，对应控制台中的前两条记录。

（6）第 5s 开始，obs1$ 发出了第二个值，这时 switchMap 操作符将取消上一个 obs2$ 的订阅，然后订阅一个新的 obs2$。

（7）第 6s 到第 8s 时，obs2$ 重新发出第一和第二个值，这时 switchMap 操作符已经切换到新的内部可观察对象 obs2$ 的订阅上，因此控制台中分别输出 obs1$ 的第二个值、obs2$ 重新发出的第一和第二个值。接下来，依此类推。

本质上 switchMap 操作符在每次外部可观察对象发出值时，都会取消前一个内部可观察对象的订阅，然后订阅一个新的内部可观察对象。

12.6.4 exhaustMap 操作符

exhaustMap 操作符从字面上理解为 exhaust 和 map 操作符的合集，exhaust 是丢弃的意思。

如果外部可观察对象开始发出新的值，但先前的订阅工作尚未完成，则 exhaust 和 map 操作符将忽略每个新的计划可观察对象。订阅工作完成后，它将接收并订阅下一个计划可观察对象，并重复此过程。我们可以通过图形来理解 exhaustMap 操作符，如图 12-18 所示。

从图 12-18 可以看出，第一个时序轴发出的数据系列是 exhaustMap 操作符的外部可观察对象，第二个时序轴发出的数据系列是它的内部可观察对象。就像 concatMap 操作符的情况一样，使用 exhaustMap 操作符时，外部可观察对象的每个条目值仍被映射到一个内部可观察对象中，内部函数通过变量 i 来接收外部可观察对象的条目值。但是与 concatMap 操作符不同的是，在使用 exhaustMap 操作符的情况下，内部函数处理外部条目的第二个值（数字 3）的过程中，外部可观察对象又发出了第三个新值（数字 5），这时 exhaustMap 操作符还处于处理数字 3 的过程中，因此它的做法是忽略这个新值 5。

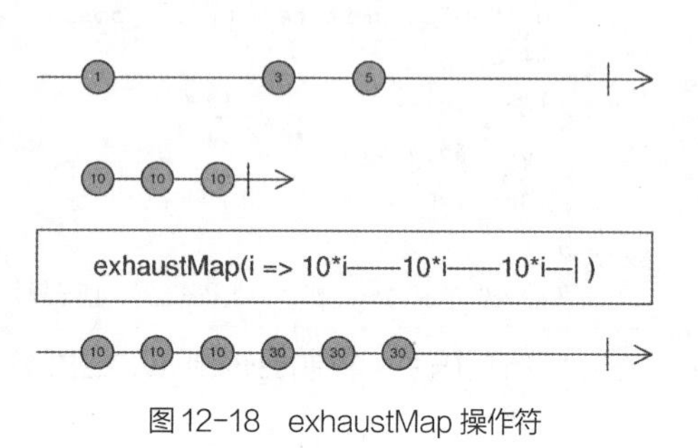

图 12-18　exhaustMap 操作符

下面来看看使用 exhaustMap 操作符的示例。

```
const clicks$ = fromEvent(document, 'click');
clicks$.pipe(
  exhaustMap(ev => interval(1000).pipe(take(3)))
).subscribe(item => console.log(item));
```

运行代码后，单击页面，控制台输出如下结果。

```
0
1
2
```

上面的示例代码完成了以下内容。

（1）利用 fromEvent 创建器创建可观察对象变量 clicks$。

（2）exhaustMap 操作符在内部重新利用 interval 创建器创建了一个内部可观察对象，take 操作符的作用是截取数据，这里表示仅截取前 3 个数值。

（3）当我们单击页面时，exhaustMap 操作符订阅的内部可观察对象开始工作，每隔 1s 输出一个数值，且仅输出前 3 个数值。在这个订阅的过程中，如果用户再次单击页面，exhaustMap 操作符将会忽略后续的单击事件流。当这个订阅的过程完成后，重复订阅工作。

exhaustMap 操作符在实际应用中可以用来限制用户重复提交数据。

最后，对于 concatMap、mergeMap、switchMap 和 exhaustMap 这些高阶映射操作符，我们可以简单地根据用例选择它们。

concatMap 操作符适合等待订阅完成时需要按顺序执行操作时选择，即一个接一个地串行执行。

mergeMap 操作符适合订阅过程中并行处理业务逻辑时选择；执行过程中，后续的操作不必等待前面操作的完成。

switchMap 操作符适合订阅过程中需要取消先前逻辑时选择；当有新的数据流产生时，立即取消先前的操作。

exhaustMap 操作符适合在订阅过程中忽略新的数据流时选择。

12.7 RxJS 可观察对象的冷热模式

RxJS 中有冷热两种模式的可观察对象。RxJS 官方给出的解释是冷模式（Cold Observables）的可观察对象在被订阅后运行，也就是说，可观察对象仅在 subscribe() 被调用后才会产生数据。热模式（Hot Observables）与冷模式的可观察对象的不同之处在于，热模式在被订阅之前就已经开始产生数据，如 mouse move 事件。

冷模式的可观察对象只有被订阅后才会开始产生值。有多少个订阅就会生成多少个订阅实例，每个订阅都是从第一个产生的值开始接收值，所以每个订阅接收到的值都是一样的。

热模式的可观察对象不管有没有被订阅都会产生值，且只能接收到当它开始订阅后的值。由于订阅的时间不同，因此每个订阅接收到的值也是不同的。

我们可以把冷模式的可观察对象类比成观众点播电影，每位观众看到的永远是从前到后的完整的影片；而把热模式的可观察对象类比成播放电视，每位观众看到的永远是当前时刻往后播放的内容。另外，电影必须是观众点播后才开始播放的；而对于电视节目，无论观众是否观看，它都会播放。

12.7.1 冷模式的可观察对象

我们通过示例来理解冷模式的可观察对象。

```
let obs$ = interval(1000).pipe(take(4));

obs$.subscribe(data => { console.log("1st subscriber:" + data) });
obs$.subscribe(data => { console.log("2nd subscriber:" + data) });
```

上面的示例代码把一个数组转换成可观察对象，然后订阅者订阅它两次，在控制台输出如下结果。

```
1st subscriber:0
2nd subscriber:0
1st subscriber:1
2nd subscriber:1
1st subscriber:2
2nd subscriber:2
1st subscriber:3
2nd subscriber:3
```

我们把示例代码改一下，让第二个订阅延迟 1s。

```
let obs$ = interval(1000).pipe(take(4));

obs$.subscribe(data => { console.log("1st subscriber:" + data) });
setTimeout(() => {
  obs$.subscribe(data => { console.log("2nd subscriber:" + data) });
```

```
}, 1000); // 延迟1s
```

上面的示例代码的执行结果还是和更改之前一样，仅是输出顺序不一样。这就是冷模式的可观察对象，两个订阅分别有两个订阅实例。在没有开始订阅时，obs$ 是不发送值的。一旦开始订阅，不管是从什么时候开始，obs$ 都是从第一个值开始发送值，所以两个订阅接收到的值是一样的。

12.7.2 热模式的可观察对象

我们将上面的冷模式的代码进一步处理，变成热模式的代码。

```
const count$ = interval(1000).pipe(
  take(5),
  share()
);
count$.subscribe((val) => { console.log("1st subscriber:" + val) });

setTimeout(function () {
  count$.subscribe((val) => { console.log("2st subscriber:" + val) });
}, 2000);
```

在上面的示例代码中，我们仅是在冷模式的代码中添加了一个 share 操作符。执行上述代码，控制台输出如下结果。

```
1st subscriber:0
1st subscriber:1
1st subscriber:2
2st subscriber:2
1st subscriber:3
2st subscriber:3
1st subscriber:4
2st subscriber:4
```

从结果可以看出，第二个订阅的内容确实是从数值 2 开始的，实现了热模式的效果。share 操作符的作用是将原始的可观察对象共享给一个新的可观察对象。只要至少有一个订阅，该可观察对象便会被预定并发出数据。

12.8 小结

本章介绍了 RxJS 响应式编程的基础知识，带领读者从 RxJS 的基本概念开始，通过示例代码介绍了常用的创建器和操作符，而且还介绍了高阶映射操作符的知识。本章内容相对比较独立，但是如果读者能掌握 RxJS 响应式编程，可为 Angular 的后续学习奠定基础。

第 13 章 Angular 表单

表单是 Web 应用程序的重要组成部分之一，用户通过表单与服务进行交互。Angular 表单位于 @angular/forms 包中，本章将介绍 Angular 表单的工作方式和如何使用它。

13.1 什么是 Angular 表单

用表单处理用户输入是许多常见 Web 应用程序的基础功能之一。Web 应用程序通过表单来让用户登录、输入信息、修改个人资料以及执行各种数据输入任务。Angular 表单从数据结构上分为视图层与模型层。在视图层，Angular 表单处理用户与表单的交互；在模型层，Angular 表单创建了专门的容器对象负责跟踪、处理和存储表单数据。Angular 表单从类型上分为两种：模板驱动表单和响应式表单。两者都从视图中捕获用户输入事件、验证用户输入、创建表单模型、修改数据模型，并提供方法跟踪控件的更改。

模板驱动表单和响应式表单在处理方式、管理数据以及 API 方面都有很大不同，各有优势。

13.1.1 模板驱动表单

模板驱动表单依赖 FormsModule 模块，主要是通过在模板中放置指令来创建表单，然后使用数据绑定来获取该表单中的数据。

创建模板驱动表单，首先要利用 HTML 标签构建页面，然后利用 Angular 的表单指令接管 Form 表单元素的控制权，最常见的如利用 [(NgModel)] 双向数据绑定读写输入表单元素，利用 required、maxlength 等验证器控制表单输入。通过 Angular 的表单指令与数据模型交互，可以实现跟踪表单状态并对表单进行正确性校验，错误提示等功能，从而引导用户顺利提交表单。

模板驱动表单侧重于视图层，逻辑代码在组件的模板（HTML 代码）中实现。模板驱动表单专注于简单的场景，对表单模型的访问是异步的。使用模板驱动表单之前，用户需要从 @angular/forms 包中导入 FormsModule 模块，并把它添加到 NgModule 类的 imports 数组中。

13.1.2 响应式表单

响应式表单依赖 ReactiveFormsModule 模块，通常在组件类中定义一个表单，然后将其绑定到模板中的元素。响应式表单倾向于使用响应式编程来获取和输入数据，并因此得名。

响应式表单侧重于模型层，逻辑代码在组件类中实现。这与模板驱动表单不同，模板驱动表单的逻辑代码是在模板中实现的。响应式表单很灵活，可用于处理各种复杂的表单方案。使用响应式表单需要编写更多的组件代码和较少的 HTML 代码，由于不需要依赖 HTML 模板，因此响应式表单的单元测试更加容易。要使用响应式表单，需要从 @angular/forms 包中导入 ReactiveFormsModule 模块，并把它添加到 NgModule 的 imports 数组中。

响应式表单是围绕可观察对象流构建的，其中表单输入和值作为输入流提供，因此该表单同时支持同步和异步的访问。

13.2 表单模型

响应式表单和模板驱动表单都是用表单模型来跟踪 Angular 的表单和控件元素之间值的变化。

13.2.1 表单模型的容器

AbstractControl 类是表单模型的容器，它负责存储表单模型数据的工作，主要表现在以下方面。

- 负责表单的初始化工作。
- 执行表单的验证。
- 处理和更新视图层 UI 的状态。
- 跟踪表单控件的验证状态。

AbstractControl 类是个抽象类，它在表单里有 3 个子类，分别是 FormControl、FormGroup 和 FormArray。

- FormControl 类作为表单控件的最小单元，用于追踪表单的单个控件值和有效的实体对象。
- FormGroup 类代表组合，表示多个不同的 FormControl 控件组成一个组合。
- FormArray 类代表数组，表示单个 FormControl 控件的值是数组。

我们可以将 AbstractControl 类视为一棵树，其中叶子节点始终是 FormControl 类，而其他两个子类（FormArray、FormGroup）可以被视为 AbstractControl 类的枝节点，它们相当于一个子容器，必须包含一个 FormControl 类。AbstractControl 树如图 13-1 所示。

```
// FG - FormGroup
// FA - FormArray
// FC - FormControl

        FG
       /  \
     FC    FG
          /  \
        FC    FA
             / | \
           FC FC FC
```

图 13-1 AbstractControl 树

图 13-1 所示的关系可以用表单模板 HTML 代码表示。

```
<form> <!-- FG -->
<input type="text" formControlName="companyName"> <!-- FC -->
<ng-container formGroupName="personal"> <!-- FG -->
   <input type="text" formControlName="name"> <!-- FC -->
   <ng-container formArrayName="hobbies"> <!-- FA -->
      <input type="checkbox" formControlName="0"> <!-- FC -->
      <input type="checkbox" formControlName="1"> <!-- FC -->
      <input type="checkbox" formControlName="2"> <!-- FC -->
   </ng-container>
</ng-container>
</form>
```

上述代码中的 formControlName、formGroupName 和 formArrayName 指令将会在本书的后续章节介绍。

13.2.2 FormControl 类

FormControl 类继承于 AbstractControl 类，这意味着它继承了 AbstractControl 类的所有功能，并实现了关于访问值、验证状态、用户交互和事件的大部分基本功能。FormControl 类仅与一个表单控件（一个 DOM 元素: <input>、<textarea> 等）或一个自定义组件组合在一起。FormControl 类作为 AbstractControl 树的叶子节点是完全独立的，它的有效性状态、值和用户交互不会影响它的父级容器。

FormControl 类的构造方法定义如下。

```
constructor(
  formState: any = null,
  validatorOrOpts?: ValidatorFn | AbstractControlOptions | ValidatorFn[],
  asyncValidator?: AsyncValidatorFn | AsyncValidatorFn[]
)
```

下面对 FormControl 类的构造方法中接收的 3 个不同参数进行说明。

- formState 参数可选，默认值是 null，可以是任意类型的一个初始值。
- validatorOrOpts 参数可选，默认值是 undefined，它的类型可以是一个同步验证器函数或其数组，或者一个包含验证函数和验证触发器的 AbstractControlOptions 对象。
- asyncValidator 参数可选，默认值是 undefined，它的类型可以是一个同步验证器函数或其数组。

下面的代码演示了使用不同参数初始化 FormControl 类的方法。

```
export class ExampleComp {
  const control1 = new FormControl('Murphy'); // 用一个初始值初始化FormControl类
  const control2 = new FormControl({ value: 'n/a', disabled: true }); //用定义了初始值和禁用状态的对象初始化FormControl类
  const control3 = new FormControl('', Validators.required); // 使用一个同步验证器函数初始化FormControl类
```

```
    const control4 = new FormControl('', { updateOn: 'blur' }); // 配置该控件，使其在发生
blur 事件时更新值为空
  }
```

13.2.3 FormArray 类

FormArray 类也是继承于 AbstractControl 类，它作为 AbstractControl 树中的子类，将多个 FormControl 类组合在一起。它还会根据其所有子控件的状态总结出自己的状态。如果 FromArray 类中的任何一个控件是无效的，那么整个数组也会变成无效的。从 AbstractControl 树的角度来看，FormArray 类作为树的枝节点，必须包含至少一个叶子节点。FormArray 类的验证状态、有效性、是否获得焦点以及值等取决于其叶子节点。AbstractControl 类中的控件的错误信息将会在 FormArray 类节点的级别出现。FormArray 类的定义特征是将多个控件实例存储在一个数组中。

FormArray 类的构造方法定义如下。

```
constructor(
  controls: AbstractControl[],
  validatorOrOpts?: ValidatorFn | AbstractControlOptions | ValidatorFn[],
  asyncValidator?: AsyncValidatorFn | AsyncValidatorFn[]
)
```

FormArray 类的构造方法中接收了 3 个不同的参数，除了第一个参数外，另外两个参数与 FormControl 类相同。controls 参数接收一个子控件数组。在注册后，每个子控件都会有一个指定的索引。

下面的代码演示了使用不同参数初始化 FormArray 类的方法。

```
export class ExampleComp {
   const arr1 = new FormArray([ // 创建表单控件的数组
     new FormControl('Murphy', Validators.minLength(3)),
     new FormControl('Drew'),
   ]);
   const arr2 = new FormArray([ // 创建一个带有数组级验证器的表单数组
     new FormControl('Murphy'),
     new FormControl('Drew')
   ], {validators: myValidator, asyncValidators: myAsyncValidator});

   const arr3 = new FormArray([ // 为表单数组中的所有控件设置 updateOn 属性
     new FormControl()
  ], {updateOn: 'blur'});
}
```

13.2.4 FormGroup 类

FormGroup 类与 FormArray 类相似，不同的是它将其包含的叶子节点存储在对象中。

FormGroup 类的构造方法定义如下。

```
constructor(
  controls: { [key: string]: AbstractControl; },
  validatorOrOpts?: ValidatorFn | AbstractControlOptions | ValidatorFn[],
  asyncValidator?: AsyncValidatorFn | AsyncValidatorFn[]
)
```

FormGroup 类的构造方法与 FormArray 类的构造方法类似，不同的是第一个参数接收一组子控件对象，每个子控件对象的名字就是它注册时用的键。

下面的代码演示了使用不同参数初始化 FormGroup 类的方法。

```
export class ExampleComp {
  const form1 = new FormGroup({ // 创建一个带有两个控件的表单数组
     first: new FormControl('Murphy', Validators.minLength(2)),
     last: new FormControl('Drew'),
   });

  const form2 = new FormGroup({ // 创建一个具有数组级验证器的表单数组
     password: new FormControl('', Validators.minLength(2)),
     passwordConfirm: new FormControl('', Validators.minLength(2)),
  }, passwordMatchValidator);


  function passwordMatchValidator(g: FormGroup) {
     return g.get('password').value === g.get('passwordConfirm').value
        ? null : {'mismatch': true};
  }

  const form3 = new FormGroup({ // 为表单数组中的所有控件设置 updateOn 属性
     one: new FormControl()
  }, { updateOn: 'blur' });
}
```

13.3 表单指令

Angular 的表单指令的基类是 AbstractControlDirective 类，此类包含大量的 getters() 方法，用来获取当前绑定表单控件的有效性、是否已触摸、验证状态等信息。AbstractControlDirective 类下面有很多个具体的实现类，它们的继承关系如下。

```
AbstractControlDirective
  ControlContainer
     AbstractFormGroupDirective
        NgModelGroup
        FormGroupName
     NgForm
     FormGroupDirective
     FormArrayName
  NgControl
     NgModel
```

```
FormControlDirective
FormControlName
```

AbstractControlDirective 类是其他所有指令的基类。我们可以这么理解，以“Ng”开头的指令是与模板驱动表单相关的指令，其他的是与响应式表单相关的指令。

在 AbstractControlDirective 类和 ControlValueAccessor 类的具体实现类的帮助下，表单模型中的控件与 DOM 元素进行绑定。因此，我们可以将 AbstractControlDirective 类视为 ControlValueAccessor 类（视图层）与 AbstractControl 类（模型层）之间的桥梁，如图 13-2 所示。

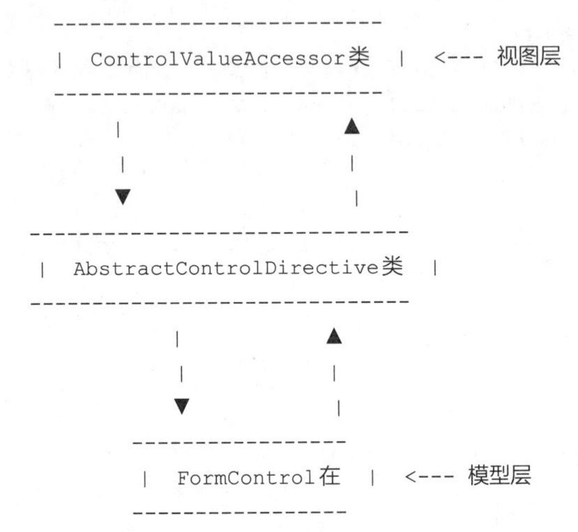

图 13-2　指令负责连接视图层与模型层

图 13-2 中的箭头表示数据传入的方向，其中 ControlValueAccessor 类是 Angular 的表单数据访问器，将在 13.4 节介绍。

13.4　表单数据访问器

ControlValueAccessor 类是 Angular 的表单数据访问器，用于在 Angular 的 FormControl 类和原生 DOM 元素之间创建一个桥梁。ControlValueAccessor 类会监听表单 DOM 元素（如 input、textarea）上的事件，并立即把新值传给 FormControl 类。

ControlValueAccessor 类的定义如下。

```
interface ControlValueAccessor {
writeValue(obj: any): void
registerOnChange(fn: any): void
registerOnTouched(fn: any): void
setDisabledState(isDisabled: boolean)?: void
}
```

writeValue() 方法将新值写入 DOM 元素。当调用模型类的赋值方法时，如 FormControl.setValue() 方法，表单数据访问器将会调用 writeValue() 方法，该方法的具体实现将会更新 DOM 元素的值，并且更新控件的有效性。

registerOnChange() 方法可注册一个回调函数，只要 UI 中的值发生更改，该函数就会被调用，并将新值传送到模型中。

registerOnTouched() 方法注册发生 Touch 事件时将调用的回调函数。Touch 事件发生时，模型实例将执行一些更新操作。

setDisabledState() 方法将根据提供的值禁用或启用 DOM 元素。用户通常会因为更改模型而调用此方法。

Angular 的表单指令使用 ControlValueAccessor 类的 writeValue() 方法设置原生表单控件的值；使用 registerOnChange() 方法来注册每次原生表单控件值更新时触发的回调函数，用户需要把更新的值传给这个回调函数，这样对应的 Angular 的表单控件值也会更新；使用 registerOnTouched() 方法来注册用户和表单控件交互时触发的回调。

Angular 的内置表单数据访问器有 7 种，定义如下。

```
const BUILTIN_ACCESSORS = [
  CheckboxControlValueAccessor
  DefaultValueAccessor
  NumberValueAccessor
  RadioControlValueAccessor
  RangeValueAccessor
  SelectControlValueAccessor
  SelectMultipleControlValueAccessor
];
```

Angular 中的不同指令分别调用不同的内置表单数据访问器，这一点对普通用户是透明的，这些动作由指令自己完成，用户仅需要针对这些指令的规则配置好对应的数据即可。

这里，我们介绍其中的 SelectControlValueAccessor 访问器，在表单中使用下拉列表控件时，指令会调用这个访问器。

SelectControlValueAccessor 访问器用于写入 select 控件的值，并监听 select 控件的变化。该访问器会被 FormControlDirective、FormControlName 和 NgModel 指令使用。下面我们通过示例代码演示 select 控件的用法。

```
import { Component } from '@angular/core';

@Component({
selector: 'app-select-examples',
template: `
  <h3>演示下拉列表</h3>
  <form>
     <select #f [(ngModel)]="crtUserId" name="user">
        <option
           *ngFor="let user of users"
           [value]="user.id"
        >
           {{ user.name }}
        </option>
     </select>
  </form>

  <p>
```

```
      选择的值：{{ f.value }}
    </p>

  `
})
export class SelectExamplesComp {

  users = [
     { id: 1, name: 'Andrei' },
     { id: 2, name: 'Murphy' },
     { id: 3, name: 'Jane' },
     { id: 4, name: 'Another Name' },
  ];
  crtUserId = this.users[0].id;
}
```

上述代码完成了以下内容。

（1）#f 表示将 select 控件导出到本地模板变量 f 中，事后可以通过引用该变量输出 select 控件的信息。

（2）[(ngModel)]="crtUserId" 表示通过 ngModel 指令将 select 控件与变量 crtUserId 进行双向绑定。ngModel 指令通过控件的类型（select 控件），选择对应的表单数据访问器（SelectControlValueAccessor 访问器），并调用访问器相应的方式，处理控件和数据的绑定工作。

（3）在 <option> 元素中使用 ngFor 指令遍历 users 数据，通过 DOM 属性绑定语法 [value]="user.id"，将元素的 value 值与 user 的 id 进行绑定。

关于 ngModel 指令的知识，13.5.2 小节会详细介绍。

13.5 模板驱动表单相关指令

构建模板驱动表单时，大多数与表单构造有关的逻辑都在视图层执行，这意味着在构建视图时将创建 AbstractControl 树。与模板驱动表单相关的指令主要有 3 个：NgForm、NgModel 和 NgModelGroup。

13.5.1 NgForm 指令

NgForm 指令是从 FormsModule 模块中导出的指令。一旦导入 FormsModule 模块，Angular 就会在 <form> 标签上自动创建并附加一个 NgForm 指令，该指令就会自动添加到模板的所有 <form> 标签中。ngForm 指令创建一个顶级 FormGroup 对象实例，并将其绑定到模板中的 <form> 标签，用户可以通过该对象实例访问和操作绑定的表单。NgForm 指令为表单增补了一些额外特性。它会控制那些带有 NgModel 指令和 name 属性的元素，监听它们的属性（如有效性）。它还有自己的 valid 属性，这个属性只有在它包含的每个控件都有效时才为真。

NgForm 指令的作用是接管对表单的控制，其中包括各表单元素的值、错误状态信息等各种“实时”信息，而 #form="ngForm" 的作用是将这些信息赋予模板变量 form。

NgForm 指令提供对多个 NgModel 指令和 NgModelGroup 指令进行分组的功能。在视图层中，它代表顶级 Form 实例，因此它监听特定于表单的事件，如重置（Reset）和提交（Submit）事件。

在模型中，NgForm 指令负责创建 AbstractControl 树的 FormGroup 根实例。我们看一段使用 NgForm 指令的示例代码。

```
<form #form="ngForm"> <!-- NgForm -->
   <input ngModel name="companyName" type="text"> <!-- NgModel -->

   <div ngModelGroup="address"> <!-- NgModelGroup -->
      <input ngModel name="city" type="text"> <!-- NgModel -->
      <input ngModel name="street" type="text"> <!-- NgModel -->
   </div>
</form>
{{ form.value | json }}
{{ form.status }}
```

在上述代码中，NgForm 指令被导出到本地模板变量 form 中，事后可以通过引用 form 变量输出表单的信息。

13.5.2 NgModel 指令

NgModel 指令是一个基于表单控件的指令，它负责创建一个 FormControl 类，并把它绑定到一个表单控件元素上，进而将视图层与模型层（FormControl 类）连接起来。它还将 FormControl 类注册到 AbstractControl 树中。FormControl 类将会跟踪控件的值、用户交互和控件的验证状态，以保持视图层与模型层的同步。如果用在某个父表单中，该指令还会把自己注册为这个父表单的子控件。

NgModel 指令主要有 4 种使用场景。

1. 单独使用 NgModel

如果单独使用 NgModel 指令，且没有为其赋值的话，它会在其所在的 ngForm.value 对象上添加一个 property，此 property 的键的值为 NgModel 指令所在组件设置的 name 属性的值。换句话说，单独使用 NgModel 指令时，如果没有为 NgModel 指令赋值的话，则必须存在 name 属性。我们看一段单独使用 NgModel 指令的示例代码。

```
<form novalidate #f="ngForm">
   <input type='text' name='userName' placeholder='Input your userName' ngModel>
</form>
<p>
   {{ f.value | json }}    // { "userName": "" }
</p>
```

上述代码中，在控件 <input> 中单独使用了 NgModel 指令。在输出表单的信息时，页面输出的信息中，NgModel 指令所在组件的 name 属性的值将被作为键。

2. 使用 [ngModel] 进行单向数据绑定

如果使用 [ngModel] 来单向数据绑定到控件属性，那么在组件类中修改 FormControl 类将会更新视图中的值。根据单向数据绑定的特点，可以为 ngForm.value 对象添加一个带有初始值的属性。我们看一段使用 [ngModel] 进行单向数据绑定的示例代码。

```
import { Component } from '@angular/core';

@Component({
selector: 'app-example',
template: `
  <form novalidate #f="ngForm">
     <input type='text' name='userName' placeholder='Input your userName'
     [ngModel]='model.userName'>
  </form>
     <p>
     {{ f.value | json }}
     {{ model | json }}
  </p>
`
})
export class ExampleComp {
  model = {
     userName: 'Murphy'
  };
}
```

当用户更改页面上输入框中的值时，如输入值“Murphy123”，页面输出如下。

```
{ "userName": "Murphy123" } { "userName": "Murphy" }
```

从上面的示例代码可以看出，[ngModel] 用来单向绑定数据到控件属性；在视图层，用户在控件中输入值的操作会同时更新表单的信息。但是由于是单向数据绑定，因此模型层中的 model 值并不会更新。

3. 使用 [(ngModel)] 进行双向数据绑定

如果使用 [(ngModel)] 来双向数据绑定到控件属性，那么视图中值的变化会使组件类中模型的值同步变化。下面是一段使用 [(ngModel)] 进行双向数据绑定的示例代码。

```
import { Component } from '@angular/core';

@Component({
selector: 'app-example',
template: `
  <form novalidate #f="ngForm">
     <input type='text' name='userName' placeholder='Input your userName'
     [(ngModel)]='model.userName'>
  </form>
     <p>
     {{ f.value | json }}
     {{ model | json }}
  </p>
`
})
```

```
export class ExampleComp {
  model = {
    userName: 'Murphy'
  };
}
```

当用户更改页面上输入框中的值时，如输入值“Murphy123”，页面输出如下结果。

```
{ "userName": "Murphy123" } { "userName": "Murphy123" }
```

从上面的示例代码可以看出，使用 [(ngModel)] 来双向数据绑定到控件属性，用户在控件中输入值会使表单和模型层中的 model 值同时更新。

4. 结合模板变量使用 NgModel 指令

如果用户想查看与 FormControl 类相关的属性（如校验状态），可以使用 NgModel 指令作为键，把该指令导出到一个局部模板变量中（如 #myVar="ngModel "）。

```
<form>
  <input type='text' name='userName' #myVar="ngModel" placeholder='Input your userName' ngModel>
</form>
<p>
  {{ myVar.value }}
</p>
```

也可以使用该指令的 control 属性来访问 input 控件，实际上要用到的大多数属性（如 valid 和 dirty）都会委托给该控件，这样就可以直接访问这些属性了。

NgModel 指令除了用作一个表单的一部分外，也可以单独使用。NgModel 指令提供了一些选项，列举如下。

```
@Input('ngModelOptions')
options !: {name?: string, standalone?: boolean, updateOn?: 'change' | 'blur' | 'submit'};
```

用户可以使用独立（standalone）的 FormControl 类。所谓独立，意思是 NgModel 指令所在的表单控件可以脱离 <form> 标签；换句话说，它可以脱离 AbslractConlrd 类的树，它是完全独立的。NgModel 指令的语法如下。

```
<input [ngModelOptions]="{ standalone: true }" #myNgModel="ngModel" name="name" ngModel
type="text">
{{ myNgModel.value }}
```

13.5.3 NgModelGroup 指令

NgModelGroup 指令提供了一种对多个 NgModel 指令和 NgModelGroup 指令进行分组的方法。在模型层中，NgModelGroup 指令负责初始化 FormGroup 类，并且将 FormGroup 类注册到 AbstractControl 树中。

NgModelGroup 指令只能用作 NgForm 指令的子级（在 <form> 标签内）。使用 NgModelGroup 指令可以独立于表单的其余部分来验证表单的子组。

NgModelGroup 指令接收一个子组的名称，它将成为表单完整值中子组的关键字。 如果需要在模板中直接访问，可以使用 ngModelGroup（如 # myGroup ="ngModelGroup"）将指令导出到本地模板变量中。

```
<form #f="ngForm"> <!--Angular 会在 <form> 标签上自动创建并附加一个 NgForm 指令 -->
  <ng-container #myGrp="ngModelGroup" ngModelGroup="address">
     <input type="text"ngModel name="city" />
     <input type="text" ngModel name="street" />
  </ng-container>
</form>
<p>Form表单的值：{{ f.value | json }}</p>
<p>子组的值：{{ myGrp.value | json }}</p>
<p>Form Invalid: {{ myGrp.invalid }}</p>
```

执行上述代码后，页面会输出如下结果。

```
Form表单的值：{ "address": { "city": "", "street": "" } }

子组的值：{ "city": "", "street": "" }

Form Invalid: false
```

上述代码完成了以下内容。

（1）#f="ngForm" 表示将 NgForm 指令导出到本地模板变量 f 中，事后可以通过引用该变量输出表单的信息。

（2）#myGrp="ngModelGroup" 表示将 NgModelGroup 指令导出到本地模板变量 myGrp 中，事后可以通过引用 myGrp 变量输出子组的信息。

（3）ngModelGroup="address" 表示使用关键字 address 表示子组的标识，注意上述代码 f.value 的输出结果中包含了这个关键字。

上面提到，NgModelGroup 指令只能用作 NgForm 指令的子级。下面的代码则是试图将 NgModelGroup 指令作为顶级 Form 实例。

```
<!-- 无效代码：ngModelGroup 指令不能作为顶级Form实例 -->
<div #myGrp="ngModelGroup" ngModelGroup="address">
   <input type="text"ngModel name="city" />
   <input type="text" ngModel name="street">
</div>
```

执行上述代码后页面上将会输出模板编译错误信息。

13.6 响应式表单相关指令

与模板驱动表单相比，使用响应式表单时，在构建视图阶段表单已经创建好了，AbstractControl 树在创建视图前就已经存在了。

在响应式表单中，表单模型是显式定义在组件类中的。接着，响应式表单指令会把这个现有的表单控件实例通过表单数据访问器（ControlValueAccessor 类的实例）指派给视图中的表单元素。

前面介绍过，指令被视为视图层与模型层（AbstractControl 类的子类：FormControl 类、FormArray 类和 FormGroup 类）之间连接的桥梁。响应式表单指令主要有 5 个：FormControlDirective、FormGroupDirective、FormControlName、FormGroupName 和 FormArrayName。它们的共同点是同步数据是双向绑定的，且在视图层中使用这些指令时，需要同时在组件类中初始化它们对应的模型的实例，指令和模型的实例的对应关系如下。

- FormControlDirective 指令和 FormControlName 指令对应的模型是 FormControl 实例。
- FormGroupDirective 指令和 FormGroupName 指令对应的模型是 FormGroup 实例。
- FormArrayName 指令对应的模型是 FormArray 实例。

下面对这 5 个指令进行详细介绍。

13.6.1 FormControlDirective 指令

FormControlDirective 指令是一个基于表单控件的指令，它跟踪独立表单控件的值和验证状态。FormControlDirective 指令在模板中用 [formControl] 形式表示，它对应的模型是 FormControl 类。

下面的代码演示了 FormControlDirective 指令的用法。

```
import { Component } from '@angular/core';
import { FormControl } from '@angular/forms';

@Component({
selector: 'app-example',
template: `
   <input #f="ngForm" [formControl]="formControlInstance" type="text">
   {{ f.value }}
`
})
export class ExampleComp {
   formControlInstance = new FormControl('Murphy'); // 用一个初始值初始化FormControl实例
}
```

在上述代码中，[formControl] 收到一个与之同步的 FormControl 实例 formControlInstance。因为 formControlInstance 在视图初始化前就已经注册到 AbstractControl 树里面了，所以 [formControl] 通过表单数据访问器将 formControlInstance 绑定到当前 <input> 元素。

从上面的示例代码可以看出，[formControl] 可以独立于表单使用；换句话说，它所在的表单控件可以脱离 <form> 标签。

13.6.2 FormGroupDirective 指令

FormGroupDirective 指令对应的模型是 FormGroup 实例，FormGroup 实例为表单模型的顶级类，如 <form [formGroup] = "formGroupInstance"> 表示 formGroupInstance 是已构建的 AbstractControl 树的根。FormGroupDirective 指令监听表单级的事件，如重置和提交。

FormGroupDirective 指令在模板中用 [formGroup] 形式表示。[formGroup] 追踪一组 FormControl 实例的值和验证状态，并聚合每一个子节点（FormControl）的值和验证状态到一个对象，并将控件名作为键的值。

下面通过示例演示创建一个地址，该地址包含城市和街道的方法，代码如下。

```
import { Component } from '@angular/core';
import { FormControl, FormGroup} from '@angular/forms';

@Component({
selector: 'app-example',
template: `
   <form [formGroup]="adress">
      <input formControlName="city" type="text">
      <input formControlName="street" type="text">
   </form>
   {{adress.value | json}}
`
})
export class ExampleComp {
   adress = new FormGroup({
     city: new FormControl('Wuhan'),
     street: new FormControl('Guanggu'),
   });
}
```

在上述代码中，[formGroup] 将表单与 FormGroup 实例对象 adress 变量联系起来。运行上述代码后，页面将输出 { "city " : " Wuhan", "street " : " Guanggu " }。

13.6.3 FormControlName 指令

FormControlName 指令将现有 FormGroup 中的 FormControl 与一个表单控件进行同步。FormControlName 指令对应的模型是 FormControl 实例。

FormControlName 指令必须与 FormGroupDirective 指令配合使用，具体示例已经在前面演示过了，注意 FormControlName 指令的格式。当 FormControlName 指令引用的是变量时，需要添加中括号“[ ]”；当不是变量，而是对象中的键的值时，一定不能加中括号“[ ]”。

13.6.4 FormGroupName 指令

FormGroupName 指令与 FormControlName 指令类似，也是必须与 FormGroupDirective 指令配合使用。FormGroupName 指令提供了对子控件进行分组的功能，可以与其余表单分开来验证表单的子控件，也可以将某些子控件的值分组到自己的嵌套对象中。使用 FormGroupName 指令的示例代码如下。

```
import { Component } from '@angular/core';
import { FormControl, FormGroup } from '@angular/forms';

@Component({
selector: 'app-example',
```

```
template: `
   <form [formGroup]="user">
      <input formControlName="name" type="text">
      <ng-container formGroupName="address">
      <input formControlName="city" type="text">
      <input formControlName="street" type="text">
      </ng-container>
  </form>
  {{user.value | json}}
`
})
export class ExampleComp {
  user = new FormGroup({ // 构建FormGroup对象
    name: new FormControl('Murphy'),
    address: new FormGroup({
      city: new FormControl('Wuhan'),
      street: new FormControl('Guanggu'),
    })
  });
}
```

上述代码通过 FormGroupName 指令将 user 对象中的 name 属性与 address 属性分开，这有利于分开管理和验证子控件。注意 FormGroupName 指令的格式，它与 FormControlName 指令的格式相同。运行上述代码后，页面将输出 { " name": " Murphy ", "address ": { " city ": "Wuhan", "street" : "Guanggu " } }。

13.6.5 FormArrayName 指令

与 FormGroupName 指令类似，FormArrayName 指令的作用是将嵌套的 FormArray 实例同步到 DOM 元素中。使用 FormArrayName 指令的示例代码如下。

```
import { Component } from '@angular/core';
import { FormControl, FormGroup, FormArray } from '@angular/forms';

@Component({
selector: 'app-example',
template: `
<form [formGroup]="myForm">
  <ng-container formArrayName="movies">
    <input
       *ngFor="let _ of myForm.controls['movies'].controls; let idx = index;"
       [formControlName]="idx"
       type="text"
    >
  </ng-container>
  </form>
  {{ myForm.value | json }}
  {{ myForm.controls.movies.value }}
`
```

```
})
export class ExampleComp {
  myForm = new FormGroup({
    movies: new FormArray([
       new FormControl('action'),
       new FormControl('horror'),
       new FormControl('mistery'),
    ]),
  });
}
```

上述代码通过 FormArrayName 指令将嵌套的 FormArray 实例同步到 <input> 元素中。注意这里 [formControlName] 的格式，由于它引用的 idx 是变量，因此需要添加中括号“[ ]”。运行上述代码后，页面将输出 { "movies": ["action", "horror", "mistery"] } action,horror,mistery。

13.7 表单构建器生成表单控件

生成多个表单控件的步骤非常烦琐。FormBuilder 构建器是 Angular 的一个表单构建器，它提供了一些便捷方法来生成表单控件。FormBuilder 构建器有 3 个方法: control()、group() 和 array()。这些方法都是工厂方法，用于在组件类中分别生成 FormControl、FormGroup 和 FormArray 实例。FormBuilder 构建器是一个可注入的服务提供商，它是由 ReactiveFormModule 模块提供的，只要把 FormBuilder 添加到组件的构造函数中就可以注入这个依赖。

```
constructor(private fb: FormBuilder) { }
```

假设我们需要创建一个关于用户信息的表单，示例代码如下。

```
profileForm = new FormGroup({
   firstName: new FormControl(''),
   lastName: new FormControl(''),
   address: new FormGroup({
      street: new FormControl(''),
      city: new FormControl(''),
      state: new FormControl(''),
      zip: new FormControl('')
   })
});
```

下面演示使用 FormBuilder 构建器改写上面的示例代码，具体改写内容如下。

```
profileForm = this.fb.group({
  firstName: [''],
  lastName: [''],
  address: this.fb.group({
     street: [''],
     city: [''],
     state: [''],
```

```
      zip: ['']
    }),
  });
```

13.8 表单验证

使用表单验证的目的是通过验证用户输入的准确性和完整性，来提高数据的整体质量。

Angular 提供了验证器指令来验证表单元素输入的数据是否合法，Angular 内置的常用验证器有 required、pattern、email、min、max、minLength 和 maxLength 等。使用 Angular 的内置验证器能够完成绝大多数业务场景的验证工作。

验证程序允许开发者对 AbstractControl 实例（FormControl、FormArray 和 FormGroup）施加约束。初始化 AbstractControl 树时，将设置并运行验证程序。

13.8.1 内置验证器的用法

内置验证器可作为指令在模板中使用，也可以作为 Validator 类的静态成员在模型层中创建模型实例时使用。

每当表单控件中的值发生变化时，Angular 就会进行验证，并生成一个验证错误的列表（对应着 INVALID 状态）或者 null（对应着 VALID 状态，表示无错误）。

email 内置验证器可以直接在模板驱动表单的视图中使用。

```
<form>
  <input email ngModel name="email" type="text">
</form>
```

而对于响应式表单，可以这样使用它。

```
this.form = new FormGroup({
  name: new FormControl(defaultValue, [Validators.Email])
})
```

13.8.2 组合使用内置验证器

内置验证器可以在模板视图中添加，也可在组件类中初始化模型时添加，或者在两处同时添加。尽管在使用响应式表单时，通常在组件类中设置了内置验证器，但是在视图内部仍然可以提供内置验证器。无论在哪里使用内置验证器，创建 AbstractControl 实例时，验证程序最终都将合并到一起。最后，所有内置验证器最终都将合并到一个函数中，该函数在被调用时将依次执行所有内置验证器程序并累积其结果（如返回错误信息）。

13.8.3 自定义验证器

由于内置验证器无法适用于所有应用场景，因此有时候还需要创建自定义验证器。自定义验证器要求验证方法是静态的，只有在出现错误时才返回验证结果。如果一切正常，此验证方法则返回

null。下面通过示例演示自定义验证器的用法。

```
import { Component } from '@angular/core';
import { FormControl, FormGroup } from '@angular/forms';
import { AbstractControl, ValidationErrors, Validators } from '@angular/forms';

export class UsernameValidator {
  static cannotContainSpace(control: AbstractControl): ValidationErrors | null {
    if ((control.value as string).indexOf(' ') >= 0) {
       return { cannotContainSpace: true }
    }
    return null;
   }
}

@Component({
selector: 'app-example',
template: `
  <form [formGroup]="user">
    <input formControlName="name" type="text">
  </form>
  {{user.value | json}}
  {{user.status}}
  {{user.controls.name.errors?.cannotContainSpace}}
`
})
export class ExampleComp {
  user = new FormGroup({ // 构建FormGroup对象
       name: new FormControl('Murphy', [Validators.required,
       Validators.minLength(3),
       UsernameValidator.cannotContainSpace])   // 添加自定义验证器
  });

}
```

上面的示例完成了以下内容。

（1）自定义了一个 UsernameValidator 类，里面包含一个静态的方法，该方法接收一个 AbstractControl 类的参数，表示当前绑定控件的模型实例。判断该模型实例的值中是否有空格，如果有空格，返回 ValidationErrors 类的对象，否则返回 null。

（2）在初始化 FormControl 实例时注册验证器，这里同时注册了 3 个验证器。其中的两个内置验证器分别是必填和最小长度验证器。还有一个是自定义验证器。

（3）运行上述代码后，页面将输出 {" name" : " Murphy " } VALID。

（4）当用户修改并输入一个类似 " Mur phy " 的中间有空格的字符串时，页面将输出 { " name ": " Mur phy " } INVALID true。

13.8.4 表单控件状态的 CSS 样式类

在表单验证的过程中，无论通过与否，Angular 都预先给用户预留了一些表示表单控件状态的

CSS 样式类。这些 CSS 样式仅是预留了名字而已，具体的功能需要用户根据实际情况进行完善。这些预留的样式可以突出显示有效或无效的用户输入，提升用户交互体验。表 13-1 所示的表示控件状态的样式会自动添加到 Angular 表单元素中，用户需要做的就是添加 CSS 代码以产生所需的视觉效果。

表 13-1　表示控件状态的 CSS 样式类

样式	描述
ng-touched	如果控件失去焦点，则添加此样式到控件的样式中
ng-untouched	如果控件还没有失去焦点，则添加此样式到控件的样式中
ng-valid	如果控件通过验证，则添加此样式到控件的样式中
ng-invalid	如果控件未通过验证，则添加此样式到控件的样式中
ng-pending	如果控件使用异步验证时的等待阶段，则添加此样式到控件的样式中
ng-dirty	如果用户已与控件交互，则添加此样式到控件的样式中
ng-pristine	如果用户尚未与控件交互，则添加此样式到控件的样式中

13.9　使用 ngSubmit 事件提交表单

模板驱动表单中只要导入了 FormsModule 模块，NgForm 指令就会默认该模块在所有 <form> 标签上生效，该指令可创建一个顶级的 FormGroup 实例，并把它绑定到当前表单。在响应式表单中，<form> 标签中的 FormGroupDirective 指令（[FormGroup]）负责创建 FormGroup 实例。

无论是响应式表单还是模板驱动表单，FormGroup 实例都作为表单的顶级实例，它负责监听 form 元素发出的 submit 事件，并发出一个 ngSubmit 事件，让用户可以在 ngSubmit 事件中绑定一个回调函数。

下面的示例代码演示了在两种类型的表单中将 onSubmit() 回调函数都添加为 <form> 标签上的 ngSubmit 事件监听器的方法。

```
<!--模板驱动表单-->
<form #profileForm="ngForm" (ngSubmit)="onSubmit()" >

<button type="submit" [disabled]= "!profileForm.valid">提交</button>
</from>


<!--响应式表单-->
<form [formGroup]="profileForm" (ngSubmit)="onSubmit()">

<button type="submit" [disabled]= "!profileForm.valid">提交</button>
</from>
```

在模板驱动表单中，<form> 元素的模板引用变量可以作为参数传递给 onSubmit() 回调方法，具体代码如下。

```
<!--模板驱动表单-->
<form #profileForm="ngForm" (ngSubmit)="onSubmit(profileForm)" >
```

在组件类中，onSubmit() 回调方法的定义如下。

```
onSubmit(profileForm) { // 接收来自模板的传入的参数
  alert("提交的数据:" + JSON.stringify(profileForm.value));
}
```

在响应式表单中，由于模型实例本身就是在组件类中定义好的，因此用户并不需要通过在模板中传递的方式获取表单数据，可以直接获取类中的实例变量，代码如下。

```
profileForm: FormGroup; // 定义的FormGroup实例变量，在模板中通过[formGroup]="profileForm" 与其
进行绑定
onSubmit() {
  alert("提交的数据:" + JSON.stringify(this.profileForm.value));
}
```

13.10 创建两种类型的表单

下面通过示例演示创建模板驱动表单和数据绑定、创建响应式表单和数据绑定的方法。示例中使用 Bootstrap 创建表单，Bootstrap 是一个用于快速开发 Web 应用程序的前端 UI 框架；它基于 HTML、CSS、JavaScript 技术，提供了统一的 UI 风格。本节选用 Bootstrap 来创建表单的目的是使表单看起来更加美观。关于 Angular 集成 Bootstrap 的方式，本书后续章节有详细介绍。表单中有一个提交按钮，可以根据用户的输入启用或禁用。

13.10.1 [示例 form-ex100] 创建模板驱动表单和数据绑定

（1）用 Angular CLI 构建 Web 应用程序，具体命令如下。

```
ng new form-ex100 --minimal --interactive=false
```

（2）在 Web 应用程序根目录下启动服务，具体命令如下。

```
ng serve
```

（3）查看 Web 应用程序的结果。打开浏览器并浏览“http://localhost:4200”，应该看到文本“Welcome to form-ex100!”。

（4）编辑模块。编辑文件 src/app/app.module.ts，并将其更改为以下内容。

```
import { BrowserModule } from '@angular/platform-browser';
import { NgModule } from '@angular/core';
import { FormsModule } from '@angular/forms';
import { AppComponent } from './app.component';
```

```
@NgModule({
declarations: [
  AppComponent
],
imports: [
  BrowserModule,
  FormsModule
],
providers: [],
bootstrap: [AppComponent]
})
export class AppModule { }
```

（5）编辑首页模板。编辑文件 index.html，并将其更改为以下内容。

```
<!doctype html>
<html lang="en">

<head>
  <meta charset="utf-8">
  <title>FormEx100</title>
  <base href="/">
  <meta name="viewport" content="width=device-width, initial-scale=1">
  <link rel="icon" type="image/x-icon" href="favicon.ico">
   <link rel="stylesheet" href="https://maxcdn.bootstrapcdn.com/bootstrap/4.0.0/css/
bootstrap.min.css"
     crossorigin="anonymous">
</head>

<body>
  <app-root></app-root>
</body>

</html>
```

（6）编辑组件。编辑文件 src/app/app.component.ts，并将其更改为以下内容。

```
import { Component } from '@angular/core';

@Component({
selector: 'app-root',
template: `
<div class="container">
 <form #_appointmentForm="ngForm" (ngSubmit)="onSubmitForm(_appointmentForm.value)">
     <legend>示例</legend>
     <div class="form-group">
        <label for="name">Name</label>
      <input type="text" class="form-control" name="name" placeholder="Name (last, first)"
[(ngModel)]="_name"
            required>
     </div>
     <div class="form-group">
```

```
            <label for="password">Password</label>
            <input type="password" class="form-control" name="password" placeholder="Pass-
word" [(ngModel)]="_password"
              required>
        </div>
        <div class="form-group">
            <div class="form-check">
              <div>
                <label>Appointment Time</label>
              </div>
              <label class="form-check-label">
                  <input type="radio" class="form-check-input" name="time" value="12pm"
[(ngModel)]="_time" required>
                 12pm
              </label>
            </div>
            <div class="form-check">
              <label class="form-check-label">
                   <input type="radio" class="form-check-input" name="time" value="2pm"
[(ngModel)]="_time" required>
                 2pm
              </label>
            </div>
            <div class="form-check">
              <label class="form-check-label">
                   <input type="radio" class="form-check-input" name="time" value="4pm"
[(ngModel)]="_time" required>
                 4pm
              </label>
            </div>
        </div>
        <div class="form-group">
              <label for="exampleTextarea">Ailment</label><textarea class="form-control"
name="ailment" rows="3"
              [(ngModel)]="_ailment" required></textarea>
        </div>
          <button type="submit" class="btn btn-primary" [disabled]="!_appointmentForm.
valid">Submit</button>
        <br>
        表单是否有效：{{ _appointmentForm.valid }} <br>
        表单完整数据：{{ _appointmentForm.value | json }}
      </form>
    </div>
    `,
    styles: [`
    input.ng-invalid {
      border-left: 5px solid #a94442; /* red */
    }
    `]
    })
    export class AppComponent {
```

```
    title = 'form-ex100';
    _name: string = 'mark';
    _password: string = '';
    _time: string = '';
    _ailment: string = '';

    onSubmitForm(value) {
        alert("提交的数据:" + JSON.stringify(value));
    }
}
```

（7）观察 Web 应用程序页面，显示效果如图 13-3 所示。

示例 form-ex100 完成了以下内容。

（1）从 @angular/forms 包中导入 FormsModule 模块并把它添加到 NgModule 的 imports 数组中。

（2）在表单 <form> 中设置一个模板引用变量 _appointmentForm，并实时通过模板引用变量在页面输出当前表单的状态和数据。表单在提交时触发 onSubmitForm 上的方法，同时将模板引用变量的值传入该方法中。

图 13-3 页面显示效果

（3）设置输入字段并使用 ngModel 的双向数据绑定指令将每个字段的值链接到类实例变量。

（4）在表单 <button> 中通过判断模板引用变量 _appointmentForm 的有效性来启用或禁用提交按钮。

（5）在 password 控件上添加了 required 验证器。同时，在模板的 styles 元数据中添加了样式代码，它表示添加的 ng-invalid 样式仅在 input 元素下工作。当 password 控件验证不通过时，文本框的左边框立即呈现浅红色的标示，提示用户该文本框需要输入有效的值；实际应用中应该在所有的需要验证的控件中添加用户提示信息，本例仅是演示示例，因此仅列举这一项，其他控件的用法依此类推。

（6）在表单元素验证合格后，表单变为有效状态，同时提交按钮将会由禁用状态变为启用状态。单击该按钮后，页面弹出提示框，输出表单的完整数据。

注意　NgModel 内置指令来自 Angular 中的 FormsModule 模块，使用之前必须手动将其导入主模块中。

下面通过示例演示创建响应式表单和数据绑定的方法。

13.10.2 [示例 form-ex200] 创建响应式表单和数据绑定

（1）用 Angular CLI 构建 Web 应用程序，具体命令如下。

```
ng new form-ex200 --minimal --interactive=false
```

（2）在 Web 应用程序根目录下启动服务，具体命令如下。

```
ng serve
```

（3）查看 Web 应用程序的结果。打开浏览器并浏览“http://localhost:4200”，应该看到文本“Welcome to form-ex200!”。

（4）编辑模块。编辑文件 src/app/app.module.ts，并将其更改为以下内容。

```
import { BrowserModule } from '@angular/platform-browser';
import { NgModule } from '@angular/core';
import { ReactiveFormsModule } from '@angular/forms';
import { AppComponent } from './app.component';

@NgModule({
declarations: [
  AppComponent
],
imports: [
  BrowserModule,
  ReactiveFormsModule
],
providers: [],
bootstrap: [AppComponent]
})
export class AppModule { }
```

（5）编辑首页模板。编辑文件 index.html，并将其更改为以下内容。

```
<!doctype html>
<html lang="en">
<head>
<meta charset="utf-8">
<title>FormEx100</title>
<base href="/">
<meta name="viewport" content="width=device-width, initial-scale=1">
<link rel="icon" type="image/x-icon" href="favicon.ico">
<link rel="stylesheet" href="https://maxcdn.bootstrapcdn.com/bootstrap/4.0.0/css/boot-
strap.min.css" crossorigin="anonymous">
</head>
<body>
<app-root></app-root>
</body>
</html>
```

（6）编辑组件。编辑文件 src/app/app.component.ts，并将其更改为以下内容。

```
import { Component } from '@angular/core';
import { AbstractControl, FormGroup, FormBuilder, Validators } from '@angular/forms';

export function validateNotMurphy(control: AbstractControl) {
return (control.value.toLowerCase() != 'murphy') ?
   null :
   {
      validateNotMercedes: {
```

```
      valid: false
      }
   }
}

@Component({
selector: 'app-root',
template: `
<div class="container">
<form [formGroup]="formGroup" (ngSubmit)="onSubmit()">
   <label>Maker:
      <input formControlName="make">
   </label>
   <br/>
   <label>Model:
      <input formControlName="model">
   </label>
   <br/>
   <input type="submit" value="Submit" [disabled]="!formGroup.valid">
   <br>
   表单是否有效：{{ formGroup.valid }}  <br>
   表单完整数据：{{ formGroup.value | json }}
</form>
</div>
`,
styles: [`
   input.ng-valid {
      border-left: 5px solid #42A948; /* green */
   }
      input.ng-invalid {
      border-left: 5px solid #a94442; /* red */
   }
`]
})
export class AppComponent {
   constructor(private fb: FormBuilder) { }

   formGroup: FormGroup;
   ngOnInit() {
      this.formGroup = this.fb.group({
         make: this.fb.control('', [Validators.required, validateNotMurphy]),
         model: this.fb.control('', Validators.required)
      });
   }
   onSubmit() {
      alert("提交的数据：" + JSON.stringify(this.formGroup.value));
   }
}
```

（7）观察 Web 应用程序页面，显示效果如图 13-4 所示。

示例 form-ex100 完成了以下内容。

图 13-4 页面显示效果

（1）从 @angular/forms 包中导入 ReactiveFormsModule 模块，并把它添加到 NgModule 的 imports 数组中。

（2）本示例中使用了 FormGroup 指令和 FormControlName 指令，通过它们绑定到类中的模型实例变量，并在页面实时通过引用 FormGroup 变量输出当前表单的状态和数据。

（3）在表单 <button> 元素中通过判断变量 formGroup 的有效性来启用或禁用提交按钮。

（4）在 make 控件实例上添加了两个验证器，其中一个是自定义验证器 validateNotMurphy，该验证器判断输入的字符串转换为小写后，值是否为“murphy”；

（5）在表单元素验证合格后，表单变为有效状态，同时提交按钮将会由禁用状态变为启用状态。点击按钮后，页面弹出提示框，输出表单的完整数据。

13.11 模板驱动表单和响应式表单可以混合使用吗

模板驱动表单和响应式表单在 Angular 中的实现方式相同：整个表单都有一个 FormGroup，每个单独的控件都有一个 FormControl 实例。

出于某种原因，我们可以混合并匹配这两种表单的构建方式。

- 使用 NgModel 指令读取数据，并使用 FormBuilder 构建器进行验证。我们可以根据需要决定是否订阅表单或使用 RxJS。
- 在控制器中声明一个控件，然后在模板中引用它以获得其有效性状态。

但总的来说，最好选择其中的一种方式，并在整个 Web 应用程序中使用这种方式。

13.12 小结

本章介绍了 Angular 表单的基础知识；带领读者从表单的基本概念讲起，通过表单模型、表单指令分别介绍了两种不同模式的表单设计，以及表单验证的知识。本章的内容很基础，掌握好表单知识对学习 Angular 很重要。

第 14 章 HttpClient 模块

浏览器现在可以运行复杂的 JavaScript Web 应用程序，并且大多数时候这些 Web 应用程序需要从远程 HTTP 服务器获取数据以将其显示给用户。现代浏览器支持使用两种不同的 API 发起 HTTP 请求：XMLHttpRequest 接口和 fetch() API。

@angular/common/http 中的 HttpClient 类为使用 Angular 开发的 Web 应用程序提供了一个简化的 API 来实现 HTTP 客户端功能。它基于浏览器提供的 XMLHttpRequest 接口。HttpClient 模块有很多优点，如可测试性，强类型的请求和响应对象，发起请求与接收响应时的拦截器支持，更好的、基于可观察对象的 API 以及流式错误处理机制。

本章将介绍 HttpClient 模块在 Angular 中的实际工作方式，并详细地讲解使用该模块的方法和技巧。

14.1 HTTP 简介

HttpClient 模块是通过 HTTP 实现客户端功能的，因此，了解 HTTP 通信的工作方式和如何为其编写代码非常重要。

HTTP 的作用是实现客户端和服务器之间的通信。HTTP 用作客户端和服务器之间的请求与响应协议。HTTP 已经存在了很长时间，它用于传统的服务器 Web 应用程序和客户端 AJAX Web 应用程序。

HTTP 基于客户端和服务器模式，它的特点主要有以下几个方面。

- HTTP 是无连接的：无连接的含义是限制每次连接只能处理一个请求；服务器处理完客户端的请求，并收到客户端的应答后，即断开连接。采用这种方式可以节省传输时间。
- 简单快速：客户端向服务器请求服务时，只需传输请求方法和路径。请求方法常用的有 GET 和 POST 等。每种请求方法规定了客户端与服务器联系的不同类型。由于 HTTP 很简单，HTTP 服务器的程序规模小，因此通信速度很快。
- HTTP 不限制内容：HTTP 允许传输任意类型的数据对象。正在传输的数据对象类型由 Content-Type 标识加以标记。

• HTTP 是无状态的：无状态是指 HTTP 对事务处理的过程没有记忆能力。无状态意味着如果后续处理需要前面的信息，则这些信息必须重传，这样可能导致每次连接传输的数据量增大；但在服务器不需要先前的信息时它的应答就较快。

14.1.1 HTTP 请求

客户端使用 HTTP 请求服务器时，客户端向服务器发送的请求，被称为 HTTP 请求，HTTP 请求的请求报文由 3 个部分组成：请求行、请求头和请求体。

• 请求行由请求方法、请求的 URL、协议名称及版本号组成。

• 请求头是 HTTP 请求的报文头，报文头包含若干个键/值对信息，格式为“属性名:属性值”，服务器据此获取客户端的信息。

• 请求体是 HTTP 请求的报文体，它将一个页面表单中的组件值通过键/值对的形式编码成一个格式化后的字符串，它承载了多个请求参数的数据。报文体不但可以传递请求参数，也可以传递请求的 URL。

每当客户端发送 HTTP 请求时，它都包含有关请求报文的信息，其中请求行的常见请求方法有 5 种：POST、GET、PUT、PATCH 和 DELETE。

在 Web 应用程序中，HttpRequest 表示一个 HTTP 请求，它包括上面介绍的请求报文，内容如请求的 URL、请求方法、请求头、请求体和其他请求配置项。它的实例都是不可变的。要修改 HttpRequest，应该使用 Clone() 方法。

14.1.2 HTTP 响应

服务器处理完客户端的请求后返回给客户端的响应，被称为 HTTP 响应。同样，HTTP 响应的响应报文也是由 3 个部分组成：响应行、响应头和响应体。

• 响应行由协议名称、版本号、响应状态码及状态描述组成。

• 响应头也是由多个属性组成的。

• 响应体即响应报文体，是返回给客户端的内容。

与请求报文相比，响应报文多了一个响应状态码，它以清晰明确的语言告诉客户端本次 HTTP 请求的处理结果。HTTP 响应的响应状态码以数字开头进行分类的话，可以分为 5 种。

• 1xx：消息，一般是告诉客户端，HTTP 请求已经收到了，正在处理中。

• 2xx：处理成功，一般表示 HTTP 请求收悉、服务器明白客户端想要的、HTTP 请求已受理、已经处理完成等信息。

• 3xx：重定向到其他地方。它让客户端再发起一个 HTTP 请求以完成整个处理过程。

• 4xx：处理发生错误，责任在客户端，如客户端请求一个不存在的资源、客户端未被授权、禁止访问等。

• 5xx：处理发生错误，责任在服务器，如服务器抛出异常、路由出错、HTTP 版本不支持等。

以下是几个常见的响应状态码。

• 200 OK：表示服务器处理成功。

- 303 See Other：服务器把将 HTTP 请求重置到其他页面，目标的 URL 通过响应头的 Location 属性告知客户端。
- 304 Not Modified：告知客户端，上次请求的这个资源至今没有更改，可以直接用客户端本地的缓存。
- 404 Not Found：意思是找不到页面。如在百度上搜索一个页面，单击链接后返回 404，表示这个页面已经被网站删除了。
- 500 Internal Server Error：看到这个错误，应该查询服务器的日志，其中肯定抛出了一堆异常。

在 Web 应用程序中，HttpResponse 表示一个 HTTP 响应，它包括前面介绍的响应报文。它的实例也是不可变的。要修改 HttpResponse，应该使用复制的方法。

14.2 应用 HttpClient 模块

要想使用 HttpClient 模块，就要先导入 Angular 的 HttpClientModule。大多数 Web 应用程序都会在根模块 AppModule 中导入它。

编辑文件 src/app/app.module.ts，导入 HttpClientModule 模块，注意导入顺序在 BrowserModule 之后。

```
import { NgModule }          from '@angular/core';
import { BrowserModule }     from '@angular/platform-browser';
import { HttpClientModule } from '@angular/common/http';

@NgModule({
imports: [
   BrowserModule,
   HttpClientModule // 导入HttpClientModule模块，注意导入顺序在BrowserModule模块之后
],
declarations: [
   AppComponent,
],
bootstrap: [ AppComponent ]
})
export class AppModule {}
```

在 AppModule 中导入 HttpClientModule 之后，就可以通过构造函数把 HttpClient 实例注入到类中，就像下面的 DemoService 示例。

```
import { Injectable } from '@angular/core';
import { HttpClient } from '@angular/common/http';

@Injectable()
export class DemoService {
   constructor(private http: HttpClient) { } // 注入HttpClient实例
}
```

在 Web 应用程序根模块 App Module 中导入 HttpClientModule 模块，将使其在 Web

应用程序中的任何地方都可用。也可以将其导入子模块，那么仅能在子模块中使用 HttpClient 实例。

14.3 创建 RESTful API 服务

HttpClient 模块的本质是从远程 HTTP 服务器获取数据，因此需要有一个后端数据服务器环境。在这里，我们并不真正地创建一个后端 RESTful API 服务，而是尽可能地把读者的注意力集中在 Angular 本身。因此，下面介绍 3 种模拟或创建简单的 RESTful API 服务的方法，稍后会总结使用它们的场景。

14.3.1 使用 json-server 创建 RESTful API 服务

json-server 是一个 Node.js 模块，底层运行在 Express 服务器上，用户可以指定一个 JSON 文件作为 RESTful API 服务的数据源。使用 json-server 在本地搭建一个 JSON 服务器，对外提供 RESTful API 服务。前端开发工程师在无后端的情况下，可以用它作为后端 RESTful API 服务器。

1. 安装 json-server

全局安装 json-server 的命令格式如下。

```
npm install -g json-server # -g表示global，意思是全局安装
```

2. 使用 json-server

使用 json-server 的具体步骤如下。

（1）新建一个 data 文件夹，在 data 文件夹中创建一个 db.json 文件，并将其更改为以下内容。

```
{
  "data":[]
}
```

（2）启动 json-server，使用如下命令。

```
cd data
json-server db.json
```

控制台输出如下启动信息。

```
\{^_^}/ hi!

Loading db.json
Done

Resources
http://localhost:3000/data

Home
http://localhost:3000
```

json-server 附带了一些参数，如可以指定端口：- port 3004。

（3）上述信息表明 json-server 已经启动成功。接下来可以通过浏览器或 Postman 发送请求，获得相应数据，如发送 GET 请求 http://localhost:3000/data。

（4）增加数据。发送 POST 请求 http://localhost:3000/data，请求数据如下。

```
{
  "username":"docedit.cn",
  "age":3
}
```

返回响应结果如下。

```
{
  "username": "docedit.cn",
  "age": 3,
  "id": 1
}
```

（5）对数据进行排序和过滤。GET 请求还支持排序和过滤等功能，如对 "age" 字段进行升序排序，请求的 URL 为“http://localhost:3000/data?_sort=age&_order=asc”。

除了上面介绍的 GET、POST 请求外，json-server 还支持其他一些请求方法，如 PUT、PATCH 和 DELETE 请求。

14.3.2 使用 Angular 内存数据库模拟服务器

上一节介绍了如何使用 json-server 创建独立的 RESTful API 服务，Angular 中也提供了类似的模拟 RESTful API 服务，那就是使用 Angular 内存数据库模拟服务器。Angular 内存数据库基于 in-memory-web-api 库，该库用于 Angular 演示和测试时调用内存中的网络 API，可模仿 RESTful API 服务上的 CRUD 增、删、改、查操作。它拦截了 Angular 的 HTTP 请求和 HttpClient 请求，这些请求原本会发送到远程服务器，然后将它们重定向到定义的内存数据库中。读者可以从下面几个方面理解 in-memory-web-api 库。

in-memory-web-api 库集成在 Angular 中，该库会替换 HttpClient 模块中的 HttpBackend 服务，新的服务会模拟 RESTful 风格的后端的行为。

in-memory-web-api 库仅拦截了 Angular 中的 HTTP 请求，它实际上没有运行 Web 服务器。因此我们不能通过浏览器或者其他 Angular 环境外的工具访问它的 RESTful API 资源。

in-memory-web-api 库所虚拟的 API 位于内存中，这也就意味着当刷新浏览器后，所有的数据都会消失。

使用 Angular 内存数据库的优势显而易见：无须单独构建和启动测试服务器。

1. 安装 Angular 内存数据库

要启用 Angular 内存数据库，需要先安装它，安装命令如下。

```
npm i angular-in-memory-web-api -S #等同于 npm install angular-in-memory-web-api --save
```

安装完成后，查看 Web 应用程序的 package.json 文件的 dependencies 节点，里面将会增加一行新的依赖，具体如下。

```
"angular-in-memory-web-api": "0.10.0",
```

2. 创建模拟数据

新建一个服务类，该类需要实现 InMemoryDbService 接口，然后该类必须实现接口的 createDb() 方法，该方法负责创建一个数据库的对象数组，即模拟数据。

```
import { InMemoryDbService } from 'angular-in-memory-web-api';

export class InMemHeroService implements InMemoryDbService {
createDb() {
   let heroes = [
      { id: 1, name: 'Murphy' },
      { id: 2, name: 'Bombasto' },
      { id: 3, name: 'Magneta' },
      { id: 4, name: 'Tornado' }
   ];
   return {heroes};
   }
}
```

上述代码创建了一个对象数组，并赋值给变量 heroes，heroes 中的每一个子对象都有两个属性: id 和 name。变量名 heroes 将会被默认作为 URL 的一部分，id 将会作为识别对象的键的值。此内存中的服务以 RESTful API 的方式处理 HTTP 请求并返回可观察类型的 Response 对象。上述代码定义的 API 部分的基本 URL 如下。

```
GET api/heroes            // 获取所有的heroes
GET api/heroes/42         // 获取id=42的heroes
GET api/heroes?name=^j    // "^j"是个正则表达式，这里指返回name以"j"或者"J"开头的heroes
GET api/heroes.json/42    // 忽略".json"，等同于"api/heroes/42"
```

3. 启用 Angular 内存数据库

在 AppModule 根模块中使用 HttpClientInMemoryWebApiModule 注册数据存储服务，然后使用此服务类的 forRoot() 静态方法来注入 InMemHeroService 类。

```
import { BrowserModule } from '@angular/platform-browser';
import { NgModule } from '@angular/core';

import { AppComponent } from './app.component';
import { HttpClientModule } from '@angular/common/http';
import { HttpClientInMemoryWebApiModule } from 'angular-in-memory-web-api';
import { InMemHeroService } from './in-mem-hero.service';

@NgModule({
declarations: [
   AppComponent
],
imports: [
```

```
        BrowserModule,
        HttpClientModule, // 导入HttpClientModule模块，注意导入顺序在BrowserModule模块之后
         HttpClientInMemoryWebApiModule.forRoot(InMemHeroService), // 该模块的导入顺序必须在
HttpClientModule模块之后
    ],
    providers: [],
    bootstrap: [AppComponent]
    })
    export class AppModule { }
```

注意导入顺序，HttpClientInMemoryWebApiModule 模块必须放置在 HttpClientModule 模块之后。

完成上述步骤后，就可以在 Web 应用程序中使用 Angular 内存数据库了。

HttpClientInMemoryWebApiModule.forRoot() 方法还提供了一些可选的配置选项帮助用户实现一些配置功能。如默认情况下，此方法向所有数据请求添加 500ms 延迟以模拟往返延迟的效果；用户还可以通过配置选项参数 delay 设置自定义时间。

```
HttpClientInMemoryWebApiModule.forRoot(InMemHeroService, { delay: 0 }) // 无延迟
HttpClientInMemoryWebApiModule.forRoot(InMemHeroService, { delay: 500 }) //延迟500ms
```

默认情况下，HttpClientInMemoryWebApiModule 模块会拦截所有的 HttpClient 请求。在实际工作中，我们可能需要同时使用 HttpClient 模块和 HttpClientInMemoryWebApiModule 模块，意思是同时访问外部和内存的 RESTful API 资源。这时，我们可以通过配置选项 passThruUnknownUrl 来实现，具体代码如下。

```
HttpClientInMemoryWebApiModule.forRoot(InMemHeroService,{ passThruUnknownUrl: true})
```

关于更多的配置选项功能，读者可以查阅官方文档中的 InMemoryBackendConfigArgs 接口对象，了解更多详情。

14.4 从服务器获取数据

HttpClient 模块提供的 GET 请求常用于从服务器获取数据。GET 请求有如下特点。

- 它是幂等（Idempotent）的，意思是发出多个相同的 GET 请求与发出单个 GET 请求具有相同的效果。
- 它可以保留在浏览器历史记录中。
- 它可以加入浏览器书签。
- 它有长度限制。
- GET 请求通常使用请求头传递信息，不使用请求体。
- GET 请求返回的响应内容作为 HTTP 请求体返回。

下面是使用 HttpClient 模块的 GET 请求的示例。

```
Observable result$ = this.http.get(this.heroesUrl); // result$的类型是可观察对象类型
```

get() 方法返回可观察对象类型的结果，然后可以使用 RxJS 对其进行处理。

14.4.1 请求带类型的响应

HttpClient 模块允许我们在调用 HTTP 请求时使用泛型，通过泛型告诉 Angular 我们期望从 HTTP 请求获得的响应类型。响应的类型可以是 any 变量类型（如 string）、类或接口等。如下面的代码执行 HttpClient 模块的 GET 请求，将预期的响应类型指定为 Hero 对象的数组。

```
export class Hero {
  constructor(public id = 1, public name = '') { }
}

this.http.get<Hero[]>(this.heroesUrl); // 使用泛型的请求响应
```

注意 指定响应类型是给 TypeScript 看的声明，并不能保证服务器会实际使用此类型的对象进行响应。服务器 API 返回的实际响应类型是由服务器来保证的。换句话说，用户可以对 Hero 类中的属性随意定义。因此，服务器实际返回的对象与类的定义并没有直接关系。

下面通过示例演示使用 HttpClient 模块的 GET 请求从服务器获取数据的方法。

14.4.2 [示例 httpclient-ex100] 使用 HttpClient 模块的 GET 请求从服务器获取数据

（1）用 Angular CLI 构建 Web 应用程序，具体命令如下。

```
ng new httpclient-ex100 --minimal --interactive=false
```

（2）在 Web 应用程序根目录下启动服务，具体命令如下。

```
ng serve
```

（3）查看 Web 应用程序的结果。打开浏览器并浏览“http://localhost:4200”，应该看到文本“Welcome to httpclient-ex100!”。

（4）安装 Angular 内存数据库，具体命令如下。

```
npm i angular-in-memory-web-api -S #等同于 npm install angular-in-memory-web-api --save
```

（5）新建接口。使用命令 ng g interface hero 新建接口，并将文件 src/app/hero.ts 更改为以下内容。

```
export interface Hero {
  id: number;
  name: string;
}
```

（6）新建服务。使用命令 ng g s inMemHero 新建服务，并将文件 src/app/in-mem-hero.service.ts 更改为以下内容。

```
import { InMemoryDbService } from 'angular-in-memory-web-api';

export class InMemHeroService implements InMemoryDbService {
createDb() {
   let heroes = [
      { id: 1, name: 'Murphy' },
      { id: 2, name: 'Bombasto' },
      { id: 3, name: 'Magneta' },
      { id: 4, name: 'Tornado' }
   ];
   return { heroes };
}
}
```

（7）编辑模块。编辑文件 src/app/app.module.ts，并将其更改为以下内容。

```
import { BrowserModule } from '@angular/platform-browser';
import { NgModule } from '@angular/core';

import { AppComponent } from './app.component';
import { HttpClientModule } from '@angular/common/http';
import { InMemHeroService } from './in-mem-hero.service';
import { HttpClientInMemoryWebApiModule } from 'angular-in-memory-web-api';

@NgModule({
declarations: [
   AppComponent
],
imports: [
   BrowserModule,
   HttpClientModule, // 导入HttpClientModule模块，注意导入顺序在BrowserModule之后
   HttpClientInMemoryWebApiModule.forRoot(InMemHeroService) // 该模块必须在HttpClientMod-
ule模块之后导入
],
providers: [],
bootstrap: [AppComponent]
})
export class AppModule { }
```

（8）编辑组件。编辑文件 src/app/app.component.ts，并将其更改为以下内容。

```
import { Component, OnInit } from '@angular/core';
import { HttpClient } from '@angular/common/http';
import { Observable} from 'rxjs';
import { Hero } from './hero';

@Component({
selector: 'app-root',
template: `
   <!--The content below is only a placeholder and can be replaced.-->
   <div style="text-align:center">
```

```
        <h1>
        Welcome to {{title}}!
        </h1>
        <p *ngFor="let hero of heroes">
        {{hero.id}} - {{hero.name}}
        </p>
    </div>
`,
styles: []
})
export class AppComponent implements OnInit {
title = 'httpclient-ex100';

heroes: Hero[];

private heroesUrl = 'api/heroes';  // 内存数据库的REST API地址

constructor(private http: HttpClient) { };

ngOnInit() {
    this.getHeroes().subscribe(
        data => this.heroes = data
    )
}

getHeroes(): Observable<Hero[]> {
    return this.http.get<Hero[]>(this.heroesUrl); // 指定响应类型为Hero接口数组
}

}
```

（9）观察应用程序页面，页面显示了步骤（6）中定义的 heroes 的数据列表信息。

示例 httpclient-ex100 完成了以下内容。

（1）安装了 Angular 内存数据库，InMemHeroService 类实现了 InMemoryDbService 接口，并实现了其中的 createDb() 方法，在该方法中构建了一个对象数组。

（2）在根模块 AppModule 中使用 HttpClientInMemoryWebApiModule 注册数据存储服务，然后使用此服务类的 forRoot() 静态方法来注入 InMemHeroService 类。

（3）AppComponent 类中通过构造函数注入 HttpClient 实例，然后在 getHeroes() 方法中调用该实例的 GET 请求获取全部的 heroes 的信息。

（4）在 ngOnInit() 方法中订阅 getHeroes() 方法返回的结果，将返回的结果赋值给类属性 this heroes，然后在模板中使用 *ngFor 指令遍历 heroes，在页面上通过模板表达式输出 heroes 的 id 和 name 值。

（5）在步骤（8）的 HttpClient 模块的 get() 方法中，示例指定响应类型为 Hero 接口。如前所述，指定响应类型是给 TypeScript 看的声明。因此，若尝试删除 Hero 接口中的属性，如仅保留一个 id，观察 Web 应用程序的结果，会发现结果不受影响。这再次证实，HttpClient 模块的 get() 方法返回的结果以服务器实际返回的对象为准。

14.5 HttpClient 模块的请求头配置

14.1 节对 HTTP 进行了简单的介绍，提到了 HTTP 请求和 HTTP 响应的报文。HttpClient 模块提供了对应的方法，用于设置和维护这些请求头配置的报文，请求头的配置须结合方法进行。除了前面介绍的 get() 方法外，还有一些常用的方法，下面对它们进行介绍。

14.5.1 添加请求头

HttpClient 方法的最后一个参数可以指定一个可选的配置对象，通过它可以对请求头进行配置。常见的配置有需要 Content-Type 标识来显式声明 HTTP 请求正文的 MIME 类型、权限认证中的 Authorization 令牌以及 HTTP 请求中的参数传递等。

```
import { HttpHeaders } from '@angular/common/http';

const httpOptions = {
   headers: new HttpHeaders({
      'Content-Type':  'application/json',
      'Authorization': 'my-auth-token'
   })
};
```

上述代码定义了两个请求头配置，其中 Content-Type 表示发送 HTTP 请求的内容是 JSON 格式，Authorization 表示权限认证中的令牌值。

接下来，将 httpOptions 常量传递给 HttpClient 方法的最后一个参数。

```
getHeroes(): Observable<Hero[]> {
   return this.http.get<Hero[]>(this.heroesUrl, httpOptions);
}
```

注意，HttpHeaders 类的实例一旦配置后就是只读的，不可变的。

HttpClient 模块的 get() 方法的完整定义如下。

```
get<T>(url: string, options?: {
   headers?: HttpHeaders | {
      [header: string]: string | string[];
   };
   observe?: 'body';
   params?: HttpParams | {
      [param: string]: string | string[];
   };
   reportProgress?: boolean;
   responseType?: 'json';
   withCredentials?: boolean;
}): Observable<T>;
```

14.5.2 读取完整的响应信息

在实际工作中，有时访问服务器，需要读取它返回的一个特殊的响应头或响应状态码，因此可能需要完整的响应信息，而不是只有响应体。在 HttpClient 模块的 get() 方法中，observe 选项可用来告诉 HttpClient 模块，希望服务器返回完整的响应信息，代码如下。

```
getHeroes(): Observable<HttpResponse<Hero[]>> {
  return this.http.get<Hero[]>(this.heroesUrl, { observe: 'response' });
}
```

上述代码通过在 get() 方法中通过附加一个 { observe: 'response' } 对象，来向服务器申请返回完整的响应信息。现在 get() 方法会返回一个 HttpResponse 类型的可观察对象，而不只是 JSON 数据。

```
this.getHeroes().subscribe(
  response => {
    const keys = response.headers.keys(); // 获取headers信息
    keys.map(key =>
        console.log(`${key}: ${response.headers.get(key)}`)); // 位置1
    this.heroes = { ...response.body };
    console.log(JSON.stringify(this.heroes)) // 位置2
  }
)
```

执行上述代码后，“位置 1”处将会在控制台输出以下内容。

```
Content-Type: application/json
```

“位置 2”处将会在控制台输出以下内容。

```
{"0":{"id":1,"name":"Murphy"},"1":{"id":2,"name":"Bombasto"},"2":{"id":3,"name":"Magne-
ta"},"3":{"id":4,"name":"Tornado"}}
```

14.5.3 配置请求参数

实际工作中，在查询时通过 URL 添加请求参数是很常见的。下面演示如何使用 HttpParams 类在 HttpRequest 中添加 URL 查询字符串。

首先要导入 HttpParams 类。

```
import {HttpParams} from "@angular/common/http";
```

然后在方法中使用 HttpParams 类构建请求参数。

```
searchHeroes(key: string): Observable<Hero[]> {
  key = key.trim(); // 去掉key的空格
```

```
    // 添加安全检查，如果key不为空，则创建一个HttpParams 类的实例对象，并设置一个name属性
    const options = key ?  { params: new HttpParams().set('name', key) } : {};

    return this.http.get<Hero[]>(this.heroesUrl, options);
}
```

如果需要定义多个属性的话，可以使用 HttpParams 类的 append() 方法。

```
new HttpParams()
    .append('action', 'opensearch')
    .append('search', 'key')
    .append('format', 'json');
```

我们也可以使用 fromString 变量直接通过 URL 查询字符串构建请求参数。

```
new HttpParams({ fromString: 'action=opensearch&search=key&format=json'});
```

14.5.4 修改请求头

14.5.1 小节讲过，因为 HttpHeaders 类的实例是不可变的，所以我们无法直接修改前述配置中的请求头。HttpHeaders 类的 headers 实例提供了一个 set() 方法用于修改请求头。set() 方法首先会复制一个当前的请求头，然后重新设置新的属性值。在实际工作中，如果旧的令牌已经过期了，可能还要修改认证头。

```
httpOptions.headers = httpOptions.headers.set('Authorization', 'my-new-auth-token');
```

注意，set() 方法里包含了复制方法，本章的后续部分会详细地介绍复制方法。

14.5.5 发出 JSONP 请求

1995 年网景通信公司提出同源策略：浏览器在发送 AJAX 请求时，只接收同域服务器响应的数据资源。所谓同域，简单的理解就是协议、域名、端口全部相同。3 个条件有一个不一致，都不算同域，而是跨域。即使是同一个域名服务器，如果二级域名或三级域名不一致，也会出现跨域；假设 http://img.company.com 与 http://blog.company.com（虚拟网址，仅为示例）之间需要数据交互，就跨域了。

跨域资源共享（CORS）是一种机制，该机制允许服务器进行跨域访问控制，从而使跨域数据传输得以安全进行。当服务器不支持跨域资源共享协议时，JSONP 是目前应用最为广泛的技术解决方案之一。

跨域资源共享与JSONP的使用目的相同，但是比JSONP更强大。JSONP只支持GET请求，跨域资源共享支持所有类型的 HTTP 请求。JSONP 的优势在于支持老式浏览器，并可以向不支持跨域资源共享的网站请求数据。JSONP 利用了 script 标签的 src 属性来实现跨域数据交互。因为浏览器在解析 HTML 代码时，原生具有 src 属性的标签，浏览器都赋予其 HTTP 请求的能力，而且不受跨域限制。使用 src 属性发送 HTTP 请求，服务器直接返回一段 JavaScript 代码的函数调用，将服务器数据放在函数实参中，前端提前写好响应的函数准备回调，接收数据，实现跨域数

据交互。

14.5.6 请求非 JSON 数据

不是所有的 API 都会返回 JSON 数据。有时候它们会从服务器读取文本文件，并把文本文件的内容记录下来，然后把这些内容使用 Observable<string> 的形式返回给调用者。我们可以通过在 HttpClient 模块提供的 get() 方法中配置 responseType 选项来指定获取响应内容的类型。

```
this.http.get(filename, {responseType: 'text'})
   .pipe(
      tap(
         data => console.log(filename, data)
      )
   );
```

上述代码中由于 responseType 选项是“text”，因此 HttpClient.get() 方法返回字符串，而不是默认的 JSON 数据。

14.6 HttpClient 模块与 RxJS 配合

HttpClient 模块从服务器获取数据并返回的是可观察对象类型的 Response 对象，而 RxJS 提供了各种操作符来处理可观察对象，两者结合使用可谓强强联合。

14.6.1 错误处理

在系统交互过程中，系统难免会因为网络延时、服务器故障或其他客观问题的存在而发生不可避免的错误。如何有效地处理错误，是系统开发与设计人员在系统设计过程中必须要考虑的问题。

调用 HttpClient() 方法，返回可观察对象，可以在可观察对象的订阅方法中添加进行错误处理的逻辑代码，具体如下。

```
this.getHeroes().subscribe(
   data => this.heroes = data,
   err => console.log('error:', err), // 当有错误发生时
)
```

虽然上面的方法能对错误进行处理，但是实际应用中，错误的类型有好几种，如有代码运行时发生的错误、有服务器资源不存在或者失效的错误，还有来自业务层面的提示错误，如权限问题等。另外，错误的探查、解释和解决是应该在服务中做的事情，而不是在组件中。因此，我们需要采用一种集中处理错误的方法，如在 Web 应用程序的固定位置集中处理等。

RxJS 提供了解决方案，它将由 HttpClient 方法返回的可观察对象通过管道传给错误处理器，代码如下。

```
getHeroes() {
```

```
    return this.http.get<Hero[]>(this.heroesUrl)
    .pipe(
        catchError(this.handleError) // 错误处理
    );
}
```

上述代码中的 handleError() 方法就是我们提到的集中处理错误的方法，它的语法格式如下。

```
private handleError(error: HttpErrorResponse) {
if (error.error instanceof ErrorEvent) {
    // 代码运行错误或网络错误
    console.error('发生了错误：', error.error.message);
} else {
    // 服务器发生了错误，返回了一个不成功的响应代码
    console.error(
        `错误码是：${error.status}, ` + `错误信息：${error.error}`);
}
// 创建一个可观察对象类型的友好错误信息，并通知用户
return throwError(
    '系统发生了错误，请稍后再试');
};
```

上述代码仅是通过示例演示如何处理错误。在实际应用中，我们可能不仅仅要在控制台输出错误信息，还需要对错误进行更进一步的处理。

14.6.2 重试

有时错误是暂时性的，如果再试一次就会自动消失。如在实际应用中我们可能会遇到网络中断的情况，只要重试就能得到正确的结果。

RxJS 提供了几个 retry 操作符，它们可以对失败的可观察对象自动重新订阅几次，其中最简单的是 retry() 操作符。对调用 HttpClient 方法返回的结果进行重新订阅会导致重新发起 HTTP 请求。

retry() 操作符被放在错误处理器的前面，代码如下。

```
getHeroes() {
    return this.http.get<Hero[]>(this.heroesUrl)
    .pipe(
        retry(3), // 重试失败的请求，最多可重试3次
        catchError(this.handleError) // 错误处理
    );
}
```

14.7 把数据发送到服务器

除了从服务器获取数据之外，HttpClient 模块还支持 POST、DELETE 和 PUT 这种修改型的请求，也就是说，用户可以通过这些请求将数据发送到服务器。

14.7.1 发起 POST 请求

HttpClient 模块提供的 POST 请求常用于将数据发送到服务器。POST 请求有如下方面的特点。

- 它不是幂等的，意思是多次调用相同的 POST 请求与调用一次的效果不同。
- 它无法缓存。
- 它不能保留在浏览器的历史记录中。
- 它无法加入书签中。
- 发送内容没有长度限制。
- 内容通过 HTTP 请求的请求体发送。
- 响应通过 HTTP 响应的响应体返回。

由于 POST 请求不是幂等的，因此如果 POST 请求重复提交多次的话，数据将会多次发送到服务器上。这种结果的典型副作用就是多次提交表单，导致重复添加记录。 以下是发起 HttpClient 模块的 POST 请求的示例。

```
addHero(hero: Hero): Observable<Hero> {
   const httpOptions = {
      headers: new HttpHeaders({
      'Content-Type': 'application/json',
      })
   };
   return this.http.post<Hero>(this.heroesUrl, hero, httpOptions)
      .pipe(
         catchError(this.handleError)
      );
}
```

14.7.2 发起 DELETE 请求

HttpClient 模块提供的 DELETE 请求用于从服务器中删除资源。DELETE 请求有如下方面的特点。

- 它不是幂等的，意思是多次调用相同的 DELETE 请求与调用一次的效果不同。
- 它无法缓存。
- 内容通过 HTTP 请求的请求头发送。
- 响应通过 HTTP 响应的响应体返回。

发起 HttpClient 模块的 DELETE 请求的示例如下。

```
deleteHero(hero: Hero | number): Observable<Hero> {
   const id = typeof hero === 'number' ? hero : hero.id;
   const url = `${this.heroesUrl}/${id}`;

   return this.http.delete<Hero>(url, this.httpOptions).pipe(
      catchError(this.handleError<any>('deleteHero', hero))
   );
}
```

14.7.3 发起 PUT 请求

HttpClient 模块提供的 PUT 请求类似于 POST 请求，用于更新服务器中的资源。PUT 请求有如下方面的特点。

- 它是幂等的，意思是多次调用相同的 PUT 请求与调用一次的效果相同。
- 它无法缓存。
- 它不能保留在浏览器的历史记录中。
- 它无法加入书签中。
- 发送内容没有长度限制。
- 内容通过 HTTP 请求的请求体发送。
- 响应通过 HTTP 响应的响应体返回。

发起 HttpClient 模块的 PUT 请求的示如下。

```
updateHero(hero: Hero): Observable<Hero> {
   return this.http.put<Hero>(this.heroesUrl, hero, this.httpOptions)
      .pipe(
      catchError(this.handleError('updateHero', hero))
      );
}
```

下面通过示例演示使用 HttpClient 模块把数据发送到服务器，并对数据进行 CRUD 操作的方法，我们还是使用 Angular 内存数据库模拟服务器。

14.7.4 [示例 httpclient-ex300] 使用 HttpClient 模块把数据发送到服务器

（1）用 Angular CLI 构建 Web 应用程序，具体命令如下。

```
ng new httpclient-ex300 --minimal --interactive=false
```

（2）在 Web 应用程序根目录下启动服务，具体命令如下。

```
ng serve
```

（3）查看 Web 应用程序的结果。打开浏览器并浏览“http://localhost:4200”，应该看到文本“Welcome to httpclient-ex300!”。

（4）安装 Angular 内存数据库，具体命令如下。

```
npm i angular-in-memory-web-api -S #等同于 npm install angular-in-memory-web-api --save
```

（5）新建接口。使用命令 ng g interface hero 新建接口，并将文件 src/app/hero.ts 更改为以下内容。

```
export interface Hero {
  id: number;
  name: string;
}
```

（6）新建服务。使用命令 ng g s inMemHero 新建服务，并将文件 src/app/in-mem-hero.service.ts 更改为以下内容。

```
import { InMemoryDbService } from 'angular-in-memory-web-api';

export class InMemHeroService implements InMemoryDbService {
  createDb() {
    let heroes = [
      { id: 1, name: 'Murphy' },
      { id: 2, name: 'Bombasto' },
      { id: 3, name: 'Magneta' },
      { id: 4, name: 'Tornado' }
    ];
    return { heroes };
  }
}
```

（7）编辑模块。编辑文件 src/app/app.module.ts，并将其更改为以下内容。

```
import { BrowserModule } from '@angular/platform-browser';
import { NgModule } from '@angular/core';
import { AppComponent } from './app.component';
import { ReactiveFormsModule } from '@angular/forms';
import { HttpClientModule } from '@angular/common/http';
import { InMemHeroService } from './in-mem-hero.service';
import { HttpClientInMemoryWebApiModule } from 'angular-in-memory-web-api';

@NgModule({
declarations: [
  AppComponent
],
imports: [
  BrowserModule,
  ReactiveFormsModule,
  HttpClientModule, // 导入HttpClientModule模块，注意导入顺序在BrowserModule模块之后
  // 该模块必须在HttpClientModule模块之后导入
  HttpClientInMemoryWebApiModule.forRoot(InMemHeroService)
],
providers: [],
bootstrap: [AppComponent]
})
export class AppModule { }
```

（8）新建服务。使用命令 ng g s hero 新建服务，并将文件 src/app/hero.service.ts 更改为以下内容。

```
import { Injectable } from '@angular/core';
import { HttpClient, HttpErrorResponse, HttpHeaders } from '@angular/common/http';
import { Observable, throwError, of } from 'rxjs';
import { Hero } from './hero';
import { catchError, tap } from 'rxjs/operators';

@Injectable({
   providedIn: 'root'
})
export class HeroService {

constructor(private http: HttpClient) { }

private heroesUrl = 'api/heroes';  // 内存数据库的REST API地址

httpOptions = {
   headers: new HttpHeaders({ 'Content-Type': 'application/json' })
};

getHeroes(): Observable<Hero[]> {
   return this.http.get<Hero[]>(this.heroesUrl)
      .pipe(
      tap(_ => console.log('fetched heroes')),
      catchError(this.handleError)
      );
}

addHero(hero: Hero): Observable<Hero> {
   return this.http.post<Hero>(this.heroesUrl, hero, this.httpOptions).pipe(
      tap((newHero: Hero) => console.log(`添加 hero w/ id=${newHero.id}`)),
      catchError(this.handleError<Hero>('addHero'))
   );
}

deleteHero(hero: Hero | number): Observable<Hero> {
   const id = typeof hero === 'number' ? hero : hero.id;
   const url = `${this.heroesUrl}/${id}`;

   return this.http.delete<Hero>(url, this.httpOptions).pipe(
      tap(_ => console.log(`删除 hero id=${id}`)),
      catchError(this.handleError<any>('deleteHero', hero))
   );
}

updateHero(hero: Hero): Observable<Hero> {
   hero.name = hero.name + (hero.id + 1)
   return this.http.put<Hero>(this.heroesUrl, hero, this.httpOptions)
      .pipe(
      tap(_ => console.log(`更新 hero id=${hero.id}`)),
      catchError(this.handleError('updateHero', hero))
      );
```

```
  }

  private handleError<T>(operation = 'operation', result?: T) {
     return (error: any): Observable<T> => {
        console.log(`${operation} failed: ${error.message}`);
        return of(result as T); // 返回一个可观察对象
     };
  }

  }
```

（9）编辑组件。编辑文件 src/app/app.component.ts，并将其更改为以下内容。

```
import { Component } from '@angular/core';
import { Hero } from './hero';
import { FormBuilder, FormGroup, Validators } from '@angular/forms';
import { HeroService } from './hero.service';

@Component({
selector: 'app-root',
template: `
   <div style="text-align:center">
      <h1>
      Welcome to {{title}}!
      </h1>
      <table align="center">
      <tr>
         <th>ID</th>
         <th>Name</th>
         <th>操作</th>
      </tr>
      <tr *ngFor="let hero of heroes" >
         <td>{{ hero.id }}</td>
         <td>{{ hero.name }}</td>

         <td>
         <button (click)="deleteHero(hero.id)">删除</button>
         <button (click)="updateHero(hero)">更新</button>
         </td>
      </tr>
      </table>
   <br>
      <form [formGroup]="formGroup" (ngSubmit)="onSubmit()">
      <div class="block">
         <label>Id：</label>
         <input formControlName="id">
      </div>
      <div class="block">
         <label>Name：</label>
         <input formControlName="name">
      </div>
```

```
        <input type="submit" value="添加" [disabled]="!formGroup.valid">
        <br><br>
        表单是否有效: {{ formGroup.valid }}  <br>
        表单完整数据: {{ formGroup.value | json }}
        </form>
  </div>
  `,
  styles: [`
     .block label { display: inline-block; width: 50px; text-align: right; }
  `]
  })
  export class AppComponent {
  title = 'httpclient-ex300';
  heroes: Hero[];
  formGroup: FormGroup;

  constructor(private heroService: HeroService, private fb: FormBuilder) { };

  ngOnInit() {
     this.getHeroes();

     this.formGroup = this.fb.group({ // 初始化表单
        id: this.fb.control('', Validators.required),
        name: this.fb.control('', Validators.required)
     });
  }

  getHeroes() {
     this.heroService.getHeroes().subscribe(
        data => this.heroes = data
     )
  }

  updateHero(hero: Hero) {
     this.heroService.updateHero(hero).subscribe((data) => {
        console.log("Hero updated: ", data);
        this.getHeroes();
     })
  }

  deleteHero(id: number) {
     this.heroService.deleteHero(id).subscribe((data) => {
        console.log("Hero deleted: ", data);
        this.getHeroes();
     })
  }

  onSubmit() {
     const hero = this.formGroup.value;
     hero.id = Number(hero.id); // 页面返回的是字符型ID，需要转换为数值
     this.heroService.addHero(hero).subscribe(
```

```
        hero => {
        if (hero) {
           this.getHeroes();
        } else {
           alert('发生了错误! ')
        }
        this.formGroup.reset();
        }
    );
  }

  }
```

(10)观察 Web 应用程序页面，显示效果如图 14-1 所示。

图 14-1 页面显示效果

示例 httpclient-ex300 完成了以下内容。

(1)启用了 Angular 内存数据库。InMemHeroService 类实现了 InMemoryDbService 接口，并实现了其中的 createDb() 方法，在该方法中构建了一个数组对象。在根模块 AppModule 中使用 HttpClientInMemoryWebApiModule 类注册数据存储服务，然后使用此服务类的 forRoot() 静态方法来注入 InMemHeroService 类。

(2)新建了一个 HeroService 类，该类通过构造函数注入 HttpClient 实例，从而实现了与 Angular 内存数据库交互的增加、检索、更新和删除(CRUD)操作，其中还定义了一个 handleError() 错误处理方法。

(3)在 AppComponent 类模板中构建了一个响应式表单，通过构造函数组件类中注入了 HeroService 实例，然后在对应的方法中分别调用 HeroService 实例的服务。

(4)在示例代码运行时，页面初始化时完成数据的获取工作，结果显示在页面上，可以单击页面上的“删除”和“更新”按钮对数据进行删除和更新操作。如图 14-1 所示，用户可以在输入框中输入数据，然后单击“添加”按钮将数据发送到服务器。数据保存成功后，页面上的记录列表会更新为新的数据集。如果添加的是已经存在的 ID 值，页面上会弹出提示框提示数据保存错误。

14.8 HTTP 请求和响应的不变性

上文提到，HttpRequest 和 HttpResponse 实例的属性都是只读的。但是在实际工作中，我们往往需要对它们进行定制化的操作，下面介绍具体的操作方法。

14.8.1 HTTP 的请求体和克隆体

由于 HttpRequest 和 HttpResponse 实例的属性都是只读的，因此要想修改它们，就要先克隆它们，使成为克隆体，再加以修改，然后利用克隆体发送 HTTP 请求，代码如下。

```
request.url = request.url.replace('http://', 'https://'); // 将URL中的字符串"http://"替换为"https://"
```

上述代码试图修改 HttpRequest 实例中的 URL 属性的值，TypeScript 将会给出错误提示，告之这是不允许的操作。

凡事都没有绝对性，只读这种赋值保护无法防范深修改（修改子对象的属性），也不能防范修改请求体对象中的属性，代码如下。

```
request.body.name = request.body.name.trim(); // 删除请求体的name属性值中的空格，不推荐的操作
```

上述代码试图修改请求体中的 name 属性的值，虽然这在代码上可行，但是不推荐这样的操作。正确的做法是先克隆它们，使其成为克隆体，再加以修改，然后利用克隆体发送 HTTP 请求。

```
const newBody = { ...body, name: body.name.trim() }; // 删除请求体的name属性值中的空格
const newReq = req.clone({ body: newBody }); // clone()方法中完成：克隆请求体，并将其设置为新的请求体
return next.handle(newReq); // 用新的请求体发送HTTP请求
```

14.8.2 清空请求体

有时我们需要清空请求体，而不是替换它。如果把克隆后的请求体设置成 undefined，Angular 会坚持让这个请求体保持原样。如果把克隆后的请求体设置成 null，Angular 就会执行清空这个请求体的操作。请看下面的代码。

```
newReq = request.clone({ ... }); // 正常的克隆操作，使用新的请求体
newReq = request.clone({ body: undefined }); // 使用原先的请求体
newReq = request.clone({ body: null }); // 清空请求体
```

14.9 Angular 拦截器

Angular 中的拦截器（HttpInterceptor 接口）提供了一种拦截 HTTP 请求和 HTTP 响应的方法，可以用来监视与转换 HTTP 请求和 HTTP 响应。 拦截器使用一种常规的、标准的方法对每一

次 HTTP 的请求和响应任务执行如认证、添加请求参数和记录日志等很多种隐式任务。如果没有拦截器，那么开发者将不得不对 HttpClient 模块的每次调用显式地执行这些任务。

14.9.1 创建拦截器

要创建拦截器，就要创建一个实现了 HttpInterceptor 接口的类，并实现该接口中的 intercept() 方法。用户可以使用如下的 Angular CLI 命令创建拦截器。

```
ng generate interceptor <name> # 可以简写为ng g interceptor <name>
```

假设我们要创建一个拦截器，在这个拦截器中仅输出一行日志，使用命令如下。

```
ng g interceptor my
```

上述命令将会创建名为 MyInterceptor 的拦截器。编辑文件 src/app/my.interceptor.ts，并将其更改为以下内容。

```
import { Injectable } from '@angular/core';
import {
  HttpRequest,
  HttpHandler,
  HttpEvent,
  HttpInterceptor
} from '@angular/common/http';
import { Observable } from 'rxjs';

@Injectable()
export class MyInterceptor implements HttpInterceptor {

constructor() {}

intercept(request: HttpRequest<unknown>, next: HttpHandler): Observable<HttpEvent<un-
known>> {
  console.log(JSON.stringify(request)); // 输出请求信息
  return next.handle(request);
}
}
```

HttpInterceptor 接口的 intercept() 方法中有两个参数：request 是 HttpRequest 类型的请求对象实例；next 是 HttpHandler 类型的对象，next 对象表示拦截器链表中的下一个拦截器。如果有多个拦截器，那么最后一个拦截器中的 next 对象代表着 HttpClient 模块的后端处理器。大多数的拦截器都会调用 next.handle() 方法，以便请求流能走到下一个拦截器，并最终传给后端处理器。拦截器也可以不调用 next.handle() 方法，如让拦截器链表短路，并返回一个带有自定义的 Observable<HttpEvent<unknown>> 类型的结果对象。unknown 类型是 TypeScript 在版本 3.0 中引入的基本类型，它表示未知类型。unknown 类型与 any 类型的最大不同之处在于：unknown 类型虽然未知，但是还是需要进行类型检查，而 any 类型是告知 TypeScript 不需要做类型检查。

14.9.2 配置拦截器提供商

在 Angular 中配置提供商后，应用程序就可以使用提供商来配置注入器了。注入器负责提供依赖注入服务，进而 Web 应用程序就能使用依赖注入服务了。因此，在创建了拦截器后，我们还需要进一步配置拦截器提供商。

由于拦截器是 HttpClient 服务的（可选）依赖，因此必须在提供 HttpClient 服务的同一个（或其各级父注入器）注入器中提供这些拦截器。我们在根模块 AppModule 中导入了 HttpClientModule 模块，导致 Web 应用程序在其根注入器中提供了 HttpClient 服务，所以也要在根模块 AppModule 中提供这些拦截器。配置拦截器提供商的注册语句格式如下。

```
@NgModule({
   providers: [{ provide: HTTP_INTERCEPTORS, useClass: MyInterceptor, multi: true }],
})
```

在上述代码中，我们在 @NgModule() 装饰器的元数据的 providers 选项里配置拦截器提供商。其中 provide 选项值 HTTP_INTERCEPTORS 常量来自 @angular/common/http 包；useClass 选项值是我们创建的拦截器；multi 选项值为 true，表示当前注入的是一个数组的值，而不是单一的值，multi 选项值默认为 true。如果在 Web 应用程序中仅配置一个拦截器提供商，那么程序代码也可以直接写成如下形式。

```
@NgModule({
   providers: [MyInterceptor],
})
```

下面通过示例演示如何配置日志和错误信息的拦截器。

14.9.3 [示例 httpclient-ex400] 配置日志和错误信息的拦截器

（1）用 Angular CLI 构建 Web 应用程序，具体命令如下。

```
ng new httpclient-ex400 --minimal --interactive=false
```

（2）在 Web 应用程序根目录下启动服务，具体命令如下。

```
ng serve
```

（3）查看 Web 应用程序的结果。打开浏览器并浏览“http://localhost:4200”，应该看到文本“Welcome to httpclient-ex400!”。

（4）新建日志拦截器。使用命令 ng g interceptor log 新建 LogInterceptor 拦截器，并将文件 src/app/log.interceptor.ts 更改为以下内容。

```
import { Injectable } from '@angular/core';
import {
HttpRequest,
HttpHandler,
```

```
HttpEvent,
HttpInterceptor,
HttpResponse
} from '@angular/common/http';
import { Observable } from 'rxjs';
import { tap, finalize } from 'rxjs/operators';

@Injectable()
export class LogInterceptor implements HttpInterceptor {

constructor() { }

intercept(request: HttpRequest<unknown>, next: HttpHandler): Observable<HttpEvent<un-
known>> {
    const started = Date.now();
    let ok: string;

    return next.handle(request)
      .pipe(
      tap(
        // 正常时返回HttpResponse类型对象
        event => {
          console.log('进入了Log拦截器! ')
          ok = event instanceof HttpResponse ? 'succeeded' : ''
        },
        // 错误时返回HttpErrorResponse类型对象
        error => ok = 'failed'
      ),
      // 当HTTP请求调用完成或者有错误发生时执行下面的逻辑
      finalize(() => {
        const elapsed = Date.now() - started;
        const msg = `${request.method} "${request.urlWithParams}"
          ${ok} in ${elapsed} ms.`;
        console.log('Log拦截器 ' + msg); // 输出请求信息
      })
      );
}
}
```

（5）新建错误信息拦截器。使用命令 ng g interceptor error 新建ErrorInterceptor拦截器，并将文件src/app/error.interceptor.ts更改为以下内容。

```
import { Injectable } from '@angular/core';
import {
HttpRequest,
HttpHandler,
HttpEvent,
HttpInterceptor
} from '@angular/common/http';
import { Observable, throwError } from 'rxjs';
import { catchError, tap } from 'rxjs/operators';
```

```
@Injectable()
export class ErrorInterceptor implements HttpInterceptor {

constructor() { }

intercept(request: HttpRequest<unknown>, next: HttpHandler): Observable<HttpEvent<un-
known>> {
    return next.handle(request).pipe(
      tap( data => console.log('没有发生错误！')),
      catchError(err => {
      if (err.status === 401) {
      console.error('发生了 401 错误！');
      }
      const error = err.error.message || err.statusText;
      return throwError(error);
    }))
}
}
```

（6）编辑模块。编辑文件 src/app/app.module.ts，并将其更改为以下内容。

```
import { BrowserModule } from '@angular/platform-browser';
import { NgModule } from '@angular/core';

import { AppComponent } from './app.component';
import { HTTP_INTERCEPTORS } from '@angular/common/http';
import { LogInterceptor } from './log.interceptor';
import { HttpClientModule } from '@angular/common/http';
import { ErrorInterceptor } from './error.interceptor';

@NgModule({
declarations: [
  AppComponent
],
imports: [
  BrowserModule,
  HttpClientModule
],
providers: [
  { provide: HTTP_INTERCEPTORS, useClass: ErrorInterceptor, multi: true },// 配置错误信
息拦截器提供商
  { provide: HTTP_INTERCEPTORS, useClass: LogInterceptor, multi: true } // 配置日志拦截
器提供商
],
bootstrap: [AppComponent]
})
export class AppModule { }
```

（7）新建接口。使用命令 ng g interface user 新建接口，并将文件 src/app/user.ts 更改为以下内容。

```
export interface User {
  login: string;
  url: string
}
```

（8）新建服务。使用命令 ng g s github 新建 GithubService 服务类，并将文件 src/app/github.service.ts 更改为以下内容。

```
import { Injectable } from '@angular/core';
import { HttpClient } from '@angular/common/http';
import { Observable } from 'rxjs';
import { User } from './user';

@Injectable({
providedIn: 'root'
})
export class GithubService {

private usersUrl = 'https://api.github.com/users?since=1';  // Github user 的REST API地址

constructor(private http: HttpClient) { }

getUsers(): Observable<User[]> {
  return this.http.get<User[]>(this.usersUrl);
}
}
```

（9）编辑组件。编辑文件 src/app/app.component.ts，并将其更改为以下内容。

```
import { Component, OnInit } from '@angular/core';
import { GithubService } from './github.service';
import { Observable } from 'rxjs';
import { User } from './user';

@Component({
selector: 'app-root',
template: `
  <div style="text-align:center">
    <h1>
    Welcome to {{title}}!
    </h1>
    <span style="display: block">{{ title }} app is running!</span>
    <h3>here is the github user lists:</h3>
  <div *ngFor="let user of users$ |async">
    <strong>User Name:</strong>  {{ user.login }}
    <strong>GitHub URL:</strong> {{ user.url }}
  </div>
  </div>
`,
styles: []
})
```

```
export class AppComponent implements OnInit {
title = 'httpclient-ex400';
constructor(private githubService: GithubService) { }; // 注入GithubService服务类

users$: Observable<Array<User>>;

ngOnInit() {
   this.users$ = this.githubService.getUsers()
}
}
```

（10）观察 Web 应用程序页面，显示效果如图 14-2 所示。

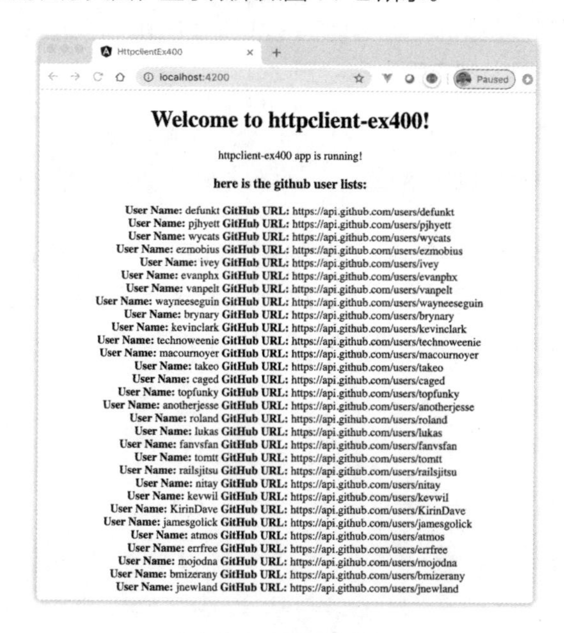

图 14-2　页面显示效果

（11）进入页面开发者模式，控制台输出信息如下。

```
Navigated to http://localhost:4200/
log.interceptor.ts:26 进入了Log拦截器!
error.interceptor.ts:18 没有发生错误!
core.js:40480 Angular is running in the development mode. Call enableProdMode() to en-
able the production mode.
[WDS] Live Reloading enabled.
log.interceptor.ts:26 进入了Log拦截器!
error.interceptor.ts:18 没有发生错误!
log.interceptor.ts:37 Log拦截器 GET "https://api.github.com/users?since=1"
        succeeded in 1746 ms.
```

示例 httpclient-ex400 完成了以下内容。

（1）创建了 LogInterceptor 拦截器，该拦截器的作用是记录 HTTP 请求执行的时间。next.handle() 方法首先根据返回对象的类型判断是正常还是有错误发生，然后使用 finalize 操作符在 HTTP 请求调用完成或者有错误发生时输出日志信息。

（2）创建了 ErrorInterceptor 拦截器，该拦截器判断 HTTP 请求调用过程中是否有错误发生，这里为了演示 ErrorInterceptor 拦截器在正常工作，使用 tap 操作符默认输出一行信息。

（3）在根模块 AppModule 中配置了上述两个拦截器的提供商，这里注意应用拦截器的顺序：Angular 会按照配置提供商的顺序应用这些拦截器。如果提供拦截器的顺序是先 A，再 B，最后 C，那么请求阶段的执行顺序就是 A→B→C，而响应阶段的执行顺序则是 C→B→A。

（4）新建了 GithubService 服务类，该服务类通过构造函数注入 HttpClient 实例，然后在 getUsers() 方法中调用该实例的 get() 方法请求 GitHub 中的用户信息。

（5）AppComponent 类中通过构造函数注入 GithubService 实例，然后在 ngOnInit() 方法中调用该实例的 getUsers() 方法获取 GitHub 中的用户信息。

（6）查看控制台输出的信息，发现 LogInterceptor 和 ErrorInterceptor 拦截器分别执行了两次，这是因为请求时执行一次，响应后要再执行一次。

14.10 小结

本章介绍了 Angular 的 HttpClient 模块的基础知识：先从 HTTP 的基本概念讲起；然后使用 Angular 内存数据库模拟服务器，介绍了如何从服务器获取数据和如何把数据发送到服务器；并通过示例演示了 HttpClient 模块与 RxJS 如何配合使用；最后介绍了拦截器的基本知识和使用示例。

第 15 章 Angular 管道

本书在介绍模板表达式中有哪些运算符时，简单地介绍了管道运算符（简称管道）。管道和指令一样，在 Angular 中到处存在。管道的作用是对模板表达式的结果进行一些转换，如将文本更改为大写、格式化日期显示、将数字显示为本地货币格式，或过滤列表并对其进行排序等。在整个 Web 应用程序中，管道用于获取数据，转换数据，然后把这些数据显示给用户。

15.1 Angular 管道的用法

Angular 包含了一些内置管道，管道类似指令，不需要做额外的操作，只需要直接在模板中使用它们。

```
import { Component } from '@angular/core';

@Component({
selector: 'app-root',
template: `
   <p>当前日期：{{ birthday | date }}  </p>
   <p>指定日期格式：{{ birthday | date:'yyyy-MM-dd' }} </p>
`,
styles: []
})
export class AppComponent {
birthday = Date.now();
}
```

上述代码中，在模板表达式中，管道操作符“|”将左侧的 birthday 的值输入右侧的 date() 管道函数中，最终页面显示以下内容。

```
当前日期：Apr 24, 2020

指定日期格式：2020-04-24
```

15.2 Angular 内置管道

Angular 内置了一些管道，如异步管道、金额管道、百分比管道、JSON 管道、大小写转换管道、日期格式转换管道等，下面详细介绍其中的几种。

15.2.1 async 管道

async 管道即异步管道，它会订阅一个可观察对象或 Promise 对象，并返回它发出的最近一个值。当新值到来时，async 管道就会把组件标记为需要进行变更检测。当组件被销毁时，async 管道就会自动取消订阅，以消除潜在的内存泄漏隐患。async 管道的使用场景请参阅下面的示例。

```
import { Component } from '@angular/core';
import { interval, Observable, of } from 'rxjs';

@Component({
selector: 'app-root',
template: `
   <p>当前日期: {{ currentTime$ | async }}  </p>
   <p>指定日期格式: {{ currentTime$ | async| date:'yyyy-MM-dd HH:MM:ss' }} </p>
`,
styles: []
})
export class AppComponent {
birthday = Date.now();
currentTime$: Observable<number>;

constructor() {
   interval(1000) // 每秒发出一个当前的时间戳值
      .subscribe(()=>this.currentTime$ = of(Date.now()))
}

}
```

上述代码在类的构造方法中通过 interval 创建符每秒发出一个当前的时间戳值，赋值给可观察对象类型的变量 currentTime$。在模板中使用 async 管道获取变量 currentTime$ 的最新值，同时使用链式管道转换时间戳值为可读格式的日期。

15.2.2 currency 管道

currency 管道负责把数值转换成金额，currency 管道相对其他管道来说比较灵活，它可以根据配置项进行灵活的格式化。currency 管道的使用语法如下。

```
{{ 数值表达式 | currency [ : currencyCode [ : display [ : digitsInfo [ : locale ] ] ] ] }}
```

currency 管道配置选项如表 15-1 所示。

表 15-1 currency 管道配置选项

配置选项	类型	说明
currencyCode（可选）	string	货币代码，如 JPY 表示日元，USD 表示美元（默认）
display（可选）	string boolean	货币指示器的格式（可选，默认值是 symbol），有效值如下 code：显示货币代码（如 USD） symbol（默认）：显示货币符号（如 $） symbol-narrow：使用区域的窄化符号。如加拿大元的符号是 CA$，而其窄化符号是 $ String：使用指定的字符串值代替货币代码或符号。空字符串将会去掉货币代码或符号
digitsInfo（可选）	string	数字展现的选项，通过格式为 {a}.{b}-{c} 的字符串指定 a：小数点前的最小位数，默认为 1 b：小数点后的最小位数，默认为 0 c：小数点后的最大位数，默认为 3
locale（可选）	string	要使用的本地化格式代码；如果未提供，默认为 en-US

currency 管道的使用场景请参阅下面的示例。

```
import { Component } from '@angular/core';

@Component({
selector: 'app-root',
template: `
   <!--输出 '$0.26'-->
   <p>1、{{a | currency}}</p>

   <!--输出 '¥0'-->
   <p>2、{{a | currency:'JPY'}}</p>

   <!--输出 '¥0.26'-->
   <p>3、{{a | currency:'JPY':'symbol':'1.2-2'}}</p>

   <!--输出 '¥0.26'-->
   <p>4、{{a | currency:'¥'}}</p>

   <!--输出 'RMB 0.26'-->
   <p>5、{{a | currency:'RMB '}}</p>

   <!--输出 '¥0.26'-->
   <p>6、{{a | currency:'JPY':'symbol':'1.2-2'}}</p>
```

```
    <!--输出 '¥0.258'-->
    <p>7、{{a | currency:'JPY':'symbol':'1.2-3'}}</p>

    <!--输出 'CA$0.26'-->
    <p>8、{{a | currency:'CAD'}}</p>

    <!--输出 'CAD0.26'-->
    <p>9、{{a | currency:'CAD':'code'}}</p>

    <!--输出 'CA$0,123.00'-->
    <p>10、{{b | currency:'CAD':'symbol':'4.2-2'}}</p>

    <!--输出 '$0,123.00'-->
    <p>11、{{b | currency:'CAD':'symbol-narrow':'4.2-2'}}</p>
    `,
styles: []
})
export class AppComponent {
    a: number = 0.258;
    b: number = 123;
}
```

上述代码演示了 currency 管道的常见使用场景，输出结果请参阅代码中的注释。

15.2.3 date 管道

date 管道负责格式化日期值，date 管道的语法如下。

```
{{ 日期表达式 | date [ : format [ : timezone [ : locale ] ] ] }}
```

date 管道配置选项如表 15-2 所示。

表 15-2　date 管道配置选项

配置选项	类型	说明
format（可选）	string	日期和时间的格式，使用预定义选项或自定义格式字符串，默认值是 mediumDate
timezone（可选）	string	用户浏览器上的本地系统时区，默认值是 undefined
locale（可选）	string	区域代码，默认值是 undefined

date 管道的 format 选项的值，使用预定义选项或自定义格式字符串，下面对它们进行归纳说明。format 选项的预定义选项如表 15-3 所示。

表 15-3 format 选项的预定义选项

预定义选项	说明
short	等价于 M/d/yy, h:mm a (4/25/20, 11:07 PM)
medium	等价于 MMM d, y, h:mm:ss a (Apr 25, 2020, 11:07:01 PM)
long	等价于 MMMM d, y, h:mm:ss a z (April 25, 2020 at 11:07:01 PM GMT+8)
full	等价于 EEEE, MMMM d, y, h:mm:ss a zzzz (Saturday, April 25, 2020 at 11:07:01 PM GMT+08:00)
shortDate	等价于 M/d/yy (4/25/20)
mediumDate	等价于 MMM d, y (Apr 25, 2020)
longDate	等价于 MMMM d, y (April 25, 2020)
fullDate	等价于 EEEE, MMMM d, y (Saturday April 25 2020)
shortTime	等价于 h:mm a (11:07 PM)
mediumTime	等价于 h:mm:ss a (11:07:01 PM)
longTime	等价于 h:mm:ss a z (11:07:01 PM GMT+8)
fullTime	等价于 h:mm:ss a zzzz (11:07:01 PM GMT+08:00)

除了上述使用预定义选项的 format 选项外，format 选项还可以使用自定义格式字符串，如表 15-4 所示。

表 15-4 format 选项的自定义格式字符串

格式	说明	示例
y	年份	2020
yy	2 位数字的年份	1999 (99)，2019 (19)
yyy	3 位数字的年份。大于 3 位数时，取全；小于 3 位数时，数值前面补 0	2020
yyyy	4 位数字的年份	2020
M | L	月份	4
MM | LL	2 位数字的月份	04
MMM | LLL	英文月份的缩写	Apr
MMMM | LLLL	英文月份的全称	April
MMMMM	英文月份的最简写	A
LLLLL	英文月份的最简写	A4
w (小写字母)	今年的第多少周	17

续表

格式	说明	示例
ww（小写字母）	今年的第多少周（两位数字表示）	17
W（大写字母）	本月的第多少周	4
d	本月的第多少日	25
dd	本月的第多少日（两位数字表示）	25
E/EE/EEE	英文单词星期的缩写	Sat
EEEE	英文单词星期的全称	Saturday
EEEEE	英文单词星期的最简写法	S
EEEEEE	英文单词星期的最短写法	Sa
a | aa | aaa	上午或下午（am/pm 或 AM/PM）	PM
h	12 小时制的小时	11
hh	12 小时制的小时（两位数）	11
H	24 小时制的小时	23
HH	24 小时制的小时（两位数）	23
m	分钟	7
mm	2 位数的分钟	07
s	秒	1
ss	2 位数的秒	01

date 管道的使用场景请参阅下面的示例。

```
import { Component } from '@angular/core';

@Component({
selector: 'app-root',
template: `
   <!--演示date管道示例-->
   <div>1、{{currentDate | date}}</div>
   <div *ngFor="let format of formats; let i = index;">
      {{i+2}}、{{format}} -- {{currentDate | date:format}}
   </div>
   `,
styles: []
})
export class AppComponent {
currentDate: number = Date.now();
formats: Array<string> = ['short', 'medium', 'long', 'full', 'shortDate',
   'mediumDate', 'longDate', 'fullDate', 'shortTime', 'mediumTime', 'longTime',
```

```
  'fullTime', 'y', 'yy', 'yyy', 'yyyy', 'M', 'MM', 'MMM', 'MMMM', 'MMMMM',
  'L', 'LL', 'LLL', 'LLLL', 'LLLLL', 'w', 'ww', 'W', 'd', 'dd', 'E', 'EE', 'EEE',
  'EEEE', 'EEEEE', 'EEEEEE', 'a', 'aa', 'aaa', 'h', 'hh', 'H', 'HH', 'm', 'mm', 's',
  'ss','z','zz','zzz','zzzz','Z','ZZ','ZZZ','ZZZZ','ZZZZZ','O','OO','OOO','OOOO']
}
```

上述代码的页面显示结果如下。

```
1. Apr 25, 2020
2. short -- 4/25/20, 11:07 PM
3. medium -- Apr 25, 2020, 11:07:01 PM
4. long -- April 25, 2020 at 11:07:01 PM GMT+8
5. full -- Saturday, April 25, 2020 at 11:07:01 PM GMT+08:00
6. shortDate -- 4/25/20
7. mediumDate -- Apr 25, 2020
8. longDate -- April 25, 2020
9. fullDate -- Saturday, April 25, 2020
10. shortTime -- 11:07 PM
11. mediumTime -- 11:07:01 PM
12. longTime -- 11:07:01 PM GMT+8
13. fullTime -- 11:07:01 PM GMT+08:00
14. y -- 2020
15. yy -- 20
16. yyy -- 2020
17. yyyy -- 2020
18. M -- 4
19. MM -- 04
20. MMM -- Apr
21. MMMM -- April
22. MMMMM -- A
23. L -- 4
24. LL -- 04
25. LLL -- Apr
26. LLLL -- April
27. LLLLL -- A4
28. w -- 17
29. ww -- 17
30. W -- 4
31. d -- 25
32. dd -- 25
33. E -- Sat
34. EE -- Sat
35. EEE -- Sat
36. EEEE -- Saturday
37. EEEEE -- S
38. EEEEEE -- Sa
39. a -- PM
40. aa -- PM
41. aaa -- PM
42. h -- 11
43. hh -- 11
44. H -- 23
```

```
45. HH -- 23
46. m -- 7
47. mm -- 07
48. s -- 1
49. ss -- 01
50. z -- GMT+8
51. zz -- GMT+8
52. zzz -- GMT+8
53. zzzz -- GMT+08:00
54. Z -- +0800
55. ZZ -- +0800
56. ZZZ -- +0800
57. ZZZZ -- GMT+08:00
58. ZZZZZ -- +08:00
59. O -- GMT+8
60. OO -- GMT+8
61. OOO -- GMT+8
62. OOOO -- GMT+08:00
```

预定义选项的 format 选项就是组合使用自定义格式字符串的结果，因此用户可以任意组合使用 format 选项的自定义格式字符串。

15.2.4 i18nSelect 管道

i18nSelect 管道类似一个通用选择器，显示匹配当前值的字符串。i18nSelect 管道的使用场景：如在数据中存在性别字段，它的值一般为 0 和 1，但是期望在页面上显示中文的性别，这时可以考虑使用 i18nSelect 管道，请参阅下面的示例。

```
import { Component } from '@angular/core';

@Component({
selector: 'app-root',
template: `
   <!--演示i18nSelect管道示例-->
   <div>{{ female | i18nSelect: dicMap }} </div>
   `,
styles: []
})
export class AppComponent {
   female: string = '0';
   dicMap: any = { '0': '女', '1': '男' };
}
```

上述代码中，i18nSelect 管道将显示匹配当前值 male 的字符串“女”。

15.3 自定义管道

除了 Angular 的内置管道外，根据实际需求，用户也可以自定义管道。

15.3.1 自定义管道的步骤

实现自定义管道的步骤可以分为 3 步。

（1）自定义一个管道类，该类需要实现 PipeTransform 接口，并实现接口中的 transform() 方法。

（2）用 @Pipe() 装饰器声明该类，并且通过装饰器中的元数据 name 属性定义管道的名字，管道名一般推荐小写字符串形式。

（3）注册自定义管道类。将管道类导入 NgModule 类中的 declarations 数组中。

提示 @Pipe() 装饰器中除了 name 属性外，还有 pure 属性，它表示该管道是否是纯管道：pure 属性值等于 true 时，表示为纯管道，意思是当 transform() 方法中的参数发生变化时，管道才执行方法中的逻辑；反之，则为非纯管道。pure 属性为可选项，默认值为 true，Angular 中的内置管道都属于纯管道。

Angular 提供了 Angular CLI 命令“ng generate pipe 管道类”生成自定义管道。由于性能原因，Angular 2 及其以上版本没有自带过滤（Filter）和排序（OrderBy）管道。下面我们通过示例演示如何创建排序自定义管道。

15.3.2 [示例 pipe-ex100] 创建排序自定义管道

（1）用 Angular CLI 构建 Web 应用程序，具体命令如下。

```
ng new pipe-ex100 --minimal --interactive=false
```

（2）在 Web 应用程序根目录下启动服务，具体命令如下。

```
ng serve
```

（3）查看 Web 应用程序的结果。打开浏览器并浏览“http://localhost:4200”，应该看到文本“Welcome to pipe-ex100!”。

（4）新建接口。使用命令 ng generate pipe orderby 的简写 ng g p orderby 新建接口，并将文件 src/app/orderby.pipe.ts 更改为以下内容。

```
import { Pipe, PipeTransform } from '@angular/core';

@Pipe({
  name: 'orderby'
})
export class OrderbyPipe implements PipeTransform {

transform(value: Array<unknown>, ...args: unknown[]): Array<unknown> {
  if (args.length == 0 || args[0] === 'asc') {
    return value.sort();
  } else if (args[0] === 'desc') {
    return value.sort().reverse();
```

```
    }
    return value;
  }

}
```

（5）编辑组件。编辑文件 src/app/app.component.ts，并将其更改为以下内容。

```
import { Component } from '@angular/core';

@Component({
selector: 'app-root',
template: `
   <!--演示自定义管道示例-->
   <div>{{ fruits | orderby }} </div>
   <div>{{ fruits | orderby:'desc' }} </div>
   `,
styles: []
})
export class AppComponent {
   fruits: Array<string> = ['apple', 'tomato', 'banana'];
}
```

（6）观察应用程序页面，显示如下内容。

```
apple,banana,tomato
tomato,banana,apple
```

示例 pipe-ex100 完成了以下内容。

（1）使用命令 ng generate pipe orderby 时，Angular CLI 命令已经帮助用户基本完成了创建自定义管道的 3 个步骤，用户仅需要编辑 transform() 方法中的逻辑内容。

（2）transform() 方法中的第一个参数是模板中传递的表达式值，这里是变量 fruits 的值；第二个参数是附加在 orderby 管道上的参数；transform() 方法通过判断附加在 orderby 管道上的参数，决定是升序还是降序排列。

（3）在模板中，自定义管道的使用方法与 Angular 的内置管道的使用方法一样。

15.4 小结

本章介绍了使用 Angular 管道的知识：先从认识管道的基本概念讲起，分别详细介绍了 4 种类型的内置管道；然后通过示例演示了如何创建自定义管道和使用这种管道的方法。